FLUG AUSSER KONTROLLE

Jochen W. Braun

FLUG
AUSSER KONTROLLE

Unfälle und Entführungen:
Hintergründe, Ursachen, Konsequenzen

Unser komplettes Programm:

www.geramond.de

Produktmanagement: Martin Distler
Schlusskorrektur: Ute König
Satz: Silke Schüler, München
Repro: Cromika s.a.s., Verona
Herstellung: Anna Katavic
Umschlaggestaltung: Jarzina Kommunikations-
design, Holzkirchen. Abbildungen auf der Titel-
seite und Vor- und Nachsatz: © picture-alliance,
dpa, UPI
Infografiken: JACDEC/Jan-Arwed Richter,
Hamburg
Printed in Italy by Printer Trento S. r. l.

Die Deutsche Nationalbibliothek verzeichnet
diese Publikation in der Deutschen National-
bibliografie, detaillierte bibliografische Daten
sind im Internet über http://dnb.d-nb.de
abrufbar.

© 2012 GeraMond Verlag GmbH, München
ISBN 978-3-86245-319-1

Jochen W. Braun wurde 1942 in Hamburg ge-
boren. Schon von klein auf interessierte er sich
für die Luftfahrt. Doch als er zu seinem ersten
großen Flug antrat, bekam er Flugangst.
Was tun? Der Diplomkaufmann sammelte
Berichte über Flugunfälle. Heute, seine Datenbank umfasst mittlerweile 49.000 Einträge über
Luftfahrtzwischenfälle, weiß Braun, dass die
Wahrscheinlichkeit, beim Fliegen in einen Unfall verwickelt zu werden, minimal ist. Die
Flugangst des Vaters dreier Söhne ist regelrecht
verflogen, und er hatte genug spannenden Stoff
für einige Bücher zum Thema Flugunfälle beisammen. Neben der Luftfahrt begeistert sich
Braun heute noch für eine weitere Leidenschaft:
Modelleisenbahn-Anlagen. Immerhin lässt sich
die Welt im Hamburger Miniatur-Wunderland,
das seine Söhne zusammen mit ihrem Vater ge-
gründet haben, von oben betrachten – garan-
tiert ohne Flugangst.

Der Autor möchte sich ausdrücklich und besonders bei all denjenigen Flugzeugfans bedan-
ken, die ihm ihre Fotos überlassen haben.
Besonderer Dank gilt Flugkapitän Frank Meve,
der ihm half, die technischen Fakten zu
überprüfen.

Inhalt

Vorwort **6**

Kollision über New Jersey **8**

Eis in den Wolken **15**

Der Pilot hört nicht so gut **20**

Das ach so wichtige Fußballspiel **26**

Die vertauschten Behälter **32**

Der Welt schnellstes Cabrio **39**

Erzwungene Landung auf dem Eis **47**

Ein Fluglotse ist nicht konzentriert **54**

Ein unterschätztes Problem **60**

Pioniere haben es nicht leicht **68**

Der erste Jumbo-Absturz **75**

Eine Boeing fängt Feuer und Flamme **80**

86 Notwasserung mit Folgen

92 Die längste Flugzeugentführung aller Zeiten

99 Flugzeugentführung lohnt sich nicht

104 Absturz auf der Gefängnisinsel

110 Abgelenkt

116 Fluglotsenstreik mit Folgen

123 Der Chef hat es so gewollt

127 Zu schwer, zu niedrig und
ohne Erlaubnis

132 Motorexplosion beim Start

140 Ein Pilot wagt zu viel

146 Literaturverzeichnis

147 Glossar

Für Inga,
furchtlose Begleiterin auf allen meinen Flügen

Vorwort

Seit dem Erscheinen meines ersten Buches mit 25 Geschichten von Flugzeugunfällen, bei denen alle überlebt hatten, ist einige Zeit vergangen. Zu den von mir gesammelten Unfällen sind weitere hinzugekommen, es sind nun 49.000. Aber bitte erschrecken Sie nicht: Es handelt sich mehrheitlich um mir bis dato unbekannte Fälle aus früheren Zeiten, von denen ich durch antiquarisch erworbene Bücher und Fachzeitschriften erst jetzt Kenntnis erhalten habe.

Gerade als ich mit der Bearbeitung der in diesem Buch geschilderten Unfälle und Entführungen begann, ereigneten sich innerhalb von nur 11 Tagen drei schwere Flugzeugunglücke mit insgesamt 289 Todesopfern. Das sind die Zeiten, in denen sich viele Menschen fragen: „Sollte ich in diesem Jahr nicht einmal wieder eine schöne Schiffsreise machen?"

Sollten Sie vielleicht, Schiffsreisen haben auch etwas Faszinierendes. Aber nicht die zufällige Anhäufung von Flugzeugunglücken sollte Sie in der Wahl Ihres Transportmittels für die schönsten Stunden des Jahres beeinflussen, sondern Überlegungen, die Ziel, Entfernung und zur Verfügung stehende Zeit miteinander und gegeneinander abwägen.

Bedenken Sie dabei, dass man durch kluge Auswahl der richtigen Fluggesellschaften das Risiko minimieren kann. Hätten die 289 ums Leben gekommenen Menschen die Möglichkeit gehabt, ihr Flugzeug nach Kriterien auszusuchen, wie ich sie im ersten Band meiner Flugzeuggeschichten empfohlen hatte, sie würden alle noch leben.

Auch ich weiß natürlich, dass hier viel Ungerechtigkeit mitschwingt. Wenn man in einem schwarzafrikanischen Land lebt, hat man meist nicht die finanziellen Mittel, eine bessere Airline auszusuchen. Und genauso oft gibt es eben nur diesen einen, ex-sowjetischen Oldtimer, der bereit steht, um von A nach B zu fliegen. Der Landweg ist unsicher, also bleibt keine Wahl, man muss dieses heruntergekommene Flugzeug nehmen, das in den letzten Jahren nicht mehr in den Genuss einer ordnungsgemäßen Wartung gekommen ist.

Das ist in der Tat ungerecht, denn wir Deutschen verfügen neben unserem Nationalcarrier Lufthansa mit Air Berlin, Condor, Eurowings, Germanwings, TUIfly und vielen weiteren Airlines über eine ganze Reihe hervorragender Fluggesellschaften und darüber hinaus werden diese noch äußerst intensiven Prüfungen durch unsere Behörden unterzogen.

Andererseits hat sich die Sicherheit weiter zum Besten hin entwickelt. Als man in den Sechzigerjahren auf der Basis der Vergangenheit hochrechnete, kam man auf über 60.000 zu erwartende Tote bei Flugzeugunglücken mit kommerziellen Passagierflugzeugen im Jahre 2000 (siehe Andre Launey, S.141). De facto war es dann etwas mehr als ein Hundertstel hiervon. So kann man sich irren, Gott sei Dank.

Flugzeuge sind immer sicherer geworden, das hat vielerlei Gründe. Insbesondere die Erfahrungen aus Unfällen führen nicht selten zu Verbesserungen oder konstruktiven Änderungen, die das Fliegen weiter sicherer machen.

In diesem Zusammenhang gab es allerdings auch manches Mal Verbesserungsvorschläge, die so kurios sind, dass ich Ihnen einige nicht vorenthalten möchte: .

- Statt der Landebahn solle ein rollendes Band verwendet werden, sodass auch Flugzeuge ohne Fahrwerk sicher landen können (zu teuer).
- Flugzeuge sollten über einen Fallschirm verfügen (die meisten Flugzeuge sind dafür zu schwer).
- Vorn am Bug solle eine riesige Stahlfeder angebracht werden, um den Aufprall auf einen Berg abzufedern (Na ja ...).

Berge sind in der Luftfahrt allerdings ernst zu nehmende Hindernisse. So betrachtet hat sich der Typ mit der Stahlfeder Gedanken über einen wesentlichen, topografischen Unfallschwerpunkt gemacht. Weiter kommt man mit der Aussage eines klugen Piloten, der bei der Schulung seines Nachwuchses einmal gesagt

hat: „Merkt Euch eines, Berge sind nicht dort, wo ihr sie vermutet, sondern dort, wo ihr auf sie trefft." Dazu werden Sie später mehr in den Geschichten erfahren.

Wilbur Wright, der Pionier des Motorfluges, hat auf der Höhe seines Schaffens sinngemäß festgestellt: „Wenn Du beim Fliegen absolute Sicherheit haben willst, dann setze Dich vor Dein Haus und sieh den Vögeln zu." Das ist es im Wesentlichen, ein kleines Restrisiko bleibt auch beim Transport mit den besten Fluggesellschaften. Wenn es denn soweit ist, dann ist es soweit, egal ob ich mich im Flugzeug, im Auto, auf einem Schiff oder einer Leiter befinde.

In diesem Buch werden ausschließlich Vorfälle geschildert, bei denen trotz der Schwere des Unglücks die meisten Insassen überlebt haben. Nehmen Sie sich für den nächsten Flug bit-te zu Herzen, was ein überlebender Passagier einer am 20.11.1967 schwer havarierten TWA Maschine später zu Protokoll gab: „Wenn ich nicht das Faltblatt für Notfälle gelesen hätte, wäre ich nicht lebendig herausgekommen." 70 Passagiere hatten sich an diesem Tag nicht die Mühe gemacht, es in die Hand zu nehmen.

Noch eine kurze Anmerkung zur Literatur: Intensiv arbeite ich auch mit Internetquellen. Nur dort, wo ich auf sehr ausführliche und / oder interessante Quellen getroffen bin, finden Sie einen Hinweis. Sonst stünde zu befürchten, dass das Buch zur Hälfte aus entsprechenden Anmerkungen bestehen würde.

Jochen W. Braun

Kollision über **1** New Jersey

Hätten die Piloten am 4. Dezember 1965 um 16:19 Uhr doch nur geschlafen oder wären wenigstens unaufmerksam gewesen. Nichts wäre passiert und diese Geschichte wäre nicht entstanden. Aber leider achten die Männer im Cockpit der beiden großen Airliner sorgfältig auf den Himmel vor und neben ihren Maschinen. Und genau diese professionelle Aufmerksamkeit führt paradoxerweise zur Katastrophe, der Kollision beider Maschinen über New Jersey.

Eine baugleiche Super Constellation der Eastern Airlines
Foto: Ed Coates Collection

Die Eastern Airlines Super Constellation (oft liebevoll „Superconnie" genannt) ist kurz zuvor vom Flughafen Boston in den Himmel gestiegen, um ihre 54 Insassen an diesem schönen Sonnabend nach Newark zu transportieren. Zugewiesene Flughöhe ist derzeit 3.050 m, also

ordnungsgemäße 300 m unter einer 3.350 m hoch anfliegenden Boeing 707.

Charles J. White kommandiert die Constellation. Mit 19 Jahren bereits war er einer der jüngsten Bomberpiloten der US Air Force im 2. Weltkrieg. 1948 hatte er freiwillig seinen Job bei Eastern Airlines vorübergehend verlassen, um den Berlinern als Pilot bei der Luftbrücke zu helfen. Mut und Entschlossenheit zeichnen diesen Mann aus, beide Charaktereigenschaften wird er gleich ein letztes Mal in seinem Leben bis zum Geht-nicht-mehr einsetzen müssen.

Seine viermotorige Maschine fliegt mit knapp 390 km/h genau über der Wolkendecke. Einige Wolkentürme überragen die Oberkante. Die Constellation kommt gerade aus so einem Wolkenturm heraus, als Copilot Roger Holt mit einem lauten Zuruf auf eine Boeing 707 aufmerksam macht, die sich auf gleicher Höhe zu nähern scheint.

Erst viel später wird man in einem akribischen Untersuchungsbericht feststellen, dass alle beteiligten Piloten einer optischen Täuschung unterliegen. Beide Maschinen sind sauber voneinander getrennt, es scheint nur so, als flöge die Boeing 707 auf gleicher Höhe. Aber die vier Männer in den beiden Cockpits sind durch eine sich neigende Wolkenoberkante und die herrschenden Lichtverhältnisse übereinstimmend der Meinung, sie flögen gleich hoch.

Die beiden Piloten der Eastern Airlines Maschine reagieren mit identischem Instinkt, reißen ihre Steuersäulen an sich und versuchen, die Maschine nach oben zu zwingen. Die fast 650 km/h schnelle Boeing jedoch steigt im selben Augenblick ebenfalls. Um genau 16:19 Uhr fetzt die Boeing mit ihrer linken Tragfläche fast die gesamte Ruderanlage der Super Constellation weg. Kabel und Metallreste flattern nutzlos im Wind. Das Schicksal dieses einst so eleganten Flugzeugs scheint besiegelt.

Die so plötzlich aufgetauchte Trans World Airlines (TWA) Boeing 707 war vor einigen Stunden mit 58 Insassen an Bord in San Francisco gestartet, hatte einen reibungslosen Flug ab-

solviert und befindet sich nun im Anflug auf ihr Ziel, den 65 km entfernten Flughafen New York - John F Kennedy (JFK).

Der 45-jährige Flugkapitän Thomas H. Carroll steuert die Maschine, Copilot Smith sitzt auf der rechten Seite im Cockpit. Kurz vor dem Unglück erhält er die Anweisung des Fluglotsen, auf 3.350 m zu sinken. Der Pilot neigt die Maschine entsprechend mit der Nase nach unten, meldet sich bald darauf wieder bei der

Informationen über die Eastern Airlines Maschine		
Kennzeichen	N6218C	
Fluggesellschaft	Eastern Airlines Inc.	
Flugnummer	EA853	
Typ	Lockheed L-1049C Super Constellation	
Seriennummer	4526	
Fabrikationsnummer	-	
Erstflug	November 1953	
Außenmaße	Länge	34,62 m
	Spannweite	37,49 m
	Höhe	7,54 m
Triebwerke	4 x Wright R-3350-872-TC18-DA1 „Double Cyclone 18"	
Leistung max.	4 x 2.425 kW	
Startgewicht max.	60.382 kg	
Anzahl Passagiere	94	
Dienstgipfelhöhe	7.000 m	
Reichweite max.	7.600 km	
Geschwindigkeit max.	598 km/h	
Anzahl gebaut	48 (L-1049C); 579 (L-1049 gesamt)	
Unfalltag	04.12.1965	
Insassen (Unfalltag)	Insgesamt (davon 5 Crew)	54
	Tote (davon 1 Crew)	4
	Verletzte (davon 4 Crew)	50

Eine Boeing 707 der TWA über New Jersey
Foto: Ed Coates Collection

Flugkontrolle und gibt durch, dass er die angeordnete Höhe erreicht habe.

Carroll erwartet Turbulenzen bei seinem Sinkflug und hat die Passagiere mit dem „Fasten Seatbelts" Zeichen bereits dazu gebracht, sich anzuschnallen. Einer der Passagiere, ein Elektronikingenieur liest gerade ein Buch über das Thema, wie Kollisionen in der Luft verhindert werden können, als just in diesem Moment eine solche passiert.

Fünf Insassen der Boeing erinnern sich später, dass sie das Unglück haben kommen sehen oder zumindest ahnten, dass es gleich eine Kollision geben müsse. Flugkapitän Carroll sieht aus dem Augenwinkel heraus ein anderes großes Flugzeug kommen und handelt blitzschnell. Er schaltet den Autopiloten aus und zieht die Maschine mit dem Mut der Verzweiflung nach oben. Als die Constellation das gleiche Manöver durchführt, versucht Carroll noch, nach unten zu drücken, aber es ist zu spät. Die Flugzeuge prallen hart aufeinander.

Dennoch bemerken die Passagiere in der Boeing genauso wie die in der Constellation nur einen Ruck. Die auf der Steuerbordseite der TWA Maschine sitzenden denken: „Eine heftige Turbulenz, na ja kein Problem." Die auf der Backbordseite sind nicht so gut dran, denn sie sehen einen Teil der Tragfläche abbrechen und

nach unten verschwinden. Sie glauben nur zu genau zu wissen, dass die letzten Minuten ihres Lebens angebrochen sind.

Zwar ahnt der Kommandant der Boeing noch nicht, dass mehr als neun Meter der Backbordfläche der 707 abgerissen sind, was fast der Hälfte der gesamten Flügellänge entspricht, und dass damit auch eines der beiden linken Triebwerke verloren ging. Stattdessen stecken Teile der Superconnie im Flügelstummel.

Dennoch denkt er: „Das war's dann ja wohl", hat aber keine Zeit, diesem Gedanken nachzuhängen. Er muss handeln, und zwar schnell. Mühsam gelingt es ihm, die Maschine abzufangen. Eine Zeit lang schüttelt die 707 sich auf und ab, taumelt auch schwer kontrollierbar bis zur Landung hin und her, aber immerhin fliegt sie noch.

Ein Passagier erinnert sich später, ihm sei dies vorgekommen wie der Flug durch einen Hurrikan. Er hört zwar, dass der Pilot etwas durch die Bordsprechanlage bekanntgibt, kann aber nicht ein Wort verstehen und so auch nicht die Bitte zur Vorbereitung auf eine Notlandung hören.

Der Erste Offizier Smith gibt sofort an die Flugleitstelle durch: „Wir hatten gerade eine Kollision mit einer blauen Constellation, erbitte raschen Anflugweg nach JFK", den er auch sofort bekommt. Alles unter dem Flugzeug wird geräumt, zumindest hat Flugkapitän Carroll freie Bahn mit seinem schrottreif scheinenden Flugzeug.

Flugingenieur Ernest Hall hat den Feuerlöscher betätigt. Wie durch ein Wunder ersticken die Flammen trotz der Schwere der Havarie und der damit einhergegangenen Beschädigungen im Flächentank. Lediglich Rauch kündigt von einem kurz zuvor noch heftigen Brand. Dennoch fordert die Crew vorsichtshalber das komplette Feuerwehrsortiment in JFK an.

Über JFK fliegt Carroll zuerst einmal äußerst behutsam eine weite Kurve, um die Besatzung im Tower einen Blick auf das Fahrwerk werfen zu lassen, denn er traut den drei grünen Lämpchen nicht, obwohl diese ordnungsgemäßes Ausfahren signalisieren. Die Fluglotsen müssen sich zusammennehmen, um nicht ihr Entsetzen über das stark beschädigte Flugzeug herauszuschreien. Wieso fliegt so etwas denn überhaupt noch? Aber es hat wenig Sinn, die Besatzung zu verunsichern, also schlucken sie einmal tief und geben Entwarnung: Das Fahrwerk zumindest scheint ordnungsgemäß draußen.

Neunzehn Minuten nach dem furchtbaren Unfall landet Carroll die Boeing 707 sicher, bemerkt jedoch sofort, dass er keinen Druck mehr auf der Hydraulik hat. Die Radbremsen können in so einem Fall nicht helfen, also bringt er die Maschine mittels der Schubumkehr zum Stillstand. Danach ist er zufrieden mit sich und alle Beteiligten sind sich absolut sicher, dass er heute die ultimative Meisterleistung des Tages vollbracht habe.

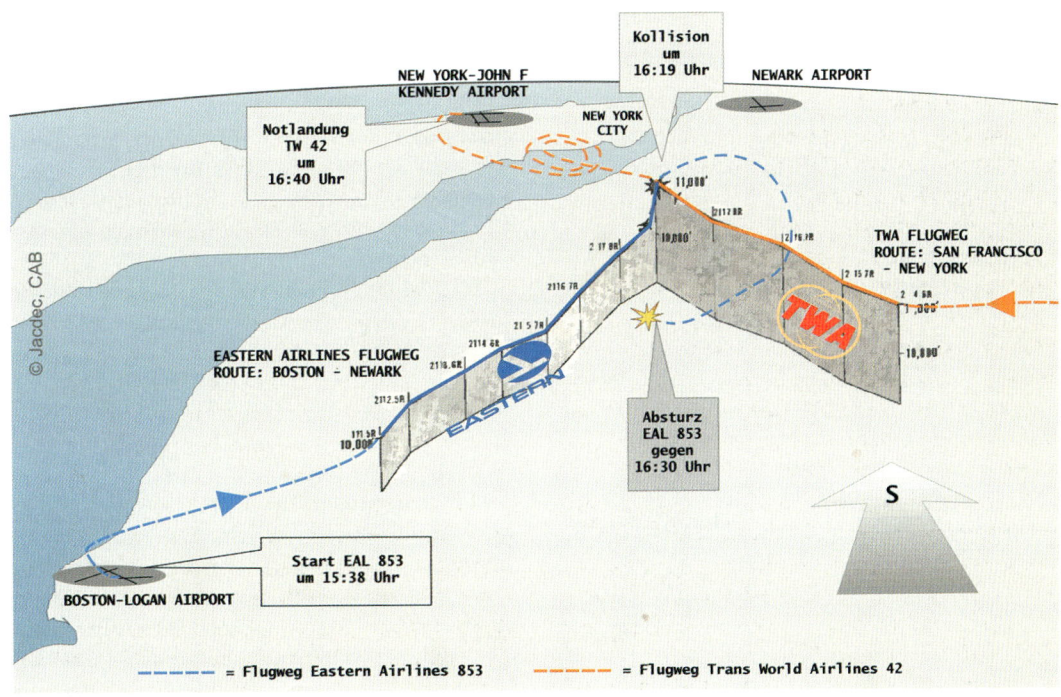

WAHRSCHEINLICHE FLUGWEGE TWA 42 UND EAL 853 ÜBER CARMEL VORTAC, NEW YORK, AM 04. DEZEMBER 1965 - BLICKRICHTUNG SÜD -

Eine baugleiche Schwestermaschine der verunglückten N748TW rollt zum Start. Foto: Ed Coates Collection

Da irren sie sich aber ganz gewaltig, obwohl Carrolls Leistung wahrhaft meisterlich war. Es gibt jedoch noch eine weitere angeschlagene Maschine. Obwohl auch die Insassen der Super Constellation nichts mitbekommen haben, zumindest nicht mehr als einen Schlag, der wie eine Turbulenz wahrgenommen wird, ist dieses Flugzeug wegen des Verlustes der Steuerung erheblich empfindlicher getroffen als die Boeing.

Einen Moment nach dem Aufprall steigt die Maschine noch, schüttelt sich bis kurz vor

Informationen über die Trans World Airlines Maschine		
Kennzeichen	N748TW	
Fluggesellschaft	Trans World Airlines Inc.	
Flugnummer	TW42	
Typ	Boeing 707-120B (707-131B)	
Seriennummer	18387	
Fabrikationsnummer	286	
Erstflug	14.04.1962	
Außenmaße	Länge	44,22 m
	Spannweite	39,88 m
	Höhe	11,78 m
Triebwerke	4 x Pratt & Whitney JT3D-1	
Leistung max.	4 x 7.718 kp	
Startgewicht max.	117.027 kg	
Anzahl Passagiere	179	
Dienstgipfelhöhe	12.800 m	
Reichweite max.	6.800 km	
Geschwindigkeit max.	995 km/h	
Anzahl gebaut	74 (707-120B); 1.010 (707 gesamt)	
Unfalltag	04.12.1965	
Insassen (Unfalltag)	Insgesamt	58
	(davon 7 Crew)	
	Tote	0
	(davon 0 Crew)	
	Verletzte	1
	(davon 0 Crew)	
	Unverletzt	57
	(davon 7 Crew)	

dem Strömungsverlust sowie dem damit verbundenen Abschmieren und senkt dann die Nase. Nun geht es unaufhaltsam nach unten, denn ein Ziehen an der Steuersäule bewirkt nichts, kein Wunder, denn dort, wo vor wenigen Minuten noch eine intakte Ruderanlage sauber ihren Dienst verrichtete, finden sich nun nur noch reichlich ungeordnete Metall- und Kabelreste.

Sehen können die beiden Piloten die Trümmer nicht, aber ihnen wird das Steuerungsproblem schnell deutlich, als ihre gemeinsamen Anstrengungen wegen des Komplettverlusts der Hydraulikflüssigkeit fruchtlos sind und auch nach dem Umschalten auf manuelle Ruderbetätigung keine Reaktion zu spüren ist. Die Maschine ist steuerlos, so ist das nun einmal. Zudem hat sie einen Linksdrall und wird im Sinkflug immer schneller. Eine Menge Probleme für zwei Männer, aber die sind alles andere als überfordert.

Motorleistung ist nun das Einzige, was noch vor dem sich abzeichnenden, unausweichlich scheinenden Ende helfen kann. Wegen des Linksdralls wird der Backbordaußenmotor auf volle Leistung gebracht. Der zweite Backbordmotor bekommt etwas weniger Umdrehungen zugewiesen und so geht das von links nach rechts weiter. Den beiden Männern gelingt damit so etwas wie ein kleines Wunder: Die Maschine kann abgefangen und sogar gerade gerichtet werden.

Immer wieder müssen Holt und White die Leistung der vier Triebwerke nachjustieren, stets am Rande der Katastrophe manövrierend, als die waidwunde Super Constellation endlich die Unterkante der Wolken durchbricht und man nun sehen kann, wohin die „Reise" geht.

Flugingenieur Greenway hat mittlerweile die Flugleitzentrale über die Kollision, den Notfall und den Kontrollverlust informiert. Überall bekommen die Männer in den ringsum fliegenden Maschinen eine Gänsehaut, als sie das ebenso seltene wie unheilverkündende „Mayday" der angeschlagenen Maschine hören und für die betroffenen Insassen hoffen.

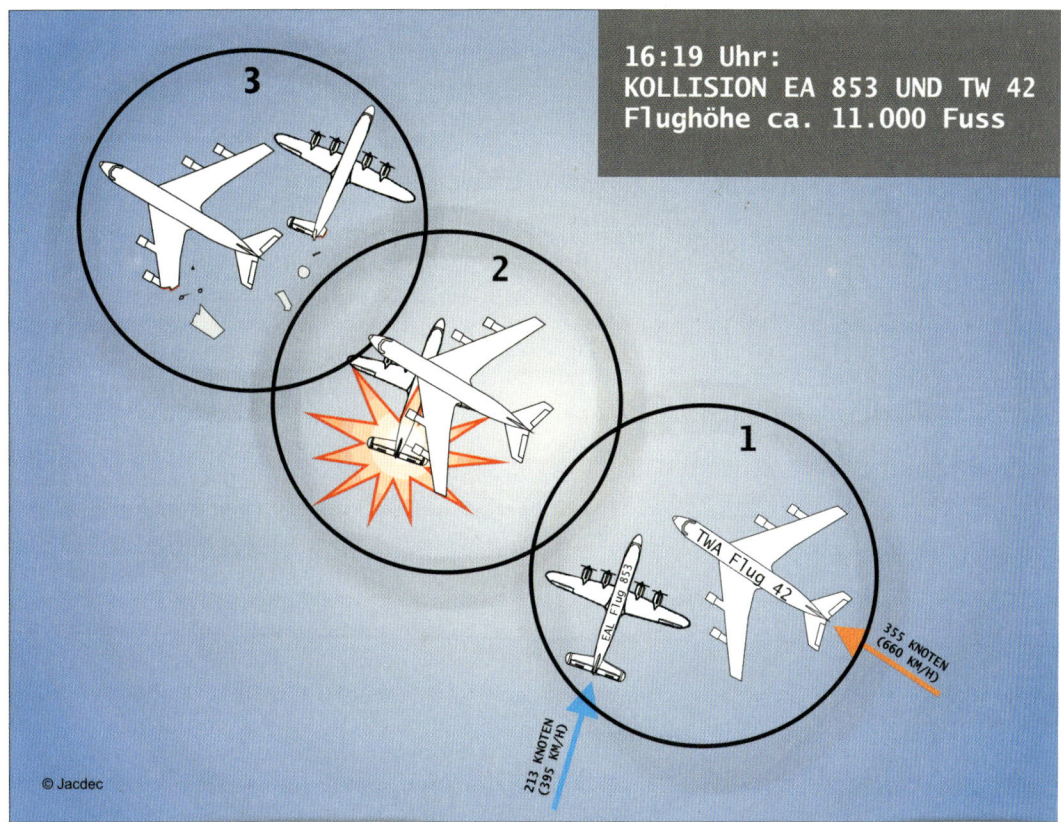

16:19 Uhr:
KOLLISION EA 853 UND TW 42
Flughöhe ca. 11.000 Fuss

TWA Flug 42

EAL Flug 853

355 KNOTEN
(660 KM/H)

213 KNOTEN
(395 KM/H)

© Jacdec

Greenway, der erst noch vermutet hatte, sie könnten JFK erreichen, gibt kurz darauf durch, dass die Maschine aus dem Sinkflug nicht herauszumanövrieren sei und sie in Kürze würden notlanden müssen.

Jetzt endlich hat White einen winzigen Moment Zeit, um zu den Passagieren sprechen zu können. Er vermittelt ihnen so ruhig, wie er nur kann, dass sie eine Kollision hatten, dass sie in Kürze auf einem hoffentlich freien Platz würden runtergehen müssen und deshalb von den Passagieren die Sicherheitsposition eingenommen werden solle.

Dabei geht er ein hohes Risiko ein, indem er den Passagieren schildert, dass sie außer Kontrolle seien. Er bittet sie, sich entsprechend sorgfältig vorzubereiten und im letzten Moment richtig zu verhalten. Er schließt augenzwinkernd und ganz Profi: „Mehr werden Sie bis zur Landung von mir nicht zu hören bekommen. Ich bin hier gerade ziemlich beschäftigt."

Nur ein Passagier, eine Dame, fängt an laut zu schreien. Aber ein noch lauteres: „Halten Sie gefälligst die Schnauze" bringt sie zum Schweigen. Daraufhin bereiten sich alle mit Hilfe der beiden Stewardessen zügig, aber dennoch sorgsam, auf das Unvermeidliche vor.

Holt und White suchen nach einem geeigneten Notlandeplatz. Ein See scheint sich aus Holts Sicht anzubieten, aber White ist dagegen. Mit einer so schwer steuerbaren Maschine sei eine Wasserlandung kaum heil zu überstehen und außerdem sei das Wasser zu kalt in dieser Jahreszeit, die Passagiere würden nur kurze Zeit überleben.

Ein Feld kommt in Sicht. Eine echte Alternative gibt es für ein nur noch rudimentär steuerbares Flugzeug sowieso nicht, also versuchen die beiden Männer, das Feld zu erreichen. Eine in der Nähe fliegende Cessna sieht die Maschine und bemerkt plötzlich, wie das Antikollisionslicht erlischt. Ein sicheres Zeichen dafür,

Folgende Quellen wurden ausgewertet

- Barley,Stephen: Aircrash Detective; S.269f
- Beaty,David: The Human Factor in Aircraft Accidents; S.92
- Bordoni,Antonio: Airlife's Register of Aircraft Accidents; S.106
- Denham,Terry: World Directory of Airline Crashes; S.100
- Eddy,Paul u.a.: Destination Disaster; S.346
- Edwards,Allan: Flights to Hell; S.129f
- Hengi,B.I.: Crash - Flugzeugunfälle 1945 bis heute; S.84
- Hubert,Ronan: Les Catastrophes Aeriennes de 1920 a 1996; S.163
- Launay,André: Historic Air Disasters; S.150 und 161
- Lowell,Vernon: Airline Safety is a Myth; S.242
- McClement,Fred: It Doesn't Matter Where You Sit; S.186f
- Power-Waters,Brian: Safety Last; S.114
- Roach,J.R.: Jet Airliner Production List; Volume 1
- Roach,J.R.: Piston Engine Airliner Production List
- Serling,Robert J.: Loud and Clear; S.61ff
- Stich,Rodney: Unfriendly Skies; S.295
- Veronico,Nicholas A.: Wreckchasing Volume 2; S.117
- Winchester,Jim: Lockheed Constellation; S.118
- NTSB Unfallbericht DCA66A0005

Die Maschine hüpft leicht in die Höhe und fällt dann wieder auf den Hügel zurück. Das Flugzeug zerbricht in drei Teile, der Tank reißt auf und eine hohe Stichflamme schießt in den Himmel. Dann kommen die drei Rumpfteile nach und nach zur Ruhe. Durch die großen Öffnungen im geborstenen Rumpf gelangen die Insassen schnell ins Freie, hocherfreut die zusätzlichen Notausgänge nutzend.

Einige Passagiere sind erheblich verletzt, so auch Copilot Holt, der sich gerade noch aus der Maschine entfernen kann, bevor er ohnmächtig wird. Der 42-jährige White, so wird man später rekonstruieren, versucht noch einem seiner Passagiere zu helfen und findet bei dieser Aktion den Tod. Er verbrennt zusammen mit dem einzigen Insassen, der eingeklemmt war und sich nicht selbst befreien konnte. Zwei weitere Passagiere erliegen später in einem der Krankenhäuser ihren Verletzungen.

Vier Menschen mussten bei dieser Kollision ihr Leben lassen, 47 wurden verletzt. Aber dennoch ist allen Fachleuten klar, dass die Crews mit schier unglaublichem Können die beiden Maschinen einigermaßen sicher zurück auf den Boden gebracht haben. Aller Wahrscheinlichkeit nach hätten beide herunterfallen müssen, aber heute war alles anders. White erhält für seine jenseits allen Vorstellungsvermögens liegende, brillante Meisterleistung posthum zusammen mit Holt und Greenway eine hohe Auszeichnung, den „Daedalian Award."

Nachzutragen bleibt noch eine traurige Episode am Rande. Die Verlobte Greenways, die ebenfalls bei Eastern Airlines arbeitete, hatte kurz vor dieser Kollision am 8. Februar 1965 ihr Leben verloren. Sie arbeitete als Stewardess an Bord einer Douglas DC-7, als deren Pilot nach einem Ausweichmanöver zur Vermeidung einer Kollision die Kontrolle verlor und die Maschine abstürzte. So hatte Greenway kurz nacheinander seine Verlobte und seinen Freund verloren.

Die TWA Boeing konnte repariert werden. Sie wurde 1982 von Boeing zurückgekauft, ausgeschlachtet und teilweise für ein umfangreiches Programm zur Umrüstung militärischer Boeing Tankflugzeuge verwendet.

dass White die Elektrik komplett ausgeschaltet hat und jetzt um eine möglichst glatte Notlandung bemüht ist.

Im letzten Moment bemerken die beiden Männer, dass der Schwierigkeitsgrad der Notlandung noch um einiges höher ist als gedacht. Das Terrain steigt nämlich an. Für eine Kurve fehlen ihnen die Mittel. Sie müssen also die Maschine im letzten Moment leicht mit der Nase nach oben stellen, weil sie sich andernfalls in den Hügel bohren wird. Ein Gelingen scheint unter den gegebenen Umständen äußerst schwer möglich.

Schnell ruft White den Passagieren noch durch die Sprechanlage zu: „Sicherheitsposition einnehmen", dann heißt es volle Konzentration. Meisterhaft und sanft setzt die Connie auf, und schliddert den Hang hoch. Alles scheint wundersam perfekt, als ein plötzlich in der Dämmerung auftauchender Baum die Backbordfläche abreißt. Das Flugzeug dreht sich ein wenig und Rumpf und rechte Tragfläche treffen heftig auf einen kleinen Wall.

Eis in den ■ 2
Wolken

Eines der 31 gebauten Flugboote Short S.23 Empire, die „Cavalier", war für die Bermudas vorgesehen. Wegen der geringen Reichweite konnte das Flugzeug allerdings nicht über den Atlantik fliegen. Also wurde es in seine Einzelteile zerlegt, auf einen Dampfer verladen und zu seinem zugedachten Einsatzort verschifft. Dort baute man das große Flugboot wieder zusammen.

21 Kisten waren für die Verschiffung des großen Flugzeugs notwendig gewesen. Es gibt eine bemerkenswerte Anekdote am Rande, die ich Ihnen nicht vorenthalten will: die größte

Ein geradezu idyllisch wirkendes Foto aus alten Zeiten. Im Hintergrund G-ADUT, eine Schwestermaschine der notgewasserten G-ADUU   Foto: Ed Coates Collection

Imperial Airway „Cavalier" während Startvorbereitungen an Land   Foto: unbekannt

Kiste mit den Maßen 27 x 6 x 3,5 Meter wurde noch jahrelang als Clubraum und Werkstatt benutzt.

Am 25. Mai 1937 begann die Maschine mit ihrer neuen Aufgabe, dem Liniendienst zwischen den Bermudas und New York. Eineinhalb Jahre versah die G-ADUU einigermaßen regelmäßig ihren Dienst. Dass dies nicht ganz zur Zufriedenheit der Besatzung verlief bzw. viel zu häufig mit Problemen verbunden war, lag an der Anfälligkeit der Motoren, die bei Nässe grundsätzlich an Leistung verloren, weil deren Vergaser leicht vereisen konnten.

Flugkapitän M.R. Alderson hatte deshalb auch wiederholt auf dieses Sicherheitsproblem hingewiesen, aber seitens der Fluggesellschaft Imperial Airways keine Unterstützung bekommen können. Sein letzter Bericht ist nur einen Tag alt, stammt vom 20. Januar 1939, als das Unglück seinen Lauf nimmt. Erneut warnte er, diesmal detailliert und schriftlich, vor den unzuverlässigen Motoren seiner Maschine. Auch die bereits vorhandene Vergaserheizung wurde ausführlich kritisiert, weil sie nicht verlässlich funktionierte.

Zwar war es der dreiköpfigen Cockpitcrew aufgrund ihrer fundierten Kenntnis des großen Flugbootes und speziell seiner „Bristol"-Motoren stets gelungen, die Probleme in den Griff zu bekommen, aber Alderson, sein erster Offizier Neil Richardson und Navigator Patrick Chapman ahnten, dass es aller Voraussicht nach irgendwann einmal zu einer Notwasserung kommen müsste. Sie sollten Recht behalten.

Am 21. Januar 1939 fliegt die Maschine die Strecke New York – Bermudas. Neben den drei Männern im Cockpit sind noch acht Passagiere an Bord, die von zwei Stewards verwöhnt werden. Das Wetter ist schlecht, die Temperaturen liegen um den Gefrierpunkt, genau das Wetter, das den Motoren gewöhnlich so offensichtlich missfällt.

Gegen 9:30 Uhr begibt sich die Maschine auf die 1.250 km lange Reise und stößt in einer Höhe von 2.700 Metern aus den Wolken. Die Vorderkanten der Tragflächen und die Spitzen der Tragflächenschwimmer sind zentimeterdick mit Eis überkrustet. Kein gutes Zeichen, aber das Wetter beginnt sich zum Besseren zu wenden, langsam schmilzt das Eis.

Gegen 12:30 Uhr muss die Maschine erneut durch Wolken hindurch und meldet miserables Wetter an die Bodenstationen. In den Wolken ist es mit minus 12 Grad wieder empfindlich kalt geworden, Schneetreiben setzt ein. Und dann tritt es wieder einmal auf, dieses neunmal verfluchte Problem mit den vier Triebwerken. Sie verlieren an Leistung und laufen nicht mehr synchron.

Die beiden Piloten schalten die Vergaserheizung ein und versuchen auch mit den anderen, in der Vergangenheit stets mehr oder weniger erfolgreichen Kunstgriffen Abhilfe zu schaffen. Vergeblich, der Leistungsverlust nimmt bislang unbekannte Ausmaße an, das Flugboot beginnt rapide zu sinken. Folgerichtig beschließt Flugkapitän Alderson, nach Port Washington umzukehren.

Auf dem Rückweg gehen die beiden Piloten noch einmal alles durch, was helfen könnte. Dabei bemerkt Richardson, dass die beiden Schubhebel für die inneren Motoren seit einiger Zeit klemmen. Es gelingt ihm, den Schaden zu reparieren, aber dennoch verbessert sich das Leistungsprofil nicht. Die Maschine sinkt weiter, weil wegen der fehlenden Motorkraft nicht genügend Geschwindigkeit und damit zu wenig Auftrieb zur Verfügung steht.

In einer Höhe von 1.500 Metern geht der Schnee in Regen über und die beiden äußeren Motoren scheinen sich kurzzeitig zu erholen. Aber es reicht immer noch nicht, um die Höhe zu halten. Folglich gibt Richardson dem Steward Robert Spence den Befehl, möglichst unauffällig Schwimmwesten bereitzulegen und sich gedanklich schon einmal auf eine Notwasserung vorzubereiten.

Gleichzeitig jedoch schärft er ihm ein, die Passagiere noch nicht von der Notsituation zu informieren. Er will ganz offensichtlich die verbleibende Zeit nutzen, um das Flugboot mit irgendeinem Kunstgriff doch noch flugfähig zu halten und insofern die Passagiere nicht unnötig in Aufregung versetzen.

Schließlich unternimmt Richardson einen letzten, als verzweifelt zu bezeichnenden Versuch und schaltet die Triebwerke auf Startleistung. Das bedeutet, dass Treibstoff in die Zylinder eingespritzt wird. Man benutzt diese Prozedur vorwiegend an kalten Tagen, um mit der Mehrleistung von 4 x 134 kW eine kürzere Startstrecke zu erreichen.

Da auch dieses drastische Verfahren keine Änderung bringt, setzt Patrick Chapman gegen 13:00 Uhr einen SOS Ruf ab. Port Washington teilt kurz darauf den Empfang des Notsignals mit, als

die Maschine gerade die Wolkenunterkante durchbricht. Hier ist es relativ warm, aber die Triebwerke geben unbeirrt weiterhin nur magere Umdrehungszahlen an die Propeller weiter.

Port Washington erfährt nun, dass die Short aller Voraussicht nach in Kürze notwassern wird und teilt mit, dass nur leichter Wind aufgekommen sei und die Wellen ein bis vereinzelt drei Meter hoch seien. Kein Problem normalerweise für die große Short S.23, doch auch diesmal hat die G-ADUU wieder einen schlechten Tag: sie wird bei der unglücklicherweise harten Notwasserung beschädigt und die Crew weiß nach schneller Überprüfung, dass sie sinken wird.

Zudem haben sich ein Steward und ein Passagier verletzt. Letzterer ist der 62-jährige Mr. Noakes, der aufgestanden war, vom Flugkapitän im Unklaren gelassen und nicht ahnend, dass das Flugboot gleich notwassern werde. Er knallt beim ersten Aufprall auf die Wasseroberfläche gegen die Kabinendecke und wird schwer am Kopf verletzt.

Der zweite Steward steht ebenfalls im entscheidenden Moment und wird auf den Boden geworfen. Hilflos müssen die Fluggäste mit ansehen, wie er durch ein großes Loch in der Bordwand gespült wird, allerdings unverletzt zu schwimmen beginnt. Da es den Anschein hat, dass das Flugboot bald darauf sinken wird, springen drei Frauen und der andere Steward ebenfalls durch den Riss hinaus.

Der dritte Mann im Cockpit, Chapman, sendet einen Notruf aus mit Angabe der Position von 12:00 Uhr, die einigermaßen genau bestimmt werden konnte. Allerdings war die Notwasserung 72 Minuten später und es ist fraglich, ob eine Suche nach ihnen unter diesen Umständen erfolgreich sein kann. Chapman will erneut peilen und dann senden. Zu dieser genaueren Durchsage kommt es jedoch nicht mehr, weil die Batterien seines Funkgerätes vom eindringenden Salzwasser inzwischen zerstört sind. Lediglich das (allerdings sehr Besorgnis erregende) Wort „sinking" erreicht die Stationen an Land.

Etwas chaotisch verläuft nunmehr das Verteilen der vorhandenen Rettungswesten. Es befinden sich nämlich nicht genug für alle in dem

Informationen über diesen Flugzeugtyp			
Kennzeichen	G-ADUU „Cavalier"		
Fluggesellschaft	Imperial Airways		
Flugnummer	-		
Typ	Short S.23 C-Class / Empire		
Seriennummer	S.812		
Fabrikationsnummer	-		
Erstflug	04.06.1936		
Außenmaße	Länge	26,82 m	
	Spannweite	34,74 m	
	Höhe	9,70 m	
Triebwerke	4 x Bristol „Pegasus" XC		
Leistung max.	4 x 552 - 686 kW		
Startgewicht max.	19.732 kg		
Anzahl Passagiere	16 (nachts) - 24 (tagsüber)		
Dienstgipfelhöhe	6.100 m		
Reichweite max.	1.225 km		
Geschwindigkeit max.	322 km/h		
Anzahl gebaut	31		
Unfalltag	21.01.1939		
Insassen (Unfalltag)	Insgesamt		13
	(davon 5 Crew)		
	Tote		3
	(davon 1 Crew)		
	Verletzte		0
	Unverletzt		10
	(davon 4 Crew)		

Flugboot. Ein Passagier ist in diesem Moment noch an Bord. Ihm wird eine Schwimmweste gegeben. Diese legt der offensichtlich verletzte und verwirrte Mann jedoch nicht an, sondern springt sie in den Händen haltend in die Fluten. Wenig später beobachten die drei Frauen, dass er nach einem letzten verzweifelten Versuch zu ihnen zu schwimmen, lautlos versinkt. Die Notwasserung hat ihr erstes Opfer gefordert.

Kurz darauf retten sich acht Beteiligte zuerst einmal auf das immer noch schwimmfähige Flugboot. Der eine oder andere wird ab und zu von einer größeren Welle vom Rumpf herunter gespült, aber es gelingt jedesmal wieder, alle zurückzuholen und beisammen zu halten.

Plötzlich jedoch bricht das Flugboot mit einem furchterregenden Geräusch in zwei Teile, die schnell nacheinander in der Tiefe verschwinden, um nach längerer Fahrt schließlich auf den Boden des Atlantiks zu sinken. Obwohl der Flugkapitän, einer der Stewards und ein Passagier keine Rettungsweste haben, bleiben alle Menschen relativ ruhig. Alderson ordnet an, dass sich alle einhaken, einen Kreis bilden und so fest zusammen bleiben. Dadurch können nen alle zwölf den Auftrieb von nur neun Schwimmwesten gemeinsam nutzen.

Das Wasser ist mit 20 Grad relativ warm, was darauf zurückzuführen ist, dass die Maschine mitten im Golfstrom herunterkam. Mehr oder weniger geduldig warten die zwölf Überlebenden auf Hilfe, während langsam die Nacht hereinbricht. Plötzlich bemerken die Nachbarn, dass Mr. Noakes unbemerkt gestorben ist. Man kommt schweren Herzens überein, ihn aus dem Kreis der Schwimmenden zu lösen, um seine Rettungsweste nutzen zu können. Die Kräfte lassen nach und die Zuversicht schwindet mit zunehmender Dunkelheit ebenfalls.

Der nächste Problemfall kündigt sich bald darauf an. Einer der beiden Stewards löst sich aus nicht nachvollziehbaren Gründen immer wieder von der Gruppe und schwimmt, wild das Wasser tretend im Kreis herum. Anfangs gelingt es dem unermüdlichen Richardson immer wieder, ihn zurückzuholen und zu beru-

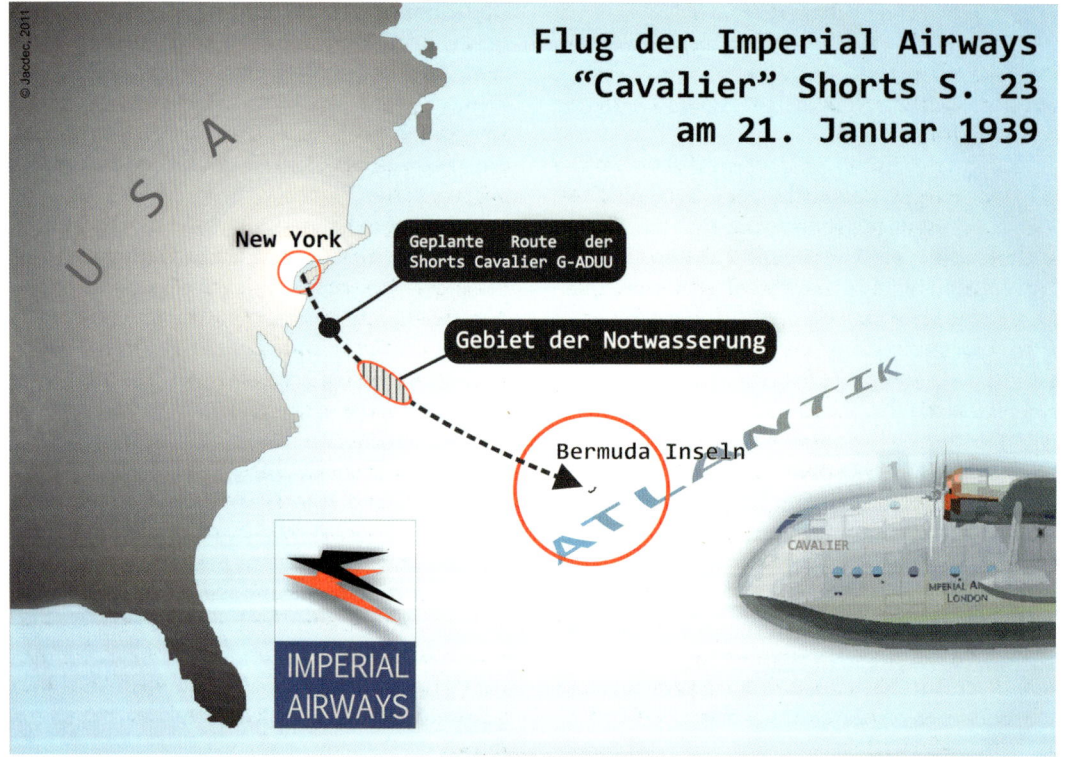

Flug der Imperial Airways "Cavalier" Shorts S. 23 am 21. Januar 1939

higen. Doch irgendwann ist auch seine Kraft am Ende und das dritte Todesopfer wird beklagt. Auch der Steward versinkt in den Fluten des Atlantiks.

Es ist nun 23:00 Uhr, die zehn im dunklen Wasser dahintreibenden Menschen haben zwar noch nicht alle Hoffnung verloren, aber je nach Mentalität und Charakterstärke ist der Glaube an eine Rettung in dieser finsteren Nacht unterschiedlich niedrig. Da sehen einige von ihnen plötzlich die Lichter eines Schiffes, das allerdings etwa acht Kilometer entfernt zu sein scheint.

Alle denken gleichzeitig: „Bitte lass es nicht vorbeifahren." Richardson und der Funker Chapman wollen nichts unversucht lassen und schwimmen in Richtung auf die Lichter zu, laut rufend, als ob man sie dort in weiter Entfernung hören könnte. Das Ganze mutet angesichts des nahe dem Horizont fahrenden Dampfers reichlich absurd an.

Später werden sie erfahren, dass dies ein Tanker ist, der von dem Absturz erfahren hat und nun an der Suche nach Überlebenden beteiligt ist. Dank eines sehr erfahrenen Angestellten der Imperial Airways auf den Bermudas, der die ungefähre Position des Flugbootes errechnet hat, sucht der Tanker auch ziemlich genau an der richtigen Stelle.

Langsam nähert sich das Schiff dem Unfallort. Weil wegen der Suche alle Mann an Deck sind und mit allen Sinnen nach den Vermissten spüren, wird das Rufen gehört, kaum zu glauben, wie viel Glück manchmal erforderlich ist. Der Dampfer tutet heftig, die Schwimmenden wissen, dass man sie entdeckt hat und Jubel bricht aus. Kurz darauf werden sie an Bord geholt und nach New York gebracht.

Welche Zufälle es im Leben gibt, erfährt die staunende Welt erst später: der Funker des Tankers hatte bereits seit einiger Zeit Schichtende, als die Durchsage vom Unglück der „Cavalier" durch den Äther rauschte. Der Tanker verfügte jedoch über eine brandneue Einrichtung, die die Besatzung automatisch alarmierte, als um 21:30 Uhr ein Notruf einging. Sofort änderte man den Kurs. Es ist kaum anzunehmen, dass alle Schwimmer ohne diese relativ zeitige Rettung überlebt hätten.

Folgende Quellen wurden ausgewertet

- Alles-Fernandez, Peter: Flugzeuge von A bis Z; Bd.3; S.320
- Denham, Terry: World Directory of Airline Crashes; S.32
- Hubert, Ronan: Les Catastrophes Aeriennes de 1920 a 1996; S.20
- Schmidt, Heinz A.F.: Historische Flugzeuge, Bd. 1; S.105
- Stewart, Oliver: Danger in the Air; S.98ff

Es gibt zwar zahllose Internet-Seiten zu diesem Absturz, aber mangels Verfügbarkeit von ausführlichem und geprüftem Material beruht die Schilderung weitgehend auf dem Buch „Danger in the Air" von Oliver Stewart.

Die Untersuchung des Vorfalles brachte einige Missstände ans Tageslicht. Neben der scharf gerügten Minderzahl an verfügbaren Schwimmwesten wurde weiterhin beanstandet, dass diese nur in stehendem Zustand angelegt werden konnten. War der Besitzer erst einmal im Wasser, konnte dieser Typ Schwimmhilfe nicht mehr umgebunden werden.

Des Weiteren wurde Imperial Airways gerügt, weil die Gesellschaft es versäumt hatte, den wiederholten Hinweisen und Bitten des Flugkapitäns nachzugehen, der auf die mangelhafte Zuverlässigkeit der Motoren hingewiesen hatte.

Und schließlich konnte man auch den Beteuerungen des Flugkapitäns nicht folgen, er habe die Passagiere mit der bevorstehenden Notwasserung nicht beunruhigen wollen. Es wurde vermutet, dass eine rechtzeitige Durchsage zumindest die schweren Verletzungen und den anschließenden Tod des Mr. Noakes hätten verhindern können.

Drei Menschen hatten ihr Leben lassen müssen, aber dennoch waren sich die Fachleute einig, dass man von Glück sprechen konnte, weil es in diesem Fall ein Flugboot gewesen war, das wegen mangelnder Motorenleistung notwassern musste. Ein Landflugzeug, da waren sich alle Beteiligten sicher, hätte bei den herrschenden Bedingungen mit größter Wahrscheinlichkeit einen nicht überlebbaren Crash gehabt.

Der Pilot 3
hört nicht so gut

Eine Fluggesellschaft, die in nur 43 Jahren zwischen 1947 und 1990 74 dokumentierte Unfälle, Abstürze und Entführungen mit über eintausend Toten zu verzeichnen hat, ist auch in meiner Datenbank äußerst selten, insbesondere, wenn sie nur rund 30 Maschinen besitzt. Ein besonders spektakulärer, weil völlig unnötiger Absturz soll nun folgen.

Es ist zwar nicht Freitag, der dreizehnte, sondern Donnerstag, der 25. Januar 1990. Aber dieser

Informationen über diese Maschine	
Kennzeichen	HK-2016
Fluggesellschaft	Aerovias Nacionales de Colombia SA - Avianca
Flugnummer	AV052
Typ	Boeing 707-320B (707-321B)
Seriennummer	19276
Fabrikationsnummer	592
Erstflug	22.06.1967
Außenmaße	Länge 46,41 m
	Spannweite 44,42 m
	Höhe 12,93 m
Triebwerke	4 x Pratt & Whitney JT3D-3B
Leistung max.	4 x 8.165 kp
Startgewicht max.	152.409 kg
Anzahl Passagiere	148
Dienstgipfelhöhe	11.885 m
Reichweite max.	12.244 km
Geschwindigkeit max.	966 km/h
Anzahl gebaut	272 (320B); 1.010 (707/720 gesamt)
Unfalltag	25.01.1990
Insassen (Unfalltag)	Insgesamt 158
	(davon 9 Crew)
	Tote 73
	(davon 8 Crew)
	Verletzte 85
	(davon 1 Crew)
	Unverletzt 0

Tag geht in die Annalen der kolumbianischen Aerovias Nacionales de Colombia SA (AVIANCA) dennoch als einer der schrecklichsten ein. Nur glückliche Umstände verhindern, dass die meisten Insassen der betroffenen Maschine ihren Angehörigen von einem normalerweise nicht überlebbaren Absturz erzählen können.

Die 22-jährige Boeing 707, die heute den Linienflug von Medellin nach New York bedient, ist mit ihren 61.764 Stunden Flugzeit schon ein rechter Oldtimer. Die Crew, besteht aus Flugkapitän Cavledes (51 Jahre alt, 16.787 Flugstunden), dem 1. Offizier Clotz (28, 1.837 Flugstunden) und dem Flugingenieur Moyano (45, 10.134 Flugstunden). Das Flugzeug hat bei der Zwischenlandung in Medellin knapp 37 Tonnen Flugbenzin aufgenommen, die bis New York reichen werden und auch noch eine Reserve aufweisen, falls man nach Boston umgeleitet werden sollte.

Die Boeing hat 148 Sitzplätze für Passagiere und nicht einer davon ist frei, der Traum jeder Fluggesellschaft. Um 15:08 Uhr hebt die betagte Maschine sauber ab und fliegt brav und ohne Probleme nach New York. Der Dispatcher der Fluglinie hat es allerdings versäumt, seine Crew zuvor davon zu unterrichten, dass das Wetter in New York sich verschlechtert hat, Schneetreiben ist neuerdings angesagt. Diese Nachricht wäre für die Crew sehr bedeutsam gewesen und die Piloten hätten dann sicher etwas mehr Sprit mit an Bord genommen.

Schließlich weiß man als erfahrener Pilot, der „Big Apple" des Öfteren anfliegt, dass eine Wetterverschlechterung dort zwangsläufig zu immensen Wartezeiten im Holding führt. Hinzu kommt noch, dass derzeit nur eine für die 707 bei diesem Wetter geeignete Landebahn des internationalen Flughafens John F. Kennedy

Die neben dem Haus des Tennisspielers John McEnroe abgestürzte HK-2016 Foto: picture alliance

(JFK) geöffnet ist, ein weiterer Grund zur besonderen Aufmerksamkeit. Die Crew aber ist diesbezüglich ahnungs- und entsprechend sorglos.

Als die Maschine nach einem langen Flug, der bereits in Bogota begonnen hat, schließlich in den Luftraum um New York einfliegt, ist die Crew einigermaßen müde und wird dann aber geschockt und wachgerüttelt von der Nachricht, dass New York-JFK völlig überfüllt, das Wetter miserabel, die Sicht unter aller Sau und somit mit erheblichen Wartezeiten im Holding zu rechnen ist.

Später wird noch bekannt, dass die Crew Probleme mit dem Autopiloten gemeldet hat. War dieser möglicherweise defekt? Dann hätten die Männer von Bogota bis New York per Hand fliegen müssen, was eine weitere Dosis Stress und Erschöpfung bedeutet hätte. Dieser Punkt konnte aber nicht mit letzter Sicherheit nachgewiesen werden.

Was auch immer: Zähneknirschend begibt man sich den Anweisungen des Fluglotsen folgend in das erste, äußere Holding über Norfolk. Nach 19 Minuten, einer an den damaligen Verhältnissen gemessen relativ kurzen Zeit, wird die Maschine in das 2. Holding über New Jersey übernommen. Hier dauert es allerdings 29 Minuten, bis man in das 3. und letzte Holding eingewiesen wird.

Ob Flugingenieur Moyano über eine seherische Gabe verfügt, praktizierender Pessimist ist oder ob vielmehr seine professionelle Vorsicht ihn überkommt, wer weiß, aber gegen 21:04 Uhr instruiert er die beiden Piloten: „Falls wir Durchstarten müssen, dann die Maschine bitte nur leicht beschleunigen und die Nase nur ganz wenig hochnehmen, weil wir sonst mit dem wenigen Treibstoff im Tank Probleme bekommen werden."

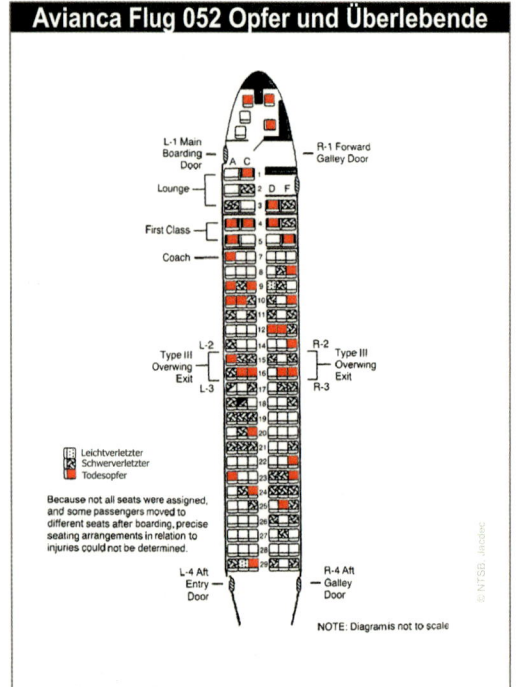

Avianca Flug 052 Opfer und Überlebende

L-1 Main Boarding Door
R-1 Forward Galley Door
Lounge
First Class
Coach
L-2 Type III Overwing Exit
R-2 Type III Overwing Exit
L-3
R-3
Leichtverletzter
Schwerverletzter
Todesopfer

Because not all seats were assigned, and some passengers moved to different seats after boarding, precise seating arrangements in relation to injuries could not be determined.

L-4 Aft Entry Door
R-4 Aft Galley Door

NOTE: Diagramis not to scale

© NTSB, Jacdec

Kennzeichnung der Sitze nach Grad der Verletzungen

Jetzt hört man Flugkapitän Cavledes auf dem später geborgenen CVR, auf dem die Gespräche der Cockpitcrew aufgezeichnet werden, erstmals nachfragen: „Um was zu erreichen?" Und der Copilot wiederholt geduldig: „Die Nase nur ganz wenig hoch, so wenig wie möglich, um keine Probleme mit den fast leeren Tanks zu bekommen."

Später hört man Flugkapitän Cavledes immer wieder nachfragen, bis es ihm selbst zu bunt wird und er ruft: „Erzählt mir die Dinge lauter, ich höre nichts." Der Mann hat – so ergeben spätere Ermittlungen – vermutlich keinen Kopfhörer auf und hört zudem schlecht.

Als mittlerweile der Treibstoff immer knapper wird, fragt der New Yorker Controller, ob sie nicht lieber den geplanten Ausweichflughafen ansteuern wollen. Blitzschnell kommt die Antwort des Copiloten: „Wir können nun nicht mehr nach Boston, wir haben nur noch für fünf Minuten Treibstoff."

Für bare Münze nimmt der Fluglotse diese Nachricht nicht, er ist recht hartgesotten und

weiß, dass die Avianca-Boeing keinen Notfall erklärt hat und die genannten fünf Minuten sicher ein pauschal gegriffener Wert sind. Dennoch, nach nunmehr insgesamt 77 Minuten in den verschiedenen Holdings bekommen die Kolumbianer um 21:20 Uhr die Freigabe für einen ILS-Anflug.

Mit nur 260 km/h fliegt die Boeing relativ langsam den Gleitpfad entlang, zu langsam für den Controller, der bemerkt, wie die nachfolgende Maschine sich der Boeing nähert. Er fragt nach der Geschwindigkeit, erfährt diese und bittet dann um Erhöhung auf 280 km/h. Der Copilot bestätigt. Das geht dem Controller alles nicht schnell genug und er ruft kurz darauf: „Erhöhen, erhöhen!"

Dann muss er aber doch noch die nachfolgende Maschine aus dem Anflugweg nehmen und in eine neue Warteschleife überführen, weil die Crew in der Avianca nicht entsprechend reagiert. Der Pilot fragt schon wieder, was los sei. Antwort: „Erhöhen." Noch einmal die Frage: „Was?" und die Antwort: „20 km/h erhöhen." Darauf erfolgt die Bitte des Flugkapitäns, lauter zu sprechen.

Nun meint der Pilot, sie würden jetzt mit 260 km/h den Landeanflug durchführen, das sei ja wohl das, was der Fluglotse gewollt habe. Auf die Erwiderung des Copiloten, dass das nicht stimme, reagiert der offensichtlich übermüdete Pilot gar nicht und fordert das Ausfahren des Fahrwerks.

Um 21:22 Uhr wird vom Controller Scherwind gemeldet, eine Nachricht, die den Piloten gemäß Vorschrift eigentlich ohnehin zu höherer Geschwindigkeit animieren sollte. Der Flugkapitän fragt schon wieder nach, lange nachdem die Landefreigabe erteilt wurde, ob sie freigegeben seien zur Landung. Dies wird bestätigt und man kann sich unschwer vorstellen, wie genervt Copilot und Flugingenieur inzwischen sein müssen.

Die Wolkenuntergrenze liegt bei 100 m. Die Maschine gerät bei dem nun folgenden, von der Untersuchungskommission später als „armselig" bezeichneten Endanflug unter den Gleitpfad, weil sie zu langsam ist und die vom Copiloten an den Flugkapitän berichtete Windscherung die Maschine in Richtung Boden drückt.

Während alle drei Ausschau nach der Landebahn halten und nichts sehen, warnt das GPWS „Hochziehen, Hochziehen!"

Cavledes ruft verzweifelt: „Ich sehe nichts, ich sehe nichts, Fahrwerk einziehen!" und fügt murmelnd hinzu: „...sanft mit der Nase". Aber die Mühe der Crew wird vergeblich sein, das Schicksal des Düsenriesen ist besiegelt, denn für eine komplette Runde um den Flughafen ist nicht mehr genügend Treibstoff in den Tanks vorhanden. Das scheint der Pilot als Erster zu realisieren, denn er sagt in diesem Moment: „Das wird nicht reichen."

Die Flugleitzentrale weist der Avianca eine neue Höhe in 600 Metern zu und leitet sie nach Süden herum. Um 21:24 Uhr endlich sagt der Flugkapitän: „Sag ihnen, dass wir einen Notfall haben." Der Copilot aber ignoriert diesen Befehl und gibt lediglich „180 Grad Steuerkurs" an den Controller durch.

Eine halbe Minute später wiederholt Kapitän Cavledes: „Sag ihm, dass wir einen Notfall haben" und drei Sekunden später bereits fragt er nach: „Hast Du es ihm gesagt?" Copilot Clotz, als sei die Schwerhörigkeit des Flugkapitäns ansteckend, antwortet: „Jawohl ... ich habe ihn schon benachrichtigt." Das ist ausweichend, denn für die Flugleitzentrale fehlte immer noch das magische Wort „Emergency" (Notfall), das der kurz vor der Antriebslosigkeit stehenden Boeing sofort erste Priorität einräumen würde.

Um 21:25 Uhr sagt der Flugkapitän: „Erkläre ihnen, dass wir keinen Sprit mehr haben." Die Maschine erhält gerade die Freigabe auf 900 Meter zu steigen, da bemerkt auch der Copilot: „Äh, Captain, uns geht der Treibstoff aus." Er bittet um sofortige Landefreigabe, aber der Fluglotse lehnt dies ab, weil er ja immer noch nicht weiß, dass die Boeing gerade die letzten Liter des kostbaren Kerosins schlürft.

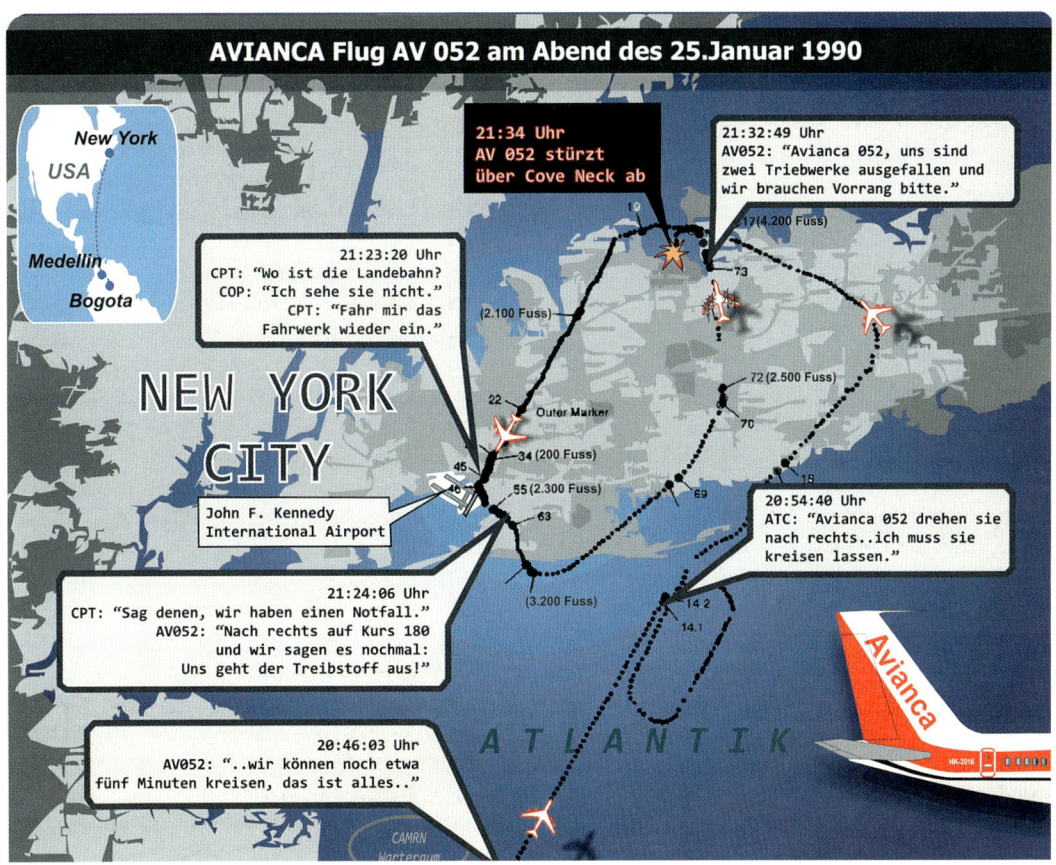

AVIANCA Flug AV 052 am Abend des 25.Januar 1990

21:34 Uhr
AV 052 stürzt
über Cove Neck ab

21:32:49 Uhr
AV052: "Avianca 052, uns sind zwei Triebwerke ausgefallen und wir brauchen Vorrang bitte."

21:23:20 Uhr
CPT: "Wo ist die Landebahn?"
COP: "Ich sehe sie nicht."
CPT: "Fahr mir das Fahrwerk wieder ein."

20:54:40 Uhr
ATC: "Avianca 052 drehen sie nach rechts..ich muss sie kreisen lassen."

21:24:06 Uhr
CPT: "Sag denen, wir haben einen Notfall."
AV052: "Nach rechts auf Kurs 180 und wir sagen es nochmal: Uns geht der Treibstoff aus!"

20:46:03 Uhr
AV052: "..wir können noch etwa fünf Minuten kreisen, das ist alles.."

Die Unglücksmaschine HK-2016 bei einem (damals geglückten) Landeanflug   Foto: Werner Fischdick

Um 21:27 Uhr ruft der Controller das Flugzeug erneut: „Avianca 052, ich bringe Sie 28 Kilometer nach Nordosten und führe Sie dann zum Anflug zurück ... ist das o.k. für Sie und Ihren Treibstoff?", worauf der Copilot die – gemessen an der Lage, in der sich das Flugzeug befindet – nicht nachvollziehbare Antwort gibt: „Ich glaube schon, vielen Dank."

Der Pilot hat wieder einmal nichts mitgekriegt und fragt: „Was hat er gesagt?" Der Copilot gibt die merkwürdig anmutende Antwort: „Ich glaube, der Typ ist sauer."

Wieder meldet sich der Controller mit der Aufforderung, weiter zu steigen. Und wieder unterlässt der Copilot es, den Notfall zu deklarieren und erzählt erneut, der Treibstoff ginge ihnen aus. Kurz danach, um 21:31 Uhr, sind sie endlich Nr. 2 in der Anflugreihenfolge, aber es ist zu spät.

Um 21:33 Uhr meldet Flugingenieur Moyano, dass der Backbordmotor außen gerade seinen Dienst eingestellt habe. Hörbar auf dem CVR nimmt das Triebwerkgeräusch der Boeing

ab. Der Pilot ruft: „Zeig mir die Landebahn", aber das kann niemand, denn die ist noch weit, weit entfernt. Mit einem verzweifelten, letzten Versuch ruft der Copilot währenddessen den Controller: „Wir haben zwei Triebwerkausfälle, wir benötigen Priorität."

Kurz nacheinander meldet Moyano den Ausfall der verbliebenen Motoren und die große Boeing gleitet nun antriebslos und ohne einen Tropfen Kerosin durch die Nacht. Vom Tower kommt soeben einen Meldung durch, aus der sie ersehen können, dass sie noch etwa 25 Kilometer von der Landebahn entfernt sind. Die Antwort des Copiloten, als wenn nichts Besonderes im Gange sei, lautet: „Roger", man mag es kaum glauben.

Auf dem CVR hört man noch eine kurze Zeitspanne die sich langsamer drehenden Motoren. Und dann, um 21:34 Uhr, eine Minute nach dem sorglos klingenden „Roger" crasht die große Maschine ohne, dass an die Passagiere eine Warnung abgegeben wird, 24 Kilometer vom JFK Flughafen entfernt in Cove's Neck, Long Island. Sie bricht beim Aufprall in drei Teile auseinander, wird dadurch vollständig unbrauchbar, aber ein Feuer entsteht wegen des nicht mehr vorhandenen Treibstoffs glücklicherweise nicht.

Feuerwehr und Polizei sind in dieser zwar ländlichen, aber dicht besiedelten Gegend schnell am Ort des Geschehens und im Park der direkt an den Unfallort grenzenden Villa des Tennisstars John McEnroe werden nach und nach 73 Tote aufgebahrt. Ein schrecklicher Tribut an die Unfähigkeit einer Cockpitcrew, die aber hart bezahlen muss für ihre vielen Fehler, denn unter den Toten befinden sich sowohl die beiden Piloten als auch der Flugingenieur.

Wie durch ein Wunder haben aber die meisten Insassen überlebt, 85 teilweise schwer verletzte Menschen, die sich erst viel später fragen werden, welche Glücksfee ihnen an diesem Tag hold war.

Gründe für den Absturz gab es mehrere:

- Der Copilot benutzte das Schlüsselwort „Emergency" nicht; es wird vermutet, dass Stolz hier eine Rolle spielte, nicht untypisch für einen Lateinamerikaner.
- Niemand kümmerte sich intensiv um das Treibstoffproblem.
- Mehrfach führte der Copilot Befehle des Flugkapitäns nicht aus.
- Die Anfluggeschwindigkeit bei vorhergesagtem Scherwind war zu niedrig.
- Es gab keine zusätzliche Treibstoffreserve für Schlechtwetter.

Im 295 Seiten dicken Untersuchungsbericht werden zusammenfassend folgende Gründe genannt:

Das Versagen der Cockpitcrew, den Treibstoffvorrat des Flugzeugs ordentlich zu managen und das fehlerhafte Verhalten, als diese Notsituation nicht dem Controller gemeldet wurde, bevor der Treibstoff zu Ende ging.

Zu dem Unfall habe ebenfalls beigetragen, dass die Crew es unterlassen habe, eine hilfreiche Kommunikation mit einem Dispatcher der Fluggesellschaft aufzubauen, der sie bei einem internationalen Flug zu einem Flughafen mit höchst dichtem Verkehr und in schlechtem Wetter hätte unterstützen können.

Ebenfalls beigetragen hat unangemessenes Management des Verkehrsaufkommens seitens der FAA und das Fehlen einer standardisierten und verständlichen Terminologie zwischen Piloten und Controllern für Notfälle bei Treibstoffmangel.

Schließlich stellte die Untersuchungsbehörde noch fest, dass Windscherung, Müdigkeit der Crew und Stress Faktoren waren, die zur unvollständigen Ausführung des ersten Anfluges und damit zum Unfall beitrugen.

Folgende Quellen wurden ausgewertet

- Barley, Stephen: The Final Call; S.411
- Beaty, David: The Naked Pilot; S.43
- Bordoni, Antonio: Airlife's Register of Aircraft Accidents; S.240
- Brookes, Andrew: Katastrophen am Himmel; S.191f
- Cobb, Roger: The Plane Truth; S.57
- Cushing, Steven: Fatal Words; S.2
- Denham, Terry: World Directory of Airline Crashes; S.194
- Gero, David: Luftfahrt-Katastrophen; S.208f
- Haine, Edgar A.: Disaster in the Air; S.53ff
- Hengi, B.I.: Crash; S.192
- Hubert, Ronan: Les Catastrophes Aeriennes de 1920 a 1996; S.543
- Klee, Ulrich: JP Airline Fleets International 1989/90; S.180
- MacPherson, Malcolm: The Black Box; S.43ff
- Nader, Ralph u.a.: Collision Course; SS.172, 175 und 261
- Roach, J.R.: Jet Airliner Production List Vol.1; S.29
- Richter, Jan-Arwed: Jet-Airliner-Unfälle; S.388f
- Stamford Krause, Shari: Aircraft Safety; S.72ff
- Stich, Rodney: Unfriendly Skies; S.399
- Veronico, Nicholas A.: Wreckchasing Vol.2; S.104
- Villaire, Nathaniel: Aviation Safety; S.4-1ff
- Waterkeyn, Xavier: Air Disaster; S.134
- Hamburger Abendblatt vom 27.01.1990 und 29.01.1990
- Der Spiegel Nr. 4/1999
- Unfallbericht: NTSB AAR-91/04

Die aus dem CVR ausgelesenen Dialoge habe ich dem Unfallbericht entnommen. Sie sind nicht wörtlich übersetzt, sondern sinngemäß übernommen worden.

Ein ach so wichtiges **4** Fußballspiel

Am 4. September 1989 eilt eine Nachricht um die Welt, die Schlimmes erahnen lässt: eine Boeing 737 der brasilianischen Nationalfluggesellschaft Empresa de Viacao Aerea Rio Grandense, kurz VARIG genannt, ist am Vortag im Amazonas-Urwald spurlos verschwunden. Wer diese Nachricht liest und die „Grüne Hölle" kennt, weiß, dass es für die bedauernswerten Insassen der vermissten Maschine so gut wie keine Hoffnung gibt, das Unglück lebend zu überstehen.

Ein toter Passagier wird aus dem Wrack der Boeing 737 geborgen. Foto: picture alliance

Dann kommt am Tag darauf die unglaubliche Meldung: die Maschine sei 44 Stunden nach dem Absturz lokalisiert worden und es gäbe sogar Überlebende! Der Pilot wird als Held gefeiert, denn noch nie ist es gelungen, eine so große Maschine nachts mitten im Urwald sozusagen in ei-

26

nem Stück herunterzubringen, ohne dass alle Insassen getötet wurden. Aber man lobt zu voreilig, kennt die ganze Geschichte ja noch nicht, denn bald stellt sich heraus: Man hat den vermeintlichen Helden zu früh gefeiert, denn in Wirklichkeit handelte er ungeheuer verantwortungslos.

Die Geschichte dieses Fluges mit der Flugnummer RG254 nimmt am Sonntag, dem 3. September 1989 in Sao Paulo ihren unspektakulären Anfang. Nach Zwischenlandungen in Brasilia, wo ein Tausch der Crew vorgenommen wird, und Imperatriz erreicht die Maschine gegen 16:30 Uhr Marabá im Bundesstaat Pará.

Die sechsköpfige Crew ist mit einem Durchschnittsalter von 25 Jahren sehr jung, ganz typisch für die Bevölkerungsstruktur in Brasilien. Der Pilot, Commandante Cesar Augusto Padula Garcez, ist mit 32 Jahren der Senior an Bord und nach Meinung des Präsidenten der VARIG, Helio Smidt, ein erstklassiger Profi. Dieses positive Urteil wird der Präsident in Kürze allerdings revidieren müssen. Dem Piloten zur Seite steht Copilot Nilson de Souza Zille, 29 Jahre jung.

In der Kabine sorgen vier junge Damen dafür, dass sich die Passagiere recht wohlfühlen. Die Purserin Solange Pereira Nunes ist mit 25 Jahren die älteste des Quartetts. Zusätzlich helfen die drei Stewardessen Jaqueline Klimeck Gouveia, Flavia Conde Collares und Luciane Morosini de Mel. Für jeweils ein Dutzend der 48 Passagiere, die den nächsten Streckenabschnitt von Marabá nach Belem fliegen wollen, steht also eine junge Dame mit dem Service zur Verfügung, fürwahr eine hervorragende Aussicht.

Allerdings werden die Herren an Bord diese sehr persönliche Fürsorge der ausgesucht attraktiven Stewardessen gar nicht recht genießen können, denn Belem ist lediglich kurze vierzig Minuten Flugzeit von Marabà entfernt. Nachdem der Pilot auf den beiden Streckenabschnitten zuvor die Befehlsgewalt an den Copiloten abgegeben hatte, will er nun wieder selbst die Führung des Flugzeugs übernehmen, das ist jammerschade.

Jammerschade deshalb, weil er ein fußballbegeisterter Mann ist, was bei einem Brasilianer durchaus als Norm gelten darf. Und jammerschade auch deshalb, weil heute ein eminent wichtiges Spiel ist, in dem zwischen Brasilien und Chile ausgetragen werden soll, wer im nächsten Jahr zur Fußballweltmeisterschaft nach Italien fahren darf.

Hätte er nicht gerade diesen Flug RG254 zu führen, er säße mit Sicherheit im berühmten Maracaná Stadion in Rio de Janeiro oder zumindest vor dem nächstgelegenen Fernseher. Da das ungerechte Schicksal ihm aber heute übel mitgespielt und einen Flug auf den Dienstplan gesetzt hat, muss er sich damit abfinden, muss seinen Job machen und auf das Spiel verzichten.

Verzichten? Na ja nicht wirklich. Man kann ja mal den Tower fragen, auf welcher Frequenz man die Reportage über das Spiel in die Bordanlage bekommt. Der Tower hat ein Einsehen, natürlich, denn dort sitzen ja auch reihenweise fußballbegeisterte Männer, und die helfen dem Piloten gern mit der genauen Angabe der korrekten Frequenz aus. Diese wird eingestellt und nebenbei gleich noch der Autopilot mit dem Kurs nach Belem gefüttert, 270 Grad.

Informationen über diese Maschine		
Kennzeichen	PP-VMK	
Fluggesellschaft	Empresa de Viacao Aerea Rio Grandense - Varig	
Flugnummer	RG254	
Typ	Boeing 737-200 (737-241 Advanced)	
Seriennummer	21006	
Fabrikationsnummer	398	
Erstflug	07.02.1975	
Außenmaße	Länge	30,48 m
	Spannweite	28,35 m
	Höhe	11,28 m
Triebwerke	2 x Pratt & Whitney JT8D-17A	
Leistung max.	2 x 7.260 kp	
Startgewicht max.	52.617 kg	
Anzahl Passagiere	109	
Dienstgipfelhöhe	12.000 m	
Reichweite max.	4.735 km	
Geschwindigkeit max.	964 km/h	
Anzahl gebaut	895 (737-200 Advanced); > 6.300 (737 gesamt)	
Unfalltag	03.09.1989	
Insassen (Unfalltag)	Insgesamt (davon 6 Crew)	54
	Tote (davon 0 Crew)	12
	Verletzte (davon 6 Crew)	42
	Unverletzt	0

Nur leider ist das der falsche Kurs, denn dem voll auf das Fußballspiel fixierten Kommandanten unterläuft ein Zahlendreher. Es hätte nämlich 027 Grad heißen müssen. Auch der Copilot überwacht den Piloten nicht, was eigentlich seine Aufgabe gewesen wäre. Als die Maschine kurz darauf um 17:35 Uhr abhebt und der Kommandant auf den Autopiloten umstellt, fliegt die Maschine dann auch brav nach Westen, statt nach Nordosten.

Die 737, mit der man heute den Flug RG254 fliegt, ist nämlich ein etwas älteres Modell. Bei dieser Serie wird der Autopilot über Funkfeuer gesteuert und dann, wenn diese fehlen, nach dem vom Piloten eingegebenen Kurs und der ist nun einmal 270. Also ab geht es, nach Westen über das sich unendlich weit erstreckende grüne Dach des Amazonas-Urwalds, während die beiden Piloten gespannt dem Fußballgeschehen lauschen.

Auf der Strecke von Marabá nach Belem liegen zahllose kleine Städte und Dörfer, wie beispielsweise Jacundá, Canaa, Valparaiso, Santo Antonio, Turiacu, Villa Sao Manuel, Tucumandeua, um nur einige zu nennen. Das Wetter ist gut und die Cockpitcrew müsste jeweils tief unten in kurzen Abständen die Lichter der Häuser und Straßen erkennen können.

Nach Westen jedoch ist nichts, keine Städte, keine Dörfer, denn dort erstreckt sich Tausende von Kilometern weit lediglich der Urwald. Ein wenig mehr Aufmerksamkeit, ein wiederholter Blick aus dem Fenster der Boeing hätte sehr schnell ein Gefühl dafür verursacht, dass etwas nicht stimmen kann, wenn man nur Schwärze unter sich hat. Aber da ist nun mal dieses Fußballmatch, zu dessen Gunsten die wichtige Arbeit der Cockpitcrew in der Priorität einen zweiten, heute recht undankbaren Platz einnehmen muss.

Dreiundzwanzig Minuten nach dem Start erfolgt ein erster Kontakt mit Belem, denn man befindet sich nach Meinung eines im Flugzeug installierten Systems (PMS), das die zurückgelegte Entfernung in Relation zur Gesamtdistanz setzt, in einer idealen Entfernung, um den Abstieg einzuleiten. Die entsprechende Genehmigung wird vom Fluglotsen erteilt verbunden mit der Bitte, auf UKW umzuschalten. Die Ultrakurzwelle verfügt zwar nicht über eine große Reichweite, erlaubt aber in kürzerer Entfernung eine wesentlich bessere Verständigung zwischen Himmel und Erde.

Während die Männer auf UKW umschalten, wird die Maschine gemäß den Anweisungen des Fluglotsen von 8.800 auf 6.100 Meter heruntergebracht. Der Funkkontakt auf UKW kommt jedoch nicht zustande. „Muss wohl eine Störung sein", denken die Männer und schalten zurück auf die Kurzwelle. Über diese erhalten sie die Freigabe, auf 1.300 Meter zu gehen und den Vorschriften entsprechend den Sinkflug fortzusetzen.

Belem, die Großstadt an der Mündung des Amazonas, die ungefähr die Bevölkerungszahl von Köln aufweist, hat derweil mehrere Kontakte mit anderen Flugzeugen in der Nähe. Hier funktioniert die Verständigung über UKW einwandfrei, der Fehler oder was es auch immer sein mag, das die Verständigung mit RG254 unmöglich macht, liegt also nicht am Flughafen der Stadt, sondern an der Boeing dort oben.

Nach der vorgeschriebenen 180-Grad-Kurve zur Landevorbereitung auf der entsprechend gelegenen Bahn müsste man nun wirklich nahe genug bei Belem sein, um ein Signal des Funkfeuers zu erhalten. Die Empfänger jedoch bleiben stumm. Die so dringend benötigten Navigationshilfen aus Belem, die man bei ungezählten Anflügen in der Vergangenheit stets zuverlässig erhielt, bleiben heute aus.

Die Piloten werden nun ein wenig nachdenklich, aber wirkliche Sorge machen sie sich nicht. Sie erhalten die Freigabe auf 800 Meter, bleiben jedoch – wie die Auswertung des Flugdatenschreibers später zeigen wird – vorerst noch in 1.300 Metern Höhe, schwenken aber auf einen fast südlichen Kurs ein (165 bis 170 Grad), den sie auf der Suche nach Belem für eine nicht nachvollziehbar lange Zeit beibehalten werden, nämlich eine Stunde und 14 Minuten.

Während dieser Zeit halten sie Ausschau, ohne jedoch einen Anhaltspunkt für eine Ortsbestimmung finden zu können. Das verzweifelte Lauschen auf ein Signal des Funkfeuers bleibt ebenfalls ohne Ergebnis.

Auch die Überlegungen, was denn zu diesem Navigationsfehler geführt haben mag, bringen kein Ergebnis. Dabei wäre es doch so einfach gewesen: Ein Vergleich der eingegebenen mit der erforderlichen Gradzahl hätte schnell die Lösung gebracht und zu diesem Zeitpunkt noch eine Notlandung auf einem Flughafen in der Nähe ermöglicht.

Die Untersuchung wird später attestieren, dass der Kommandant zu diesem Zeitpunkt psychisch vollständig blockiert gewesen sein muss. Es kann nicht sein, was nicht sein darf – so oder ähnlich kann man die Situation umschreiben, in der sich der Mann befindet.

Gegen 19:45 Uhr bemerken die beiden Piloten endlich den Fehler, der ihnen bei der Abflugvorbereitung in Marabá unterlaufen ist. Der Kommandant gibt daraufhin die bittere Wahrheit über Funk durch: „Ich bin auf falschem Kurs." Er fügt hinzu, dass vermutlich sein Navigationssystem defekt sei, was gelogen ist.

Dann lässt er die Maschine um 1.000 Meter steigen, während die beiden Männer versuchen, durch Rückrechnung aller Flugzeiten, Kurse und Höhen ihren aktuellen Standort auf der Flugroutenkarte festzustellen in der Hoffnung, einen alternativen Flughafen in erreichbarer Nähe aufspüren zu können. In jedem Fall fühlt man sich in größerer Höhe besser gerüstet für das Aufspüren eines Landeplatzes, oder wenn es denn unbedingt sein muss, eines Notlandeplatzes.

Jetzt hat er auch wieder Kontakt zu zwei Funkfeuern, die mit 320 Khz und 370 Khz senden. Carajas und Marabá müssten das nach seiner Einschätzung sein, die Frequenzen jedenfalls stimmen. Nur leider ist das nicht so, denn er hat die weit im Süden liegenden Funkfeuer von Barra do Garcas und Goiania empfangen, die zufällig auf denselben Frequenzen ausstrahlen.

Belem wird gegen 20:30 Uhr entsprechend informiert und teilt mit, dass der Flughafen von Carajas geschlossen sei, wenn auch dessen Funkfeuer noch sende. Man werde sich aber bemühen, den Platz schnellstmöglich wieder in Betrieb nehmen zu lassen. Das ist jedoch einerseits vergebliche Liebesmüh, weil die Boeing sich ganz woanders befindet, als

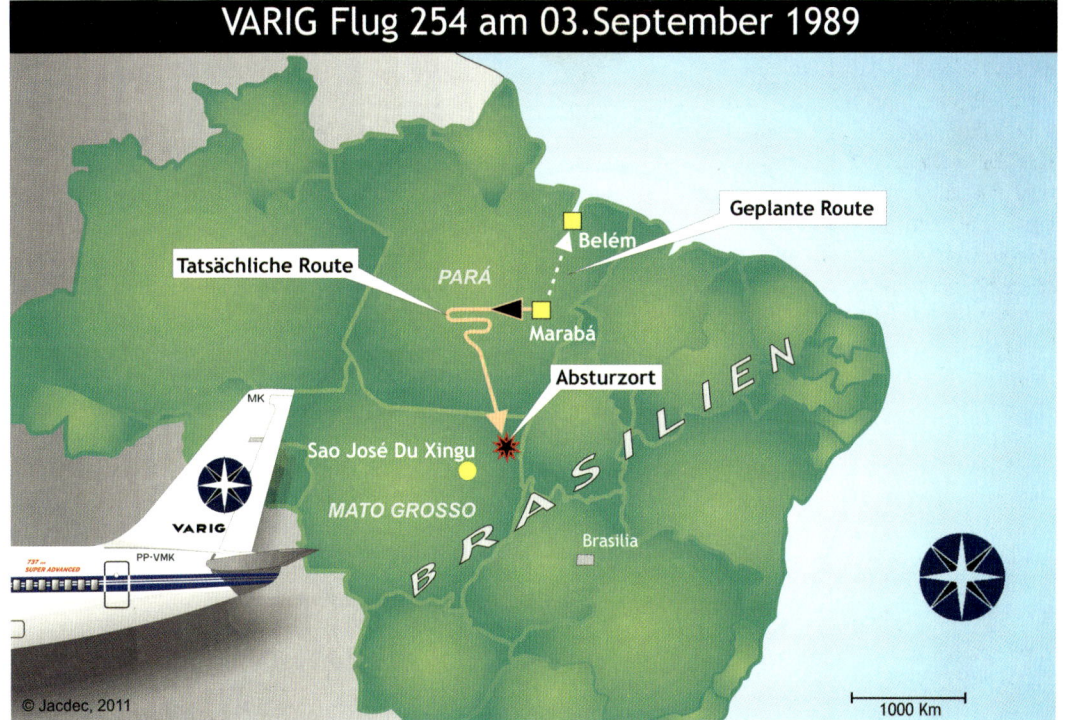

VARIG Flug 254 am 03. September 1989

die Beteiligten glauben und hoffen. Und andererseits ist es nun zu spät, denn Treibstoffmangel macht sich bemerkbar.

Als der erste Motor ausfällt, befinden sich nur noch ca. 100 kg Kerosin in den Tanks. Die Crew teilt mit, dass man Belem genauso wenig erreichen werde wie Carajaz und die Notlandung in unbekanntem Gelände vorbereite. Die Klappeneinstellungen werden durchgeführt, weil nun kurzfristig mit dem Ausfall des anderen Triebwerks und damit der kompletten Elektrik zu rechnen ist. So soll eine den Bedingungen entsprechend noch optimale Notlandung erreicht werden.

Zwei Minuten später, um 20:30 Uhr stellt der zweite und letzte Motor nach drei Stunden und fünfzehn Minuten seinen Dienst ein und der Kommandant meldet den totalen Ausfall aller Navigationshilfen. Auch der Flugdatenschreiber dieser älteren 737-Version funktioniert nun nicht mehr.

In diesem Moment erblickt der gestresste Kommandant mehrere Feuer am Boden. Er hat noch genügend Höhe, um zu kreisen und die Cockpitcrew erkennt, dass es sich dort unten um Rodungsfeuer handeln müsse. Das ist ein kleiner Lichtblick, denn wo die Dinger brennen, gibt es freie Flächen und vor allem Menschen, die helfen können.

So langsam wie nur möglich lässt Commandante Garcez die Maschine nach unten gleiten. Klappen kann er nicht mehr verändern, dafür fehlt ihm der Druck in den Hydraulikleitungen, der wegen der fehlenden Triebwerksleistung nicht aufgebaut werden kann. So fliegt man etwas schneller als gewünscht, jedoch immer hart an der Grenze zum Strömungsabriss mit ungefähr 220 km/h dem stockdunklen Erdboden entgegen.

Auch auf das Licht der Landescheinwerfer muss der Pilot verzichten, obwohl die gerade in dieser desperaten Situation mehr als nur willkommen wären. Es gibt keinen Strom mehr. Ohne jeden Bezug nach draußen nähert sich die Boeing 737 in völliger Dunkelheit dem Zeitpunkt des Aufpralls.

Schnell sagt der Pilot noch über die Sprechanlage durch, man werde nun gleich notlanden. Er empfiehlt den Menschen in dem Flugzeug hinter sich zu beten, dass die Notlandung glimpflich verlaufen möge und bittet sie gleichzeitig um Entschuldigung für das, was in wenigen Sekunden passieren werde.

Panik entsteht, ein Mann löst seine Gurte und erhebt sich in eben dem Moment, in dem die schwere Maschine 1.100 Kilometer entfernt von Belem in 30 Metern Höhe den ersten Kontakt mit den Baumwipfeln der Urwaldriesen vollzieht.

Die anfangs noch ungefähr 215 km/h schnelle Maschine verzögert nun rapide, die an Pylonen aufgehängten Triebwerke poltern einzeln zu Boden, die Tragflächen werden mit hässlichem Geräusch vom Rumpf getrennt und gleich beim ersten Aufprall auf den Urwaldboden wird das gesamte Fahrwerk abgerissen. Der Rumpf der Maschine wird heftig gestaucht, bleibt aber insgesamt gesehen in erstaunlich guter Verfassung. Alle hätten überleben können.

Dennoch sterben bei dem Aufprall bereits 11 Insassen, unter ihnen auch der aufgestandene, schutzlose Passagier, was nicht verwundert. Diese Schreckensbilanz ist zurückzuführen auf die nicht gut genug befestigten Sitze. Durch die enorme Verzögerung beim Aufprall und die Verformung des Rumpfes reißen die meisten Sitze aus den Verankerungen.

Nur neun Sitze ganz hinten widerstehen den heftigen Erdbeschleunigungskräften. Dort hatte sich allerdings der Boden auch nicht aufgeworfen. Alle anderen Sitze werden ziehharmonikaähnlich nach vorn geschleudert, die elf unglücklichen Passagiere werden eingequetscht und sekundenschnell getötet. Der Untersuchungsbericht wird später dann auch den Sitzen und deren nicht optimalen Befestigungen ein ganzes Kapitel widmen.

Achtzehn Insassen haben schwere Kopf- und Beinverletzungen zu beklagen, einer stirbt im Laufe der Nacht. Die restlichen fünfundzwanzig Menschen sind wie durch ein Wunder nur leicht verletzt und beginnen bald darauf, sich um ihre weniger glücklichen Mitreisenden zu kümmern.

Die meisten Not- und die beiden Fensterausgänge sind nicht zu öffnen. Das Flugzeug ist an diesen Stellen verformt. Da sich jedoch kein Benzin mehr an Bord befindet, bricht auch kein

Feuer aus, sodass die beiden verbleibenden Ausgänge in relativer Ruhe geöffnet werden können und die Maschine evakuiert wird.

Die Menschen finden langsam wieder zu sich und danken Gott und dem heldenhaften Kommandanten für ihre wundersame Rettung. Letzterer hat diesen enthusiastischen Dank allerdings keinesfalls verdient, aber das weiß man ja zu diesem Zeitpunkt noch nicht. Jedoch bleibt ihm abgesehen von seiner alleinigen Schuld am Absturz immerhin der Verdienst, die Boeing so heruntergebracht zu haben, dass es Überlebende gab.

Nicht dem Kommandanten, wie Jan-Arwed Richter in seinem sonst so gut recherchierten Buch „Jet-Airline-Unfälle" berichtet, sondern dem erst 19-jährigen Alfonso Saraiva, einem im Urwald aufgewachsenen Indio haben die Menschen wenig später eine vergleichsweise zügige Rettung zu verdanken.

Dieser Mann hat trotz seiner Jugend schon einige Jahre als Garimpeiro, Diamantensucher fernab jeder Zivilisation gearbeitet. Er macht sich mit Epaminondas Souza Chaves, dem wir später die detaillierteste Schilderung des Unfallhergangs zu verdanken haben, und zwei weiteren Männern auf den Weg, um Hilfe zu holen. Er findet mit sicherem Instinkt in vierzig Kilometern Entfernung die nächste Siedlung, Sao José de Xingu im Bundesstaat Mato Grosso.

Dort kann man ihm nur bedingt helfen, denn diese Ansammlung einer Handvoll Hütten verfügt über keine Kommunikationsmöglichkeiten. Erst müssen die Vier noch sechs Kilometer weiterlaufen, zur Fazenda Curumaré, einer Farm, die man auf keiner Landkarte dieser Erde finden wird. Dort aber lebt ein Farmer, der gleichzeitig begeisterter Funkamateur ist und mit seiner Hilfe gelangt die Nachricht vom wundersamen Überleben der meisten Insassen der abgestürzten Boeing schnell in alle Welt.

Jetzt kann man gezielt Hilfe schicken, wusste man bis zu diesem Zeitpunkt doch nicht einmal, wo genau man nach der vermissten Passagiermaschine suchen sollte. Die theoretischen Möglichkeiten umfassen immerhin eine Fläche, die mehr als dreimal so groß ist wie die Bundesrepublik Deutschland.

Bald darauf kreist eine Transportmaschine der brasilianischen Luftwaffe über der Unglücksstelle und wirft Medikamente, Wasser und Lebensmittel ab. Ein paar Stunden später sind auch bereits die ersten Helfer vor Ort und kümmern sich umgehend um die Verletzten. Nachmittags beginnen die herbeigeholten Helikopter mit dem Ausfliegen der Geretteten. Der letzte Passagier befindet sich nur 63 Stunden nach dem Absturz in Sicherheit.

Es gibt noch den Bericht der Helfer nachzutragen, denen der Pilot angeblich beim Eintreffen als erste Frage stellte „Wer hat gewonnen?" Nun, das muss man ja nicht unbedingt glauben. Außerdem war die Antwort genauso unbefriedigend wie seine Leistung als Pilot, denn das Spiel wurde nach nur einer Stunde wegen eines Zuschauerangriffs abgebrochen.

Nein, ein Held war er nicht, dieser Pilot, obwohl er zuerst als solcher gefeiert wurde. Der wahre Held dieser Geschichte ist der junge Indio Alfonso Saraiva, der trotz einer schweren Kopfwunde 46 Kilometer marschierte, um Hilfe zu holen, wohl weil er wusste, dass der Rest der Insassen in diesem ihnen unbekannten Terrain lediglich im Kreis gelaufen wäre.

Folgende Quellen wurden ausgewertet

- Barley,Stephen: The Final Call; S.395
- Beaty,David: The Naked Pilot; S.133
- Bordoni,Antonio: Airlife's Register of Aircraft Accidents; S.236
- Denham,Terry: World Directory of Airline Crashes; S.189
- Faith,Nicholas: Black Box; S.164
- Hengi,B.I.: Crash; S.190
- Hubert,Ronan: Les Catastrophes Aeriennes de 1920 a 1996; S.531
- Klee,Ulrich: JP Airline Fleets International 1989/90; S.410
- Roach.J.R.: Jet Airliner Production List Vol.1; S.170 (4.A.); S.172 (5.A.)
- Richter,Jan-Arwed: Jet-Airliner-Unfälle; S.382
- Veronico,Nicholas A.: Wreckchasing Vol.2; S.105
- Hamburger Abendblatt vom 05.09.89, 06.09.89, 07.09.89 und 08.09.89
- Der Spiegel Nr. 37/1989
- O Globo vom 14.10.89
- Unfallbericht: Sistema de Investigacao e Prevencao de Acidentes Aeronauticos Relatorio Final (CENIPA 04) vom 23.04.1991

Die vertauschten 5
Behälter

Haben Sie schon einmal Motoröl in die Scheibenwaschanlage Ihres Autos gefüllt? Nein? Oder möglicherweise Küchenabfälle in den Wertstoffbehälter? Auch nicht? Aber vermutlich hat Ihre sonst so geliebte Frau eines schrecklichen Tages Salz statt Zucker in den Kuchenteig gerührt, oder? Na also!

Doch selbst wenn Ihnen alle diese Missgeschicke zusammen bereits einmal passiert sind, ist es so schlimm nicht gewesen, die Folgen waren ärgerlich, jedoch nicht der Rede wert. Töd-

lich in der Konsequenz hingegen war die Verwechslung zweier Behälter mit unterschiedlichen Inhalten durch einen Mitarbeiter der Fluggesellschaft „Pan International".

Das Unheil nimmt am 6. September 1971 seinen Anfang in Düsseldorf. Dort hat ein Mitarbeiter der Fluggesellschaft den Auftrag, fünf 60-

Brennende Teile der BAC 1-11 nur wenige Minuten nach dem Crash   Foto: Hans-Günter Kiesel

Liter-Kanister in den Frachtraum einer British Aircraft One-Eleven (BAC 1-11) zu laden. Die Maschine wird gerade für einen Positionierungsflug nach Hannover vorbereitet. Dort soll sie knapp 60 Fluggäste aufnehmen und einen Charterflug beginnen, der sie über Hamburg nach Malaga in Spanien führen wird.

Zurück zu den Kanistern. Diese Behälter sollen je 60 Liter entmineralisiertes Wasser enthalten. Dieses braucht man, wenn die BAC 1-11 unter erschwerten Bedingungen starten muss. Das reine Wasser wird in spezielle Tanks gefüllt, aus denen heraus es in die Turbinen eingespritzt werden kann. Durch diese Maßnahme werden die Triebwerke gekühlt und können mit Hilfe dieses Kunstgriffes mehr Leistung abgeben.

Die fünf Kanister werden also eingeladen, aber niemand weiß in diesem Moment, dass zwei von Ihnen eine Katastrophe verursachen werden. In diesen beiden nämlich befindet sich statt des erforderlichen Wassers der Flugzeugtreibstoff Kerosin. Wie er in diese Behälter hineingekommen ist, wird nie restlos geklärt werden. Da die Behälter jedoch unbeschriftet sind, kann der Belader in Düsseldorf beim besten Willen nicht ahnen, dass er gerade Beihilfe zu einem der spektakulärsten Flugzeugunfälle in Deutschland leistet.

Nach dem Zwischenstopp in Hannover, wo die erste Hälfte der sonnenhungrigen Passagiere den Charterflug DR112 gebucht hat, fliegt die One-Eleven einen kurzen Hopser nach Hamburg. Dort warten weitere Passagiere ungeduldig auf die verspätete Maschine. Zügig wird das Boarding durchgeführt und bald haben sich insgesamt 115 Passagiere und sechs Crewmitglieder in dem schlanken Flugzeug eingefunden.

Während die Stewardessen die neu hinzugekommenen Passagiere auf ihre Plätze einsortieren, pumpt ein Mitarbeiter der Fluggesellschaft den Inhalt der fünf Kanister in den Tank der Einspritzanlage. Ein Ladearbeiter, der während dieses Vorgangs in der Nähe vorbeigeht sagt zwar: „Das Wasser riecht aber sehr nach Sprit." Doch offensichtlich hört der mit Pumpen beschäftigte Mann von „Pan International" diese wichtige Anmerkung nicht.

Kaum zu glauben, dass es so viele Überlebende gab.
Foto: Hans-Günter Kiesel

Katastrophentouristen säumen die Brücke im Bildhintergrund.   Foto: Hans-Günter Kiesel

Der 32 Jahre junge Flugkapitän Reinhold Hüls hat einen besonderen Copiloten neben sich sitzen. Genauer gesagt: Deutschlands erste Jetpilotin, die 31-jährige Elisabeth Friske steht ihm heute zur Seite. Beide haben sich erst vor Kurzem kennengelernt, aber bereits auf den Flügen zuvor Achtung vor dem Können des jeweils anderen bekommen. Dass es sich tatsächlich um zwei außergewöhnlich befähigte Flieger handelt, wird sich in wenigen Minuten zeigen.

Die Kabinentüren schließen sich, die Maschine ist mit 115 Passagieren fast komplett besetzt, hat knapp 2 Tonnen Gepäck in den Laderäumen und brächte insgesamt 46.600 kg auf eine Waage, wenn es denn eine für Flugzeuge gäbe. Damit liegt man nur 900 kg unter dem höchstzulässigen Startgewicht und ein sogenannter „nasser" Start mit Wassereinspritzung ist erforderlich. Das hatte man schon länger gewusst, und genau dafür war ja auch der Inhalt der Kanister umgepumpt worden.

Während des Rollens zur angewiesenen Startposition betätigt Elisabeth Friske den Schalter für die Wassereinspritzung. Alle Anzeigen signalisieren den Normalzustand des Flugzeugs und um 18:19 Uhr setzt sich die Maschine donnernd in Bewegung. Jetzt erst tritt die Wassereinspritzung in Aktion. Anfänglich spritzt sie auch tatsächlich Wasser ein, das ja bekanntlich schwerer ist als Treibstoff und deshalb zuerst von den Pumpen angesaugt wird.

Dann aber gelangt nur noch Kerosin in die Kammern und rasend schnell baut sich eine ungeheure Hitze in den Triebwerken auf, denn zum Kühlen taugt Kerosin nun einmal ganz und gar nicht. Die Piloten bemerken schon bald, dass der heutige Start nicht der immer wieder erlebten Norm entspricht, denn einige Instrumente schlagen stärker aus als sonst. Da das Flugzeug die Startbahn aber bereits verlassen hat, wird zuerst einmal das Fahrwerk eingezogen.

Im selben Moment, die Maschine befindet sich in 250 Metern Höhe im Steigflug, gibt es einen markerschütternden Doppelknall, die Insassen fühlen sich nach vorn gestoßen und die Cockpitcrew weiß unmittelbar, dass der Schub abgefallen ist. Ein Blick auf die Instrumente belehrt sie eines Besseren: Die Schubkraftanzeiger für beide Motoren stehen auf Null, die Schubkraft ist also nicht ab- sondern komplett ausgefallen, die One-Eleven ist antriebslos.

Später wird man feststellen, dass wegen der ungeheuren Hitze in diesem Moment mehrere Schaufeln in den Turbinen gerissen sind. 1.600 Grad Celsius hält das hochwertige Material aus, aber weit über 3.000 Grad wurden durch die

Dieses Foto ging seinerzeit um die Welt: Der schwer verletzte Flugkapitän Reinhold Hüls wird betreut.
Foto: Hans-Günter Kiesel

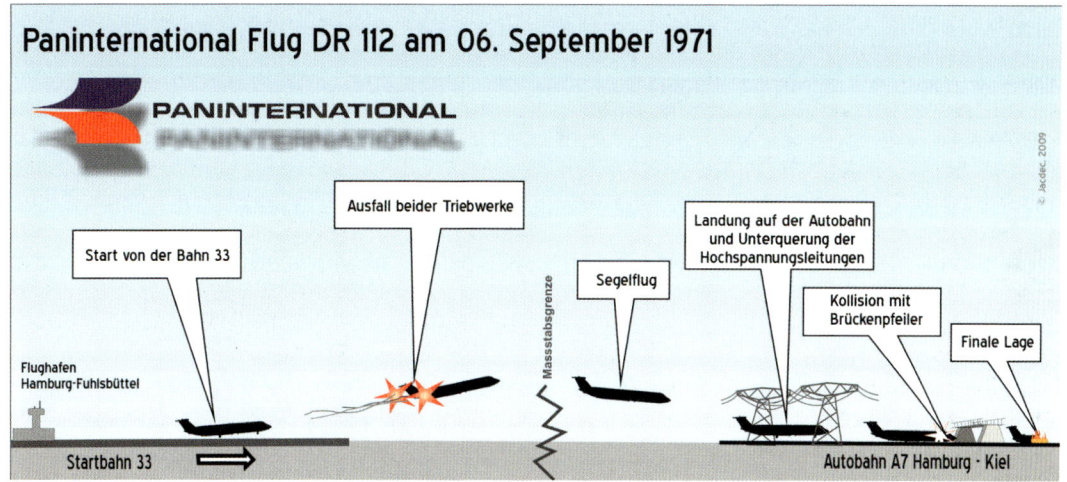

Paninternational Flug DR 112 am 06. September 1971

PANINTERNATIONAL

Start von der Bahn 33

Ausfall beider Triebwerke

Segelflug

Landung auf der Autobahn und Unterquerung der Hochspannungsleitungen

Kollision mit Brückenpfeiler

Finale Lage

Flughafen Hamburg-Fuhlsbüttel

Massstabsgrenze

Startbahn 33

Autobahn A7 Hamburg · Kiel

© Jacdec, 2009

fehlerhafte Einspritzung verursacht, das kann dieser Werkstoff nicht vertragen.

Seit dem Start sind gerade einmal 60 Sekunden vergangen, als Flugkapitän Hüls um 18:20 Uhr Mayday funkt und um Erlaubnis zur Umkehr auf den Hamburger Flughafen Fuhlsbüttel bittet. Die Nase der Maschine wird leicht nach unten gestellt, um das Flugzeug nicht zu langsam werden zu lassen. Während der verzweifelten, aber fruchtlosen Versuche der beiden Piloten, einen Neustart der Triebwerke hinzubekommen, erhalten sie Freigabe zur bevorzugten Landung auf dem Flughafen.

Schnell steht fest, dass sie diese Bevorzugung gar nicht mehr benötigen. Eine Umkehr in dieser Höhe wird nicht möglich sein, denn dazu bedürfte es einer scharfen Kurve, während der die One-Eleven wegen Strömungsverlustes abstürzen würde. Die Crew muss also schnellstmöglich nach einem geeigneten Notlandeplatz suchen, was bei der guten Sicht – Gott sei Dank – nicht zusätzlich erschwert wird.

Tausend Gedanken rasen den beiden durch den Kopf, aber insbesondere einer, ein sehr schrecklicher: das Flugzeug hat randvolle Tanks, liegt um sieben Tonnen über dem erlaubten Höchstlandegewicht und muss langsam, aber präzise auf einem tragfähigen Untergrund heruntergebracht werden. Unmöglich ist das nicht, aber äußerst unwahrscheinlich.

Die beiden Piloten sind Profis, halten sich insofern nicht mit den Grundzügen der Wahr-

scheinlichkeitsrechnung auf, sondern tun ihr Bestes, um eine Katastrophe zu verhindern. Eine Autobahn kommt in Sicht. Glück im Unglück: es ist die A7, die einmal von Hamburg im Norden bis nach Dänemark führen wird, von der aber 1971 nur ein kleines Stück fertiggestellt ist, fast so etwas wie eine Sackgasse. Insofern ist sie noch nicht sehr stark befahren. Hier muss es gelingen.

Und fast gelingt es auch. Um 18:21 Uhr wird das Fahrwerk ausgefahren, eben noch eine Hochspannungsleitung unterflogen, als ob dies zur normalen Tagesarbeit eines Piloten gehöre und dann, nur 5 Kilometer vom Startpunkt entfernt die Maschine in der Nähe des Städtchens Hasloh heruntergebracht. Dabei wählt Flugkapitän Hüls klug die Seite der Autobahn, auf der ihnen die Autos entgegenkommen, das ankommende Flugzeug also sehen und ausweichen können. Unvorstellbar, an wie viele Details diese Crew in höchster Notlage noch denkt!

Steil muss die One-Eleven heruntergebracht werden, um nicht abzuschmieren. So knallt sie mit 260 km/h zuerst heftig mit dem linken, dann mit dem rechten Fahrwerk auf. Gleichzeitig kracht auch das Heck der Maschine auf den harten Beton und es passiert, was zuvor schon zu befürchten war: das linke Fahrwerk hält dem weit überhöhten Landegewicht nicht stand und kollabiert.

Gleichzeitig gehen beide Piloten wie auf Kommando voll in die Bremsen. Einen Wimpernschlag später poltert auch das Bugrad her-

Die Rettungskräfte kamen wegen der vielen auf der Autobahn abgestellten Autos kaum zum Unfallort durch
Foto: picture alliance

unter, Reifen platzen und dann bricht das Bugrad ebenfalls weg. Durch die Schräglage schleift die Backbord-Tragfläche am Boden und die Maschine beginnt allmählich, sich nach links zu drehen.

Einer Dame, aus Schleswig kommend, gelingt es trotz einer durch das unverhofft entgegenkommende Flugzeug hervorgerufene Panikattacke nahezu Unmögliches: Sie lenkt ihr Auto zur Seite und fährt unter einer Tragfläche der notlandenden Maschine hindurch. Wie schön, dass sie und ihr Mann in einem winzigen Fiat 500 sitzen und nicht in einem mannshohen Geländewagen. Ich mochte den Cinquecento schon immer!

Mit einer fliegerischen Meisterleistung, die ihresgleichen sucht, hat Hüls die waidwunde One-Eleven relativ sicher zu Boden gebracht, aber nun nimmt das Schicksal eine fürchterliche Wendung, denn die sich drehende Maschi-

ne nähert sich unaufhaltsam einer Brücke, die sich über die Autobahn spannt. Mehrere hundert Meter Bremsspur zeugen von dem verzweifelten Bemühen der Crew, das Unabänderliche doch noch zu verhindern. Aber die Strecke bis zur Brücke ist mit rund 400 Metern viel zu kurz.

Heute baut man standardmäßig weit spannende Brücken ohne Mittelpfeiler. Aber wir befinden uns im Jahr 1971, da waren Mittelpfeiler noch die Norm. Und dieser Mittelpfeiler ist es, der schlussendlich das schreckliche Schicksal der Maschine bestimmt. Das Flugzeug hat sich inzwischen um 60 Grad gedreht und kracht schräg gegen den Pfeiler.

Im Bruchteil einer Sekunde sterben achtzehn urlaubshungrige Menschen in den ersten Reihen direkt hinter dem Cockpit, denn die Maschine rutscht mit immer noch 150 km/h, der direkte Aufprall ist in diesem Flugzeugabschnitt nicht überlebbar. Das Cockpit wird vom Rumpf der Maschine getrennt und beide Teile rutschen rechts und links unter der Brücke hindurch, das Leitwerk reißt ab, fetzt das Geländer der Brücke fort und fällt direkt dahinter auf die Autobahn.

Sieht man einmal davon ab, dass so viele Menschen auf entsetzliche Weise gestorben sind, so ist dennoch ein Glücksumstand anzumerken. Die BAC One-Eleven ist eine relativ kleine Maschine mit einem sehr niedrigen Fahrwerk (siehe Foto). Eine Boeing oder ein Airbus wären gar nicht unter der Brücke hindurchgekommen!

Nach einer kurzen Drehung bleibt das Cockpit neben der Autobahn liegen, der Rumpf dreht sich ebenfalls, rutscht rückwärts noch weiter, eine Tragfläche prallt gegen eine Eiche, das Flugzeug dreht sich noch einmal um 180 Grad und kommt schließlich knapp 100 Meter hinter der Brücke in einem Graben zur Ruhe.

In diesem Teil des Flugzeugs sitzt das Ehepaar Gehrlich. Die beiden saßen zuvor in Reihe zwei, wo man jedoch nicht aus dem Fenster sehen kann. Weil dies jedoch der erste Flug im Leben der Frau war, durften sie die Plätze tauschen und sitzen nun lebendig in Reihe 12, wo die Frau hinausschauen kann, während Reihe zwei nicht mehr existiert. Es macht immer wieder aufs Neue nachdenklich, wenn man derartigen Zufällen bei der Untersuchung von Flugzeugunglücken begegnet.

Nachdem die je nach Mentalität eines Menschen unterschiedlich lange Schrecksekunde vergangen ist, befreien sich die Passagiere nach und nach aus den Trümmern des Flugzeugs. Das muss zügig vonstatten gehen, denn fast 14.000 Liter Kerosin haben sich entzündet und Eile tut deshalb not.

Dabei wird den Menschen trotz der Gefahr, die ein brennendes Flugzeug mit sich bringt, tatkräftig von außen geholfen. Das Ehepaar aus dem Fiat gehört zu den Ersten, die den Insassen helfen. Die Evakuierung ist schon nach kurzer Zeit beendet, denn auch der Notausgang im Heck lässt sich noch problemlos öffnen.

Hauptkommissar Josef Becker löst direkt nach Eingang der Schreckensmeldung im Polizeipräsidium Großalarm aus. 80 Peterwagen, wie die Polizeiautos in Hamburg genannt werden, zwei Züge Kommandoreserve, der Polizeihelikopter „Libelle", 25 Rettungswagen und natürlich fünf Züge der Feuerwehr fahren und fliegen sternförmig auf die Unfallstelle zu, um zu helfen.

Leider sieht man den Rauchpilz der brennenden One-Eleven bis Hamburg, was dazu führt, dass zahllose Schaulustige angelockt werden. Immer mühsamer wird es für die Rettungskräfte, durch die verstopften Straßen und Feldwege zum Ort des Geschehens durchzukommen. Ein Luftfoto, das kurz nach dem Unglück entstand, spricht Bände. Dennoch geht die Rettung routiniert voran und bald sind alle Verletzten in umliegende Krankenhäuser eingeliefert worden.

Informationen über diese Maschine		
Kennzeichen	D-ALAR „Jorn"	
Fluggesellschaft	Pan International	
Flugnummer	DR112	
Typ	British Aircraft One-Eleven 500 (BAC 1-11-515FB)	
Seriennummer	207	
Fabrikationsnummer	-	
Erstflug	01.05.1970	
Außenmaße	Länge	32,61 m
	Spannweite	28,50 m
	Höhe	7,47 m
Triebwerke	2 x Rolls Royce RB.163 Spey Mk.512DW	
Leistung max.	2 x 5.561 bis 5.690 kp	
Startgewicht max.	47.400 kg	
Anzahl Passagiere	97 bis 119	
Dienstgipfelhöhe	10.670 m	
Reichweite max.	3.484 km	
Geschwindigkeit max.	871 km/h	
Anzahl gebaut	86 (Typ 500); 244 (One-Eleven gesamt)	
Unfalltag	06.09.1971	
Insassen (Unfalltag)	Insgesamt (davon 6 Crew)	121
	Tote (davon 1 Crew)	22
	Verletzte (davon 5 Crew)	57
	Unverletzt (davon 0 Crew)	42

D-ALAR der Pan International kurz vor dem Unglück
Foto: Werner Fischdick

Noch am selben Abend ist der renommierte Flugkapitän Max Brandenburg zur Stelle, Leiter der Abteilung Flugunfalluntersuchung im Luftfahrt-Bundesamt Braunschweig. Er ist zum Chef der Untersuchungskommission bestimmt worden.

Auch die fünf leeren Behälter werden relativ unversehrt an der Unfallstelle geborgen und routinemäßig untersucht. Sie riechen nach Kerosin und in einem kann eine Restflüssigkeit sichergestellt und untersucht werden. Deren Untersuchung ergibt, dass sie nur zur Hälfte aus Wasser, zur anderen Hälfte jedoch aus Kerosin besteht. Das Rätsel der Triebwerkausfälle ist bald gelöst.

Fünf Bodenarbeiter werden später vor Gericht gestellt, zwei von ihnen zu Bewährungs

Folgende Quellen wurden ausgewertet

- Bordoni, Antonio: Airlife's Register of Aircraft Accidents; S.140
- Byhan, Inge: In 30 Sekunden Crash; S.119f
- Denham, Terry: World Directory of Airline Crashes; S.119
- Eddy, Paul u.a.: Destination Disaster; S.353
- Hengi, B.I.: Crash; S.112
- Hubert, Ronan: Les Catastrophes Aeriennes de 1920 a 1996; S.237
- Kreuzer, Helmut: Absturz; S.156ff
- Roach, J.R.: Jet Airliner Production List Vol.2; S.151
- Richter, Jan-Arwed: Mayday; S.61
- Richter, Jan-Arwed: Jet-Airliner-Unfälle; S.126
- Veronico, Nicholas A.: Wreckchasing Vol.2; S.105
- Hamburger Abendblatt vom 07.09.71, 06.10.92, 09.09.96 und 15.10.98
- Hamburger Morgenpost vom 27.02.1989

strafen verurteilt. Auch die „Pan International" trifft es hart. Nur wenige Monate „überlebt" die Gesellschaft, deren Ruf ohnehin nicht der beste war, den Unfall. Dabei hatte man recht optimistisch noch am Tag nach dem Unfall eine neue BAC 1-11 bestellt.

Flugkapitän Hüls erhielt von allen Seiten Lob. Sein höchstes fliegerisches Können war absolut unumstritten und die Überlebenden wussten bald, wem sie ihre Wiedergeburt an jenem denkwürdigen 6. September 1971 zu verdanken hatten. Nach dem Ableben der „Pan International" ging Hüls zur „Germanair" und ist später Leiter der Außenstelle des Luftfahrtbundesamtes in Düsseldorf geworden.

Elisabeth Friske fand trotz ihres maßgeblichen Anteils am guten Ende des Unfalls erst 1974 wieder einen Job. Es ist immer wieder merkwürdig, wie schwer sich Fluggesellschaften damit tun, einen „heruntergefallenen" Piloten einzustellen, selbst wenn er unschuldig ist oder gar Großes geleistet hat. In ihrem neuen Job flog sie mit einer Cessna Citation, einem sogenannten Businessflugzeug mit zwei Turbinen.

Am 1. Juni 1987, gut 15 Jahre nach dem Absturz, war sie als Copilotin einmal wieder mit einem Prominenten unterwegs. Diesmal galt es, den schleswig-holsteinischen Ministerpräsidenten Uwe Barschel trotz widrigen Wetters auf dem kleinen Flugplatz Lübeck-Blankensee abzusetzen.

Eigentlich hätte man bei diesen Bedingungen gar nicht fliegen dürfen, aber Pilot Michael Heise versuchte dennoch einen Anflug nach Sichtflugregeln. Ein Sendemast wird gestreift, die Maschine stürzt brennend ab und nur Barschel überlebt den Landeversuch. Mit Heise und dem Bodyguard findet auch Elisabeth Friske den Tod.

Noch eine kleine Schlussbemerkung: Eine Maschine mit Kennzeichen D-ALAR konnte Ihnen bis vor Kurzem durchaus noch begegnen, allerdings nicht die BAC One-Eleven, natürlich nicht. Es war ein Airbus der „Aero Lloyd" der die Registrierung neu erhalten hatte. Inzwischen aber wurde die A320 an Niki Luftfahrt verkauft, die Fluggesellschaft des Ex-Rennfahrers Niki Lauda.

Der Welt **6**
schnellstes Cabrio

Man kann kaum glauben, dass dieses Wrack so geflogen sein soll.

Foto: picture alliance

Die meisten Flugzeuge weisen im Logbuch zwischen Erstflug und Tag der Verschrottung keine besonderen Vorkommnisse oder gar Unfälle auf. Andererseits gibt es Maschinen, die gleich mehrfach heimgesucht werden, wie zum Beispiel die 1969 gebaute Boeing 737-200 der „Aloha Airlines Inc."

Am 21. Februar 1979 geriet die Maschine in derartig heftige Turbulenzen, dass zwei Stewardessen nach der Landung mit schweren Verletzungen in ein Krankenhaus gebracht werden mussten. Auch das Flugzeug wurde leicht beschädigt. Aber es sollte noch schlimmer kommen, denn die N73711 ging am 28. April 1988 in die Geschichte der Luftfahrt ein, als sie einen der spektakulärsten Unfälle aller Zeiten erlebte.

„Altersschwäche" lautete die Begründung für den Vorfall später, ein ziemlich hässliches Wort für eine 19-jährige Boeing 737, die bei sachgemäßer Wartung ohne Weiteres doppelt so alt werden kann. Nur, dieses Flugzeug hatte tatsächlich eine Besonderheit aufzuweisen: Mit 89.681 Starts und Landungen (sogenannten Zyklen), war sie, wie sich später herausstellte, neben einer weiteren, ebenfalls „Aloha Airlines" gehörenden 737 die meistgestresste Boeing dieser Baureihe weltweit.

Zurück zum 28. April 1988. Für die N73711 mit dem Namen „Queen Liliuokalani" sieht der Flugplan an diesem Tag ein normales Pensum von einem Dutzend Flügen vor. Flugkapitän Robert Schornstheimer, 44 Jahre alt, wird die Maschine als Kommandant fliegen. Als Besonderheit werden ihm heute zwei Copiloten zur Verfügung stehen, weil nach der Hälfte der Tagesarbeit gewechselt werden soll.

Um fünf Uhr morgens überprüft der Copilot, der die erste Tageshälfte mitfliegen wird, das Flugzeug bereits routinemäßig durch. Es ist noch dunkel, aber ob er bei besseren Lichtverhältnissen zu diesem Zeitpunkt bereits ein deutliches Zeichen für das drohende Unheil hätte entdecken können, bleibt für immer ungeklärt.

Frühmorgens also schon beginnt man mit dem Flugplan, das sind nur jeweils rund zwanzigminütige Hopser, die sich wie folgt lesen: Honolulu - Hilo - Honolulu - Kahului - Honolulu - Lihue - Honolulu. Dort wird dann der Planung entsprechend um 11:00 Uhr der Copilot gewechselt. Eine 37-jährige junge Frau besetzt ab sofort den rechten Sitz. Sie gehört seit neun Jahren der Aloha Airlines an und verfügt über beträchtliche 8.000 Stunden Flugerfahrung. Ihr Name ist Madeline Thompson, aber die Kollegen nennen die sympathische Frau liebevoll nur „Mimi".

Die nächsten Ziele ab Honolulu sind erneut Kahului und Hilo. Auf dem sogenannten Jumpseat, dem klappbaren Sitz in der Mitte im Cock-

Ein schönes Foto von N3711, als die Welt noch in Ordnung war.　Foto: Werner Fischdick

Sekunden. Teile davon verfangen sich in den Vorflügelkanten, glücklicherweise ohne zu einem Problem für die Fluglage zu führen.

Andere Metallreste schlagen auf den Rumpf, und deshalb wird man später überall bis hoch zum Leitwerk Beulen und Schleifspuren finden können. Trotz intensiver Suche können die bald nach Bekanntwerden des Unglücks ausgesandten Schiffe und Helikopter jedoch kein noch so kleines Teil zwischen den beiden Inseln finden, denn der Alenuihaha Channel, Teil des Pazifiks, ist zu tief.

Mehrere Leitungen und Kabel bersten, aber trotz des furchtbaren Schadens gibt es auch einen Lichtblick, denn die Hydraulik der Maschine bleibt unversehrt erhalten. Ein weiterer Vorteil ist die Tatsache, dass die „Fasten Seatbelts" Anzeigen noch nicht erloschen sind. Alle Passagiere sind brav angeschnallt und überleben die mörderischen Stürme im Flugzeug. Die Boeing fliegt zum Zeitpunkt des Unfalls mit über 830 km/h.

Nur die drei Stewardessen, die sich bereits von ihren Sitzen erhoben haben, um mit dem Miniservice zu beginnen, erwischt es böse. Die jüngste dieser drei erfahrenen Frauen hat bereits vierzehn Jahre im Flugdienst gearbeitet, aber Erfahrung hilft hier nicht, hier hätte nur ein Sicherheitsgurt etwas bewirkt.

So wird die Stewardess Clarabelle Lansing, die in der fünften Reihe steht, durch die Dekompression aus dem Flugzeug herausgesogen. Das geht so schnell, dass jede Hilfe von vornherein vergeblich ist. Frau Lansing wird trotz dreitägiger ununterbrochener Suche nie mehr gefunden.

Stewardess Jane Sato-Tomita hat in Sitzreihe zwei gestanden. Sie wird durch Trümmer am Kopf getroffen und geht schwer verletzt zu Boden. Ein Fluggast hält die bewusstlose Frau fest, so gut er kann, und hat insofern Erfolg damit, als sie nicht aus der Boeing herausgesogen wird.

Am besten kommt Michelle Honda, die Dritte im Bunde, davon, weil sie am weitesten

pit, hat jetzt ein FAA Pilot zur Kontrolle der Copilotin Platz genommen. Er führt einen routinemäßigen Check durch, wie er nun einmal von Zeit zu Zeit vorgeschrieben ist.

Um 13:25 Uhr geht es mit Flugnummer 243 wieder ab nach Honolulu; Ausweichflughafen für den kaum zu erwartenden Notfall ist das etwa in der Mitte der Strecke gelegene Kahului. Wegen der durchzuführenden Überprüfung führt Copilotin Thompson das Flugzeug. Sie hat sich entschieden, per Hand zu fliegen, darin ist sie ebenso geübt wie ihre Kollegen, denn für die kurzen Strecken wird der Autopilot oft gar nicht erst bemüht. Bald hat man eine Höhe von 7,3 Kilometern erreicht und damit die avisierte Flugfläche für den Geradeausflug.

Eben überführt Madeline Thompson die Boeing in den Horizontalflug, als die entspannte Ruhe um genau 13:46 Uhr mit einem lauten Knall und einem undefinierbaren, zischenden Geräusch endet. 35 Quadratmeter vom Dach der Boeing verschwinden innerhalb weniger

Informationen über diese Maschine	
Kennzeichen	N73711 „Queen Liliuokalani"
Fluggesellschaft	Aloha Airlines Inc.
Flugnummer	243
Typ	Boeing 737-200 (737-297)
Seriennummer	20209
Fabrikationsnummer	152
Erstflug	28.03.1969

Außenmaße	Länge	46,49 m
	Spannweite	32,92 m
	Höhe	10,36 m

Triebwerke	2 x Pratt & Whitney JT8D-9A
Leistung	2 x 6.577
Max. Startgewicht	45.360 kg
Anzahl Passagiere	121
Dienstgipfelhöhe	12.500 m
Max. Reichweite	3.815 km
Max. Geschwindigkeit	927 km/h
Anzahl gebaut	219 (Typ 200); › 6.300 (737 gesamt)
Unfalltag	28.04.1988

Insassen (Unfalltag)	Insgesamt	95
	(davon 5 Crew)	
	Tote	1
	(davon 1 Crew)	
	Schwer verletzt	8
	(davon 1 Crew)	
	Leicht verletzt	57
	(davon 0 Crew)	
	Unverletzt	29
	(davon 3 Crew)	

hinten, zwischen den Reihen 15 und 16 steht. Sie fällt auch zu Boden, wird aber nur leicht verletzt und bemüht sich in den folgenden Minuten, die Passagiere zu beruhigen.

Haben Sie sich nicht auch schon einmal gefragt, wieso man nur diese kleinen Gucklöcher im Flugzeug hat, aus denen man kaum etwas richtig sehen kann? Nun, für die rechts und links sitzenden Passagiere in den ersten fünf Reihen gilt dies heute nicht. Sie können direkt nach unten schauend den kompletten Alenuihaha Channel bis zum Horizont überblicken, allerdings ein zweifelhaftes Vergnügen.

Als Teile des Daches sich lösen und die Dekompression mit mächtiger Gewalt das Flugzeug heimsucht, werden die Köpfe der Piloten und des FAA-Prüfers nach hinten gerissen. Trümmer und Isolierungsmaterial, Papier und alles, was nicht ungeheuer schwer ist, wirbelt durch das Cockpit.

Als der Pilot sich umschaut, ist die Tür zur Kabine verschwunden und dort, wo eben noch der Dachhimmel in der ersten Klasse war, sieht Schornstheimer strahlend blauen, wolkenlosen Himmel. Er kann sich das nicht sofort erklären, weiß allerdings, dass die Maschine einen schweren Schaden hat. Er hat ja schließlich nicht nur das Loch gesehen, sondern das Flugzeug schwimmt auch unnatürlich hin und her.

Den Vorschriften entsprechend übernimmt er umgehend die Flugzeugführung und versucht sich, trotz des Lärms mit seiner Copilotin zu koordinieren. Schnell wird klar, dass dies nur noch per Handzeichen möglich ist, eine sprachliche Verständigung ist wegen des infernalischen Lärms vollkommen unmöglich. Das ist aber kein wirkliches Problem, denn so etwas hat man im Simulator schon häufig geübt.

Jetzt muss allerdings alles schnell gehen, denn in 7,3 Kilometern Höhe ist Sauerstoff Mangelware. Die Crew setzt ihre Sauerstoffmasken auf, Schornstheimer betätigt die an den Tragflächen befindlichen Luftbremsen und leitet einen steilen Schnellabstieg mit 530 km/h ein. Die Sinkrate ist mit 1.250 Metern pro Minute hoch, aber es ist wichtig, umgehend in Regionen zurückzukommen, in denen das Atmen nicht mehr so schwer fällt.

Beide Piloten sind voll beschäftigt, Copilotin Thompson hat den Transponder auf das Notsignal 7700 geändert. Damit ist das Flugzeug für den Radarlotsen klar als Notfall erkennbar. Gleichzeitig ruft sie den Fluglotsen in Honolulu an und erklärt den Notfall verbal. Natürlich gilt es nun, den nächsten Notlandeplatz anzufliegen. Der liegt 42 Kilometer nordöstlich auf der Insel Maui bei der Stadt Kahului. Dies teilt Frau Thompson dem Fluglotsen mit, aber sie versteht seine Antwort nur bruchstückhaft.

Der Fluglotse hat sie allerdings gut verstanden und den Notfallcode auf seinem Bildschirm entdeckt. Er kann mit einem Anruf in Kahului helfen und teilt seinem Kollegen dort mit, dass eine 737 der „Aloha Airlines" in Not sei und zu seinem Flughafen ausweichen werde. Kurz darauf, um 13:48 Uhr schaltet Copilotin Thompson auf die Frequenz von Kahului um und fordert Hilfe an.

Kahului fragt zurück, was an Hilfe gefordert werde, wie viele Insassen in der Maschine seien und nach der Anzahl der Verletzten. Er will wissen, welche Menge Treibstoff sich an Bord befindet und um was für einen Notfall es sich handelt – kurz, die Fragen, die ein Fluglotse in so einem Fall stellen muss, um optimal helfen zu können.

Copilotin Thompson ist gerade sehr beschäftigt mit den unterstützenden Maßnahmen, weil das Flugzeug jetzt in drei Kilometer Höhe abgefangen werden muss. Sie antwortet deshalb nur kurz, dass sich 95 Menschen an Bord befänden, dass man das komplette Hilfsprogramm benötige und nicht mehr wisse, weil der Kontakt zur Kabine unmöglich geworden sei.

Die Luftbremsen werden wieder eingefahren, das Flugzeug so sanft wie möglich abgefangen und die Geschwindigkeit wird auf knapp unter 400 km/h reduziert. Jetzt tobt der Fahrtwind nicht mehr so heftig durch das Cockpit und eine Verständigung ist möglich, wenn auch nur mit äußerster Lautstärke. Die Verbindung zur Kabine allerdings ist unterbrochen, eine beruhigende Ansprache an die Passagiere damit unmöglich.

Er muss sich diesbezüglich auf die Kabinencrew verlassen und kann das auch, denn diesen Part erledigt derweil die ungeheuer mutige Michelle Honda. Trotz ihrer Verletzungen kriecht die Stewardess ständig im Gang von vorn nach hinten, beruhigt, hilft, redet und bewirkt vorbildlich, dass die entstandene Panik sich wieder legt.

Der Landeanflug beginnt und langsam lässt Schornstheimer die Klappen ausfahren. Erst ein Grad, das geht prima, dann fünf Grad, auch noch gut, aber als Copilotin Thompson weiter ausfährt, wird die Maschine schwierig zu steuern und der Flugkapitän belässt es bei der Fünf-Grad-Stellung der Landeklappen. Bald findet er auch heraus, dass das Flugzeug sich bei 315 km/h am besten steuern lässt.

Sieben Kilometer vor der Schwelle ist es Zeit, das Fahrwerk auszufahren. Zwei grüne Lämpchen für die beiden Hauptfahrwerke leuchten

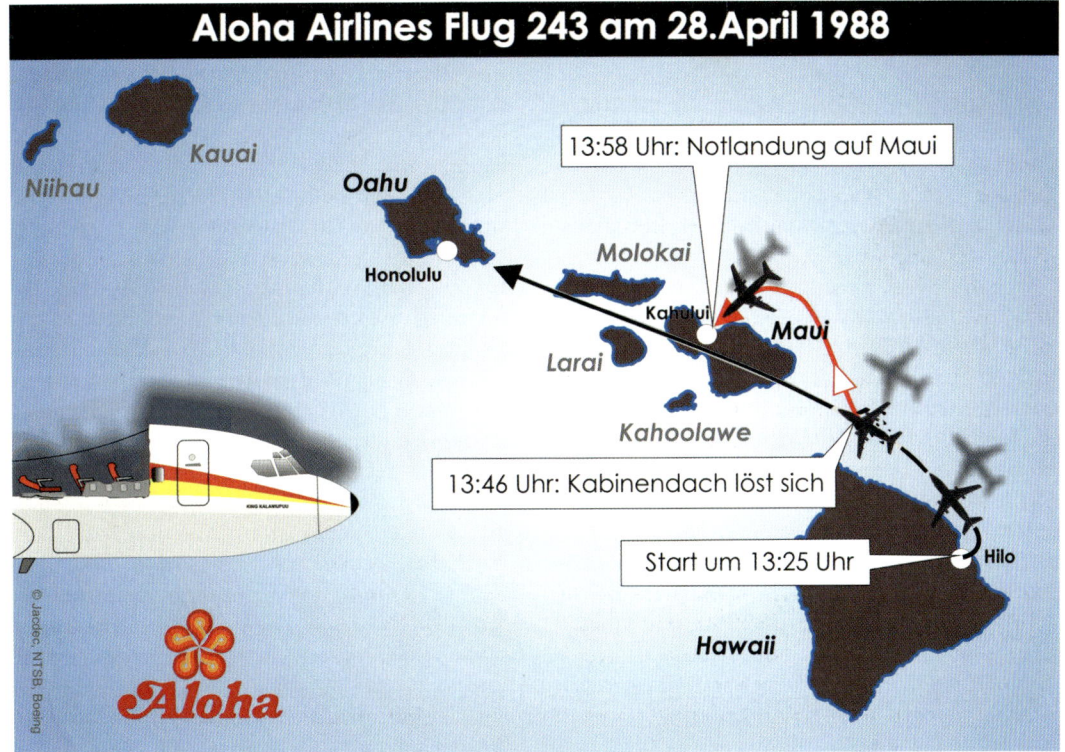

Aloha Airlines Flug 243 am 28. April 1988

13:58 Uhr: Notlandung auf Maui

13:46 Uhr: Kabinendach löst sich

Start um 13:25 Uhr

Kauai
Niihau
Oahu
Honolulu
Molokai
Kahului
Maui
Larai
Kahoolawe
Hilo
Hawaii

Aloha

© Jacdec, NTSB, Boeing

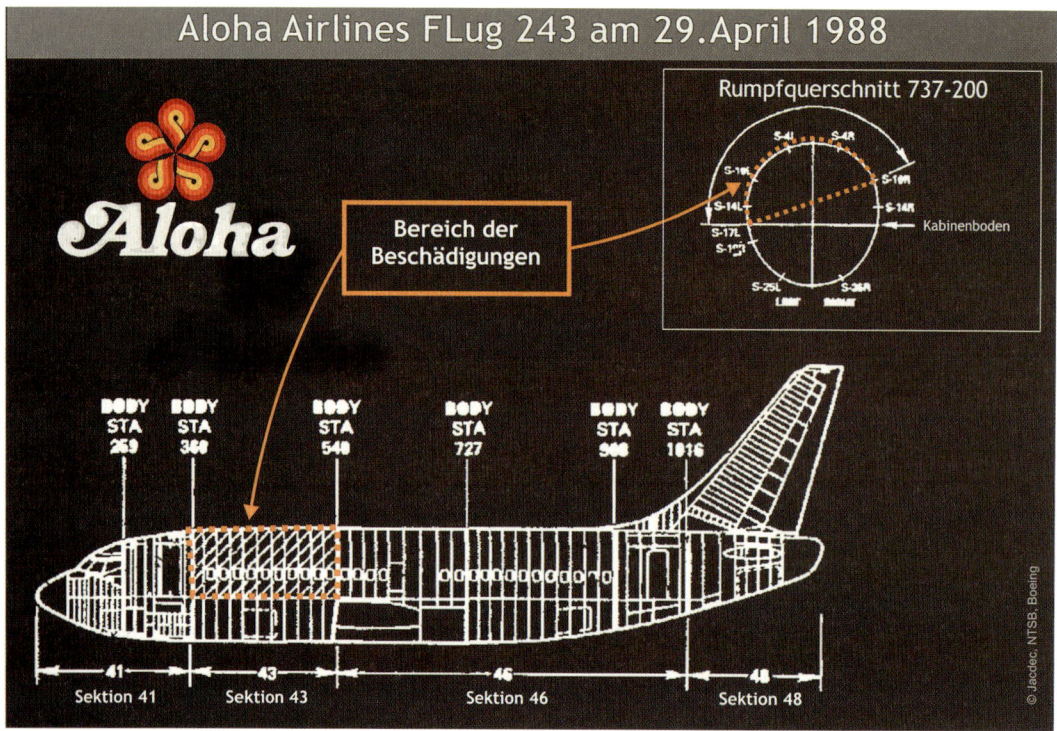

Aloha Airlines FLug 243 am 29.April 1988

Rumpfquerschnitt 737-200

Kabinenboden

Bereich der Beschädigungen

BODY STA 259 BODY STA 368 BODY STA 540 BODY STA 727 BODY STA 908 BODY STA 1016

Sektion 41 Sektion 43 Sektion 46 Sektion 48

© Jacdec, NTSB, Boeing

auf, aber die dritte für das Bugrad nicht. Allerdings auch keine rote Lampe, die einen Fehler signalisieren würde, also erst einmal ein ungewisser Zustand. Ein weiterer Versuch wird unternommen, diesmal manuell, aber auf dem Armaturenbrett tut sich nichts.

So gibt man diese Nachricht an den Tower durch und gleichzeitig, dass man dennoch in jedem Fall landen werde, mit oder ohne ordentlich funktionierendem Bugrad. Die Bahn ist 2.133 Meter lang, das wird schon reichen, wenn man überhaupt heil herunterkommt.

Plötzlich fällt ein Motor aus. Muss das denn auch noch sein! Der Flugkapitän reagiert jedoch gelassen, als die Neustartversuche kein Ergebnis zeigen, mit einem Triebwerk wird es auch gehen. Zudem kommt eine gute Meldung herein: Ein Mitarbeiter im Tower hat durchs Fernglas geschaut und berichtet, dass das Flugzeug zwar ständig kleinere Teile verliere, dass das Bugrad aber vollständig ausgefahren und eingerastet scheine.

Nun beginnt der Endanflug, als ob alles normal wäre. Die Copilotin hat schnell im

Handbuch nachgeschaut, welche Mindestgeschwindigkeit bei nur fünf Grad Landeklappenstellung erforderlich sei. 280 km/h müssen es sein. Einen Versuch, diese Geschwindigkeit zu fliegen, gibt Schornstheimer allerdings schnell wieder auf. Die Maschine ist nur bei 315 km/h einigermaßen beherrschbar. Den Beobachtern im Tower bietet das landende Flugzeug einen Horroranblick: Deutlich ist zu sehen, wie das Cockpit der Maschine mit den angrenzenden Reihen sich auf den letzten Metern gegenüber dem hinteren Abschnitt verwindet, es wippt sozusagen. Hinterher wird vermessen: Neunzig Zentimeter hängt das Vorderteil an der Bruchstelle durch.

Schwammig nur lässt sich das Flugzeug fliegen, aber knapp fünfzehn Minuten nach dem Bruch des Daches hat die Erde die Insassen wieder, die Landung verläuft weich und problemlos. Während beide Piloten in die Radbremsen steigen und mit dem verbleibenden Triebwerk Umkehrschub geben, fährt die Copilotin bereits die Klappen voll auf 40 Grad aus. Diese Maßnahme soll den Notausstieg später erleichtern.

Die versprochenen Helfer stehen bereit, mit offenem Mund zwar wegen des seltsamen Luftcabrios, das mehr an eine unsachgemäß geöffnete Sardinenbüchse erinnert als an eine stolze Boeing. Aber nach dem ersten Schreck erholen sich die Männer schnell und bereits 25 Minuten später sind alle Insassen versorgt und die Verletzten auf dem Weg ins Krankenhaus.

Acht schwer Verletzte werden aus den ersten fünf Reihen geborgen, hauptsächlich Schädelverletzungen und Knochenbrüche, aber einige weisen auch starke Verbrennungen auf, weil von der Decke herunterfallende Stromkabel sie getroffen haben, nachdem diese gerissen waren und die Enden blank hervorschauten. 57 Menschen sind leicht verletzt, haben Schnitte, Beulen von herumfliegenden Teilen bekommen oder leiden an Trommelfellproblemen.

Die Untersuchung offenbart, dass fast sechs Meter des Daches verloren gingen. Bei diesem etwas älteren Modell (Fabrikationsnummer 152) war die Außenhaut überlappt und kalt geklebt worden, bevor man sie auf die Spanten genietet hat. Ab Fabrikationsnummer 291 wurde dieses Verfahren verbessert.

Boeing hatte eine Lebensdauer von 75.000 Zyklen für diesen Typ 737-200 geplant, den unsere Maschine beträchtlich überschritten hatte. Man hatte diese Boeing so konstruiert, dass ein Riss von bis zu einem Meter keine schweren Schäden verursachen würde. Auch sollte sich im Notfall die Außenhaut langsam aufrollen, sodass die Dekompression nicht schlagartig erfolgen konnte. Aber Theorie und Praxis weichen nun einmal mitunter voneinander ab.

Genauere Untersuchungen konnten nur an der kaputten Maschine durchgeführt werden, denn alle abgerissenen Teile lagen tief unten im Pazifik. Man fand allerdings Korrosion, doppelt so stark, wie man dies erwartet hatte. Mit hoher Wahrscheinlichkeit hatten sich mehrere kleine Risse bei der Unglücksmaschine nach und nach zu einem großen Riss vereint, Klebestellen hatten sich gelöst.

Immer wieder, insgesamt fast 90.000 Mal wurde das Flugzeug sozusagen aufgepustet und dann der Druck wieder abgebaut. Das Flugzeug dehnt sich dabei aus und schrumpft wieder zusammen, kein Wunder eigentlich,

dass dieser Vorgang zusammen mit starker Korrosion zu einem Platzen der Außenhaut führte. „Das Flugzeug ging während des Fluges buchstäblich aus dem Leim" (Brookes).

Für diejenigen Leser, für die kaum vorstellbar bleibt, dass ein Flugzeug aus Metall durch Ausdehnung kaputt gehen kann, sei ein Beispiel aus dem täglichen Leben angeführt, bei dem ähnliche Verwunderung herrscht. Einen dicken Draht oder ein Stück Metall kann man weder durchbeißen noch brechen oder reißen. Biegt man das Teil jedoch an derselben Stelle mehrfach hintereinander zügig hin und her, wird es warm und lässt sich brechen.

Zwischen der Boeing Company und „Aloha Airlines" entstand nach dem Unfall das übliche „Schwarzer Peter Spiel". Kopien von Briefen gingen hin und her. Die salzhaltige Luft auf Hawaii hätte man besser bedenken müssen. Die Boeing Company warf Aloha Airlines auch vor, nur 17 Techniker pro Maschine zu beschäftigen, während andere Gesellschaften im Schnitt 27 führen. Mehr Sorgfalt bei Prüfung und Wartung hätte sein müssen.

Weitere Vorwürfe kamen auch von anderen Stellen. Die Wartung müsse immer nur nachts durchgeführt werden, weil die Maschinen jeden Tag von morgens bis abends im Einsatz seien. Nachts könne man aber Risse nicht so gut erkennen. Auch hätten Passagiere auf Risse aufmerksam gemacht. Zuletzt war dies einen Tag vor dem Unfall so gewesen.

In diesem Zusammenhang kam bei der Befragung der Passagiere übrigens heraus, dass der Unfall doch hätte verhindert werden können. Eine Japanerin hatte den Riss gesehen. Sie war sehr kleinwüchsig und hatte den Riss in Augenhöhe erblickt, wo er von größeren Menschen unbemerkt geblieben war.

Typisch für eine Japanerin jedoch, die entsprechend alter Traditionen zu großer Zurückhaltung erzogen wurde, hatte sie sich nicht geäußert. Sie wollte keine unnötige Aufregung verursachen, dachte auch, wie die meisten Menschen in ihrer Situation gedacht hätten, dass das Personal schon wisse, was es tue.

Als man sie bat, die Stelle ihrer Beobachtung bei einer gleichartigen 737-200 zu zeigen, fand man heraus, dass sich der von ihr gezeigte Bereich genau deckte mit dem, den die Untersuchungsbehörden für den wahrscheinlichen Ausgangspunkt des Desasters hielten.

Im Untersuchungsbericht urteilt die NTSB wie folgt: „Die vermutliche Ursache des Unfalls waren die mangelhaften Wartungsvorschriften der Aloha Airlines. Die deutliche Auflösung der Metallverbindung und die Materialermüdungserscheinungen wurden nicht rechtzeitig erkannt und führten schlussendlich zum Versagen der Metallverbindungen." Ein Mitglied der Kommission allerdings war anderer Ansicht und führte in

Folgende Quellen wurden ausgewertet

- Barley,Stephen: The Final Call; S.258ff
- Beaty,David: The Naked Pilot; S.235
- Bibel,George: Beyond the Black Box; S.88ff
- Bordoni,Antonio: Airlife's Register of Aircraft Accidents; S.228
- Brookes,Andrew: Katastrophen am Himmel; S.96ff
- Chiles,JR: Inviting Disaster; S.7
- Denham,Terry: World Directory of Airline Crashes; S.184
- Edwards,Allan: Flights to Hell; S.81f
- Faith,Nicholas: Black Box; S.109ff
- Forman,Patrick: Flying into Danger; SS.13 + 112
- Haine,Edgar A.: Disaster in the Air; S.374
- Hengi,B.I.: Crash; S.183
- Hubert,Ronan: Les Catastrophes Aeriennes de 1920 a 1996; S.497
- Job,Macarthur: Air Disaster Volume 2; S.154ff
- Klee,Ulrich: JP Airline Fleets International 1988/89; S.216
- MacPherson,Malcolm: The Black Box; S.148ff
- MacPherson: On a Wing and a Prayer; S.181ff
- Nader,Ralph: Collision Course; SS.50, 105, 160 + 353
- Oster,Clinton: Why Airplanes Crash; SS.11, 31 + 127
- Owen,David: Air Accident Investigation; 46ff
- Prince,Michael: Crash Course; S.84f
- Roach.J.R.: Jet Airliner Production List; Vol. 1; 4.A. S.161 sowie 5.A. S.163
- Richter,Jan-Arwed: Jet-Airliner-Unfälle; S.357
- Stamford Krause,Shari: Aircraft Safety; S.365ff
- Stich,Rodney: Unfriendly Skies; S.410ff
- Villaire,Nathaniel; Aviation Safety; S.6-36
- Weir,Andrew: The Tombstone Imperative; S.136
- Wells,Alexander: Commercial Aviation Safety; S.234
- Winslow,John: Mayday; S.34ff
- Unfallbericht: NTSB AAR-89-03 (267 Seiten lang!!)

einer Fußnote aus, dass man den Riss möglicherweise nicht hätte erkennen können.

Beigetragen zu dem Unglück hatten nach Meinung der NTSB weitere Faktoren. So wurde die FAA gerügt, weil sie ihrer Aufsichtspflicht nicht genügend nachgekommen sei. Auch Boeing kam nicht ungeschoren davon, weil der Hersteller von den Schwächen gewusst, aber nur halbherzige Empfehlungen ausgesprochen habe.

Es wurde auch gerügt, dass man das Auseinanderbrechen einer von Aloha Airlines an die Far Eastern Air Transport Corporation gelieferten 737-200 nicht zum Anlass für genauere Inspektionen dieser Baureihe genommen hatte. Das Schwesterflugzeug mit der Seriennummer 151 war am 22. August 1981 in sieben Kilometern Höhe auseinandergebrochen. 110 Menschen kostete dieser Absturz das Leben.

Schließlich wurde der Cockpitcrew warnend vorgehalten, dass sie durch den schnellen Abstieg und den Einsatz der Luftbremsen die Maschine in ihrer Struktur hätten überlasten und zum kompletten Auseinanderbrechen bringen können. Dies war jedoch nur eine Randbemerkung, denn das fliegerische Können der beiden Piloten bei der Notlandung stand allseits außer Zweifel. Auszeichnungen von der IFALPA (amerikanischer Pilotenverband) folgten auf dem Fuße.

Natürlich wurden die anderen drei Boeing 737-200 der Aloha Airlines sofort eingehend untersucht. Das Ergebnis war niederschmetternd: Zwei mussten wegen Materialermüdungen zusammen mit der Unglücksmaschine verschrottet werden, die dritte kam erst nach vielen Monaten komplett überholt wieder zum Einsatz.

Glücklicherweise führten die Untersuchungen zu einer wesentlichen Verbesserung der Sicherheit nicht nur der alten 737-200, sondern auch der Aloha Airlines. Die Wartung wurde gänzlich neu definiert und die kleine Fluggesellschaft ging gestärkt aus der Sache hervor, nicht zuletzt deshalb, weil es sich um ein Familienunternehmen handelt. In solchen Firmen hält man in schlechten Zeiten fest zusammen und lernt aus den Fehlern. Erst 20 Jahre später ging die Geschichte der finanzschwachen Aloha Airlines zu Ende.

Erzwungene **7** Landung auf dem Eis

Der kaltblütige Abschuss der Korean Airlines (KAL) Boeing 747 mit ihrer bemerkenswerten Flugnummer 007 ist vielen Menschen noch in „guter" Erinnerung. Bis heute konnte nicht zweifelsfrei geklärt werden, warum die Maschine vom Weg abgekommen war, und damit den Tod von 269 Menschen verursachte. War es wirklich ein absichtlicher Spionageversuch oder hatte sich die Crew ganz einfach verflogen?

Zweifel an einem Zufall hatten insbesondere diejenigen Fachleute, die sich noch gut an einen nur fünf Jahre zurückliegenden Fall erinnerten, bei dem ebenfalls eine Boeing der KAL in den russischen Luftraum eindrang. In diesem Fall hatten die meisten Insassen überlebt, weshalb die Weltpresse nicht so aufgebracht reagierte wie bei dem Fall der KE007. Das ändert jedoch nichts an der Tatsache, dass beide Fälle sich sonst auffällig ähneln.

Viele Bücher sind zu dem Thema des Fluges KE007 geschrieben worden, während sich mit dem Fall von KE902 kein einziges Buch auseinandersetzte. Alle mir zugänglichen Quellen weisen unterschiedliche Nuancen auf, sind teilweise auch stark ideologisch verbogen, weshalb ich mich bei dem Bericht über diese Notlandung nicht vollständig auf als gesichert geltende Details berufen konnte.

Wir schreiben den 20. April 1978. Flugkapitän Kim Chang Kyu und sein Copilot Cha Soon Do haben die Boeing 707-320B der Korean Airlines in Paris-Orly übernommen und die große Maschine befindet sich zur Zeit irgendwo nordwestlich von Grönland mit Kurs 349 Grad auf dem Flug nach Seoul. Man plant jedoch in Anchorage, Alaska, eine kurze Zwischenlandung vorzunehmen, um aufzutanken.

Flug KE902 ist mit ein wenig Verspätung gestartet. Eine für diese Strecke eigentlich vorgesehene, modernere McDonnell Douglas DC-10 ist nicht rechtzeitig eingetroffen. Um die Passagiere nicht zu lange warten zu lassen, hat man sich bei KAL entschieden, eine verfügbare Boeing 707-320B, ein etwas älteres Modell, einzusetzen.

Man ist erst seit Kurzem an Island vorbei, da beginnen die Probleme. Atmosphärische Störungen suchen das Flugzeug heim und ein geregelter Funkverkehr ist nicht mehr möglich. Nun heißt es, den genauen Standort sicher zu bestimmen, damit die 707 nicht von der vorgeschriebenen Polarroute abweicht und versehentlich dem russischen Luftraum zu nahe kommt. Der kalte Krieg ist in vollem

Unter den gegebenen Umständen war diese Notlandung meisterhaft. Foto: www.autoreview.ru

Gange und die Sowjets verstehen keinen Spaß, wenn sich ein Flugzeug zu nahe an ihr Land heranbewegt.

Mit der eigentlich vorgesehenen McDonnell Douglas DC-10 und ihrem modernen Trägheits-Navigationssystem wäre die Kursbestimmung ein Kinderspiel. Die leicht veraltete Boeing 707 jedoch verfügt nicht über diese moderne Hilfe. Bodenstationen gibt es auch nur alle paar tausend Kilometer.

Und um das Maß der Komplikationen voll zu machen: Auch der Kompass ist wegen der Nähe zum Nordpol nicht wirksam einzusetzen. Zwar wurde er bei einem bestimmten Breitengrad auf einen anderen Modus umgestellt, um die Erdrotation auszugleichen, aber eine sichere Kurseinhaltung mit ihm ist nicht möglich.

So greift man auf das alte, aber bewährte Mittel der Astronavigation zurück. Dazu quetscht sich der Navigator Lee Kum Shik mit seinem Sextanten in eine kleine Glaskuppel in der Decke des Cockpits. In bestimmten Zeitabständen misst er die Höhenwinkel und errechnet die Richtungen von drei oder vier Einzelsternen, die in einem günstigen Winkel zueinander stehen. Der Schnittpunkt ist der momentane Standort. Das Resultat trägt er in seine Navigationskarte ein und kann so Standort und Richtung der Maschine ermitteln.

Der verwendete Sextant ist ein „Bubblesextant", so genannt wegen der Luftblasen, die in der Flüssigkeit enthalten sind – dem Prinzip einer Wasserwaage ähnlich. Im Moment der Höhenwinkelmessungen muss der künstliche Horizont exakt horizontal sein. Dazu müssen die Blasen in allen Ebenen für einige Sekunden genau stimmen, ein recht kniffliges Unterfangen.

Äußerste Konzentration ist bei dieser Aufgabe nötig, die überdies viel Zeit kostet, denn nur alle 40 Minuten wird gemessen. Aber Lee Kum Shik liebt seinen Beruf und fühlt sich absolut sicher bei dieser Messmethode. Der Flugkapitän kennt seinen Navigator seit Langem und kann und muss sich auf ihn verlassen. So wechselt Kim Chang Kyu auf dessen Anweisung hin kurz vor Erreichen des kanadischen Luftraums die Richtung und legt die Maschine sanft auf südöstlichen Kurs, 112 Grad, ohne zu ahnen, dass der Navigator einen folgenschweren Fehler beging.

Irgendetwas muss schief gelaufen sein bei der Messung, sei es bewusst oder unbewusst, aber mit hoher Wahrscheinlichkeit ahnen die Piloten nicht, dass sie schon kurz nach dem Kurswechsel über der Barentssee in den sowjetischen Luftraum eindringen. Nicht weit von der finnisch-russischen Grenze werden sie entdeckt und unmittelbar darauf starten zwei doppelschallschnelle sowjetische Suchoj-15 Abfangjäger.

Die Boeing überfliegt auf der Halbinsel Kola das Hauptquartier der russischen Streitkräfte, weitere Militärbasen, Abschussrampen für Raketen und Stützpunkte. Dieser Raum um den eisfreien Nordmeerhafen Murmansk herum ist geradezu gespickt mit hochgeheimen und sensiblen Militäranlagen.

Die Koreaner haben ihren Irrtum immer noch nicht bemerkt und erschrecken nicht wenig, als sie aus dem Augenwinkel heraus an der Tragfläche der Boeing plötzlich eine Bewegung ausmachen. Ein Jagdflugzeug, so ein Idiot, hat sich nahe an das große Passagierflugzeug gesetzt, und der Flugkapitän schimpft über den Leichtsinn des amerikanischen Piloten.

Ein Blick zur anderen Seite jedoch lässt die beiden Piloten förmlich erstarren. Dort hängt auch ein Jagdflugzeug. Am Rumpf dieser Maschine ist aber deutlich ein großer, roter Sowjetstern zu sehen. „Was wollen die beiden Kerle hier über kanadischem Territorium?", denken die Piloten im ersten Moment, aber dann keimt in ihren Köpfen ein hässlicher Verdacht auf: Sollten sie sich etwa verflogen haben und über sowjetischem Gebiet befinden?

Eine Viertelstunde später dreht der eine Jäger ab, der andere jedoch umkreist die Boeing weiter wie ein treuer Schäferhund. Später wird der russische Pilot zu Protokoll geben, dass er in dieser Zeit ununterbrochen, aber vergebens versucht, den Kontakt zur Passagiermaschine herzustellen. Die Piloten der Boeing jedoch sagen bei einer Anhörung aus, sie hätten ununterbrochen Lichtsignale mit den Landescheinwerfern gegeben und auf der internationalen Notfrequenz verzweifelt gefunkt, aber niemals eine Antwort erhalten.

Hier lügt eine Seite, aber wie dem auch sei, in jedem Fall stimmt die Aussage, dass kein Kontakt zwischen den beiden Maschinen hergestellt werden kann oder soll und damit ist das Schicksal der Boeing 707 besiegelt, denn die Russen glauben nun zu wissen, dass es sich um einen Spionageflug handelt. Zu dieser Überzeugung trägt bei, dass die Boeing 707-320B Basis für die militärische Boeing E-3A ist, eine mit Abhörelektronik vollgestopfte Maschine, die in nächtlicher Dunkelheit schon einmal mit dem Ziviljet verwechselt werden kann.

Es gibt allerdings einen neutralen Zeugen dafür, dass die Boeingcrew zumindest versucht hat, Kontakt auf der internationalen Notfrequenz 121,5 Mhz aufzunehmen. Diese Versuche nämlich wurden auf dem Flughafen der nicht allzu weit entfernten finnischen Stadt Rovaniemi gehört und aufgezeichnet.

Plötzlich ist auch der zweite Suchoj-Jäger verschwunden, einen Moment atmen die Insassen des KAL-Fluges auf, aber leider ist der Moment nur sehr kurz. Die Suchoj-15 nämlich hat sich hinter das große Passagierflugzeug gesetzt und schießt jetzt zwei Raketen auf die Boeing ab. Eine verfehlt ihr Ziel, aber die andere trifft die Backbordtragfläche und sprengt ein viereinhalb Meter großes Stück am Ende ab. Glück im Unglück: Schon häufiger haben Maschinen dieses Typs bewiesen, dass sie nicht die ganze Länge der Tragflächen benötigen. Auch dieses Exemplar fliegt immer noch und ist steuerbar.

Die Insassen haben noch weiteres Glück, das aber erst fünfzehn Jahre später, nach „Glasnost" im Jahre 1991, bekannt wird. Der Pilot des Jagdflugzeuges hat nämlich den Befehl bekommen, das Flugzeug abzuschießen. Kurz darauf hat er jedoch das Logo und den Schriftzug von KAL erkannt und dies seinen Vorgesetzten mitgeteilt. Die aber wollen unbedingt ein Exempel statuieren und fordern die Zerstörung der Maschine.

Der Pilot der Suchoj kann sich einem direkten Befehl natürlich nicht widersetzen, aber er ist – für damalige Zeiten ungewöhnlich – bereit, den Befehl zugunsten des Flugzeugs, das er jetzt eindeutig als Passagiermaschine identifiziert hat, auszulegen. So richtet er seine Raketen nur auf die Außenspitze der Tragfläche, was erklärt, dass die erste am Flugzeug vorbeifliegt.

Damit ist aber auch der glückliche Teil des Vorfalls abgehakt, denn weiteres Unglück sucht nunmehr die Maschine heim. Herumfliegende Splitter der Rakete und des abgesprengten Tragflächenteiles dringen in den Rumpf der

Informationen über diese Maschine		
Kennzeichen	HL7429	
Fluggesellschaft	Korean Air Lines (KAL)	
Flugnummer	KE902	
Typ	Boeing 707-320B (707-321B)	
Seriennummer	19363	
Fabrikationsnummer	623	
Erstflug	09.09.1967	
Außenmaße	Länge	46,61 m
	Spannweite	44,42 m
	Höhe	12,93 m
Triebwerke	4 x Pratt & Whitney JT3D-3B	
Leistung	4 x 8.165 kp	
Max. Startgewicht	148.325 kg	
Anzahl Passagiere	199	
Dienstgipfelhöhe	11.900 m	
Max. Reichweite	12.000 km	
Max. Geschwindigkeit	966 km/h	
Anzahl gebaut	272 (Typ 707-320B)	
1.010 (707 / 720 gesamt)		
Unfalltag	20.04.1978	
Insassen (Unfalltag)	Insgesamt	111
	(davon 13 Crew)	
	Tote	2
	(davon 0 Crew)	
	Verletzte	11
	Unverletzt	98

Maschine ein und verletzen fünfzehn Insassen, einige lebensgefährlich. Viel Blut fließt und es gelingt den Stewardessen nur mühsam, die aufkommende Panik im Zaume zu halten.

Die Boeing fliegt gerade in 10,5 Kilometern Höhe, der Druck aus dem Flugzeug entweicht laut und schnell. Hier oben herrschen 50 Grad (unter Null natürlich) und eisige Kälte dringt durch die Löcher im Rumpf in die eben noch warme Kabine. Die Piloten entscheiden sich sofort für einen Notabstieg, obwohl sie nicht genau wissen, wie gut die lädierte Boeing diesen verkraftet. Die Luft hier oben ist jedoch so eisig und vor allem so dünn, dass ein sofortiges Handeln Leben retten kann.

Mit fast 2,5 Kilometern pro Minute schießt das Flugzeug nach unten und erreicht dadurch schnell und glücklicherweise ohne weitere Schäden die Höhe von 1,5 Kilometern, in der Kim Chang Kyu die Maschine sicher abfängt. Tiefer traut er sich nicht hinunter, es ist auch so schon lebensgefährlich, in einem unbekannten Gelände so tief zu gehen. Weiß er denn, ob nicht in den nächsten Sekunden ein Berg aus dem Dunst auftaucht?

Das ist glücklicherweise nicht der Fall, denn die höchste Erhebung auf der Halbinsel Kola reicht nur bis 1.191 Meter. Aber nicht nur wegen des gefährlichen unbekannten Terrains, sondern auch wegen der Verletzten, die unbedingt versorgt werden müssen, heißt es nun vorrangig, einen Notlandeplatz zu suchen.

Kurz darauf stellt der Copilot fest, dass die Tanks auf der Backbordseite Treffer abbekommen haben müssen und sicherheitshalber werden die beiden linken Triebwerke ausgestellt. Viermal versuchen die Piloten einen Anflug, einmal verweigert die nebenherfliegende Suchoj die Landung, weil es sich offenbar um einen Militärflugplatz handelt, dreimal erweist sich das Gelände als ungeeignet.

Ob der Suchoj-Jäger noch bis zur Notlandung an der Seite der Maschine klebt, wie einige Quellen vermelden oder bereits aus Benzinmangel abgedreht hat, wie dies aus anderen mir zugänglichen Unterlagen zu lesen ist, ist dabei nicht von großer Bedeutung. Die Piloten der Boeing haben auch so alle Hände voll zu tun und entschließen sich endlich, auf einer großen weißen Fläche herunterzugehen, die überdies sehr eben erscheint.

Mit 315 km/h fliegen sie die topfebene, verschneite Fläche an, langsamer lässt es die Maschine mit der stark verkürzten Backbordfläche nicht zu. Kurz vor der Landung erkennen die beiden Männer, dass die weiße Fläche kein Feld ist, wie sie vermutet hatten, sondern ein schneebedeckter See. Das darf aber nun keine Rolle mehr spielen, denn die Umstände erzwingen eine sofortige Landung.

Um 22:17 Uhr Ortszeit setzt die Maschine im Mondschein auf dem See auf. Das Bremsen ist ein Problem, denn zwei Triebwerke sind ausgefallen und mit dem Umkehrschub der beiden auf der rechten Seite verbliebenen will der Flugkapitän auf der Eisfläche keinen Schleuderkurs veranstalten. Die Fußbremsen werden aktiviert und das Flugzeug baut recht langsam Geschwindigkeit ab.

Das Ende des Sees kommt rasch in Sicht und mit ihm einige Bäume, die den Uferrand schmücken. Wie durch ein Wunder wird die Maschine jedoch im letzten Moment durch das ansteigende Ufer stärker abgebremst und die Bäume kaum merklich gerammt.

Inzwischen befinden sich wieder zwei Jagdflugzeuge über der Boeing, kreisen einen Mo-

Folgende Quellen wurden ausgewertet

- Bordoni, Antonio: Airlife's Register of Aircraft Accidents; S.180
- Byhan, Inge: In 30 Sekunden Crash; S.30f
- Choi, Jin-Tai: Aviation Terrorism; S.157
- Denham, Terry: World Directory of Airline Crashes; S.143
- Edwards, Allan: Flights to Hell; S.149f
- Gero, David: Flüge des Schreckens; S.110f
- Hengi, B.I.: Crash; S.142
- Hubert, Ronan: Les Catastrophes Aeriennes de 1920 a 1996; S.328
- Roach, J.R.: Jet Airliner Production List; S.31
- Richter, Jan-Arwed: Jet-Airliner-Unfälle; S.234ff
- Richter, Jan-Arwed: Mayday; S.67
- Stewart, Stanley: Flugkatastrophen, die die Welt bewegten; S.209ff
- Stich, Rodney: Unfriendly Skies; S.277f
- Taylor, Laurie: Air Travel - How Safe is it?; S.247
- Veronico, Nicholas A.: Wreckchasing Vol.2; S.104
- Aero International, Nr.1/2006 – S.87

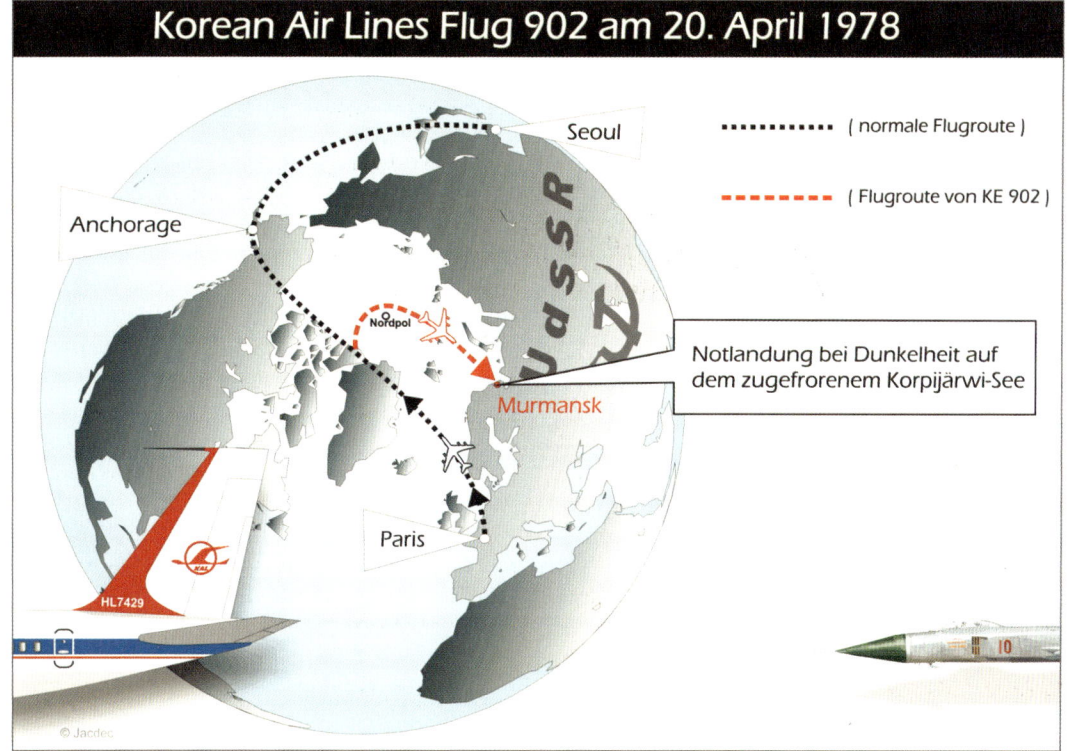

Seoul

Anchorage

Nordpol

(normale Flugroute)

(Flugroute von KE 902)

Notlandung bei Dunkelheit auf
dem zugefrorenem Korpijärwi-See

Murmansk

Paris

HL7429

© Jacdec

ment und drehen dann aber ab, sei es wegen Treibstoffmangels oder weil klar ersichtlich ist, dass dieser Boeing-Schrotthaufen dort unten vermutlich nie wieder fliegen wird.

Der See, auf dem man auf glücklicherweise meterdickem Eis herunterkam, heißt Korpijärwi-See und liegt 190 Kilometer westlich von Kem und ungefähr 450 Kilometer südlich von Murmansk. Eine Entfernungsangabe mit wesentlich größerer Bedeutung sei noch hinzugefügt: man befindet sich hier auf dem See fast 1.700 Kilometer entfernt vom korrekten Kurs!

Das Flugzeug ist zwar heil heruntergebracht worden, verfügt aber über keine Stromversorgung mehr. So kann auch die Heizung nicht mehr laufen. Alle Insassen sind in Kürze ganz fürchterlich durchgefroren und zwei der schwer verletzten Passagiere überleben das zweistündige Warten auf Hilfe nicht.

Dann endlich erscheint ein erster Transporthelikopter. Die Verletzten werden zuerst nach Kem geflogen, gefolgt von den Toten und den Unverletzten in weiteren Helikoptern, die nun in schneller Folge am Seeufer landen. Die Stimmung der Insassen schwankt zwischen kalter Wut auf die Sowjets und Dankbarkeit für die Wärme in den Hubschraubern.

Das Ende der Geschichte ist schnell erzählt. Die überlebenden Passagiere, der Copilot Cha Soon Do und weitere zehn Crewmitglieder werden bereits nach zwei Tagen von einer amerikanischen Chartermaschine ausgeflogen. Ein südkoreanisches Flugzeug kam für diesen Job nicht in Frage, weil Moskau und Seoul keine diplomatischen Beziehungen hatten.

Flugkapitän Kim Chang Kyu und sein Navigator Lee Kum Shik bleiben vorerst in der Gefangenschaft der Sowjets und werden eingehend befragt. Nach einer Woche aber lässt man die beiden ebenfalls nach Hause zurückkehren und die wichtigste Frage bleibt ungeklärt: War es ein Spionageversuch oder war es ein schrecklicher Messfehler, der die Maschine in die Sowjetunion führte?

Für die Version der Spionage spricht, dass die Gegend, die man in Russland überflog, mit

Wenn die Russen gewollt hätten, wäre die Boeing wieder flugtüchtig geworden.　　Foto: www.autoreview.ru

ihren zahlreichen militärischen Objekten und Raketenabschussbasen für Geheimdienste der westlichen Länder ungeheuer interessant war, eine der bedeutendsten Gegenden überhaupt. Und wieso fliegt ein verirrtes Flugzeug zufällig direkt über Murmansk, den wichtigsten Militärhafen im Norden der Sowjetunion?

Für einen Spionageversuch spricht ebenfalls ein kleines, aber wichtiges Detail des Irrfluges: Wie konnte es passieren, dass die Crew nicht bemerkte, dass die Sonne geraume Zeit von der falschen Seite schien?

Und schließlich gibt noch ein weiteres, nicht unbedeutendes Indiz zu denken: Wieso fing der Pilot die Maschine in 1.500 Metern ab, mal gerade eben über den in dieser Gegend befindlichen höchsten Bergspitzen? Hat er vielleicht doch gewusst, wo er war?

Dies erschien der Sowjetunion ebenfalls eindeutig und man ließ wissen, dass man sicher sei, dass Spionage der auslösende Faktor für den Irrflug gewesen sei. Gleichzeitig wurde bekannt gegeben, dass auch künftig jedes Flugzeug gleich welcher Nationalität, auch wenn es sich um ein ziviles Muster handele, sofort abgeschossen werde, wenn es in den Luftraum der Sowjetunion eindringe. Fünf Jahre später wurde auf grauenhafte Weise demonstriert, dass diese Äußerung kein Spaß gewesen war.

Übrigens sind sich auch beruflich mit Navigation vertraute Fachleute durchweg einig, dass es sich um Spionage gehandelt haben muss. Sie halten es für schlichtweg unmöglich, dass eine derart gravierende Kursänderung beziehungsweise Abweichung vom beabsichtigten Kurs unbemerkt bleiben kann, insbesondere, weil immer wieder betont wurde, wie hoch der an Bord befindliche Navigator qualifiziert gewesen sei.

Für die Version eines Versehens spricht, dass man an oder in dem Flugzeug offensichtlich keine zur Spionage geeigneten Geräte gefunden hatte. Was nützt das Überfliegen der militärischen Einrichtungen, wenn man nichts auf Fotos mitbringen kann?

So blieben die drei Cockpitinsassen auch hartnäckig dabei, es habe sich um einen schrecklichen Irrtum gehandelt. Die KAL unterstrich ihr Festhalten an dieser Version damit, dass Flugkapitän Kim Chang Kyu schon bald wieder die großen Jets der Gesellschaft steuern durfte. Allerdings flog man auch nie wieder die diffizile Polarroute mit einer 707, sondern nahm fortan nur noch die McDonnell Douglas DC-10 mit ihrem ausgefeilten Trägheitsnavigationssystem.

Wir werden die Wahrheit vielleicht nie erfahren, denn Menschen, die sich in einer prekären Lage befinden, lügen nun einmal, um besser dazustehen. Dennoch habe ich die Geschichte so wiedergegeben, als hätten die Jungs sich nur verflogen, dem Grundsatz „in dubio pro reo" folgend. Der braven Boeing hat das alles nichts geholfen. Sie wurde neugierig Stück für Stück von den Russen auseinandergenommen und verschrottet.

Lassen Sie mich mit einer peinlichen Episode am Rande schließen. Der US-Sicherheitsberater Zbigniew Brzezinski redete sich bei seiner ersten öffentlichen Stellungnahme zu dem Vorfall derart in Rage, dass er in einem Nebensatz erklärte, man hätte die Maschine den gesamten Weg über mittels Horchradar verfolgt. Dass die Amerikaner so ein Gerät hatten, mit dem sie das gesamte Nordmeer abhorchen konnten, war das bestgehütete militärische Geheimnis im Pentagon gewesen – bis zu diesem Tag.

Im Prinzip gibt es in der Astronavigation zwei Fehlerquellen, welche wesentliche Konsequenzen hätten.

1. Falsche Zeit im Moment der auf die Sekunde genauen Höhenmessung.

2. Ein nicht korrekt eingestellter Sextant.

Zu 1: Wenn es hier heißt „auf die Sekunde genau", dann ist dies wörtlich so gemeint, denn ungefähr reicht nicht. Außerdem basiert die ganze Rechnung mit den Hilfstafeln auf GMT. Eine Stunde entspricht auf der Erde 15 Längengraden (am Äquator = 900 Seemeilen = ca.1.667 km). Die der Länge entsprechende Koordinate am Himmel ist der Stundenkreis des Gestirns. Man kann sich nun unschwer vorstellen, wie Zeitfehler wirken könnten.

Zu 2: Ein Sextant erfährt Erschütterungen (z.B. harte Landung etc.). Die Spiegel des Sextanten müssen deshalb laufend überprüft und justiert werden. Wird das nicht regelmäßig und sorgfältig durchgeführt, kann es grobe Fehler in der Ortsbestimmung bedeuten.

Zur Flugroute: Die kürzeste Verbindung zwischen zwei Punkten einer Kugel, ist der Großkreis. Er ist somit die ideale Flugroute Paris-Seoul. In diesem Falle wird sie nach Westen durchgeführt, obwohl sie nach Osten einiges kürzer ist. Aber 1978 wurde ein Überflug Russlands nicht bewilligt.

Bis Island ist alles bestätigt. Dann käme Südgrönland, Kanada, Alaska (Anchorage) und schlussendlich Korea – Seoul. Da man auf einem Großkreis mit drehen muss, wären die Kurse im Wesentlichen: NNW, NW, W, WSW, SW, also mit Erreichen des kanadischen Luftraumes müsste die 707 der Korean Airlines längst West, wenn nicht gar WSW fliegen.

Plötzlich geht die Maschine gewissermaßen auf Gegenkurs, also OSO. Da kann man sich noch so verrechnen und verfliegen, man kommt nicht zur finnisch-russischen Grenze, wenn man Großkreis Paris-Seoul mit Zwischenlandung in Anchorage fliegen will.

Selbst ohne Magnet oder Kreiselkompass schafft man das nicht. Über den Wolken fliegend kann man nachts immer genau im Norden den Nordstern sehen und wenn man genau weiß, wo Norden ist, hat man die anderen Richtungen auch ungefähr. Das bedeutet: Die Korean Airlines ist nachts geflogen, sonst hätten sie keine Ortsbestimmung nach Sternen machen können.

Desgleichen konnten sie Sterne identifizieren, denn man muss genau wissen, welchen Stern man schießt, um ihn zu berechnen. Sie hatten immerhin einen Navigator mit Astronavigations-Ausbildung an Bord. Darüber hinaus gehörte Astronavigation auch zur Ausbildung von interkontinentalen Piloten. Das Erste, was man lernt, ist den Nordstern zu identifizieren (bereits die Wikinger navigierten nach ihm) und der steht praktisch genau im Norden, immer.

In diesem Falle hatten die Männer in der Boeing 707 den Nordstern bei der tatsächlich geflogenen Route also die ganze Zeit vor ihren Augen im Cockpitfenster. Und zwar langsam steigend von ca. 50 auf ca. 70 Grad über dem Horizont, denn seine Höhe über dem Horizont entspricht praktisch dem Breitengrad auf dem man sich befindet.

Als logisches Motiv bleibt aus meiner Sicht deshalb nur Spionage. Man wurde dem erhöhten Risiko gerecht, in dem man ein altes Flugzeug eingesetzt hat, wegen seines geringeren Wertes und weil die veraltete Ausrüstung alle möglichen Ausreden erlaubte. Jedenfalls hat sich die Boeing ab Island bei totaler Funkstille und ohne Funknavigation nur mit Astronavigation angeschlichen. Vielleicht wollte man wissen, wie gut das russische Early-Warning-System funktioniert? Falls obiges Motiv stimmt, war es ein ziemlicher Erfolg. Die Russen entdeckten sie erst im letzten Moment bereits in allernächster Nähe ihrer Anlagen.

Ein Fluglotse 8
ist nicht konzentriert

Am 20. Dezember 1972 treffen zwei große Passagierflugzeuge auf dem Flughafen Chicago O'Hare aufeinander. Das ist an und für sich nichts Besonderes, denn täglich treffen Tausende großer Maschinen auf den Flughäfen der Welt aufeinander. Insofern sollte es vielleicht genauer heißen: die beiden Maschinen prallen aufeinander.

Im Wrack der DC-9 schwelen auch lange nach der Bergung der Insassen noch Brände.   Foto: picture alliance

Zwar kenne ich aus meiner Datenbank 477 Fälle von Kollisionen eines kommerziell eingesetzten Flugzeuges mit einem anderen. Dennoch sind Flugzeugzusammenstöße glücklicherweise selten. Der hier zur Sprache kommende Unfall ist deshalb als besonders einzuschätzen, weil unter den gegeben Umständen ohne Weiteres über zweihundert Tote hätten beklagt werden können. Dafür, dass es schließlich wesentlich weniger waren, sorgte das vielzitierte Haar mit seiner sprichwörtlichen Dicke.

Chicago im Nebel, das ist so ungewöhnlich nicht. Die große Industriestadt am Michigansee, mit drei Millionen Einwohnern in der Größe vergleichbar mit Berlin, hat dieses Szenario des Öfteren zu bieten. Auch der internationale Flughafen Chicago-O'Hare, einer der größten Flughäfen der Welt mit sechs Start- und Landebahnen, ist davon betroffen und die Sicht auf dem Gelände liegt teilweise bei nur 300 Metern.

Dann bewirkt diese Nebeldichte, dass die Lotsen im Tower weder das Flugfeld sehen können noch die Rollwege. Ein Blick aus dem Fenster lässt gerade noch die nächststehenden Gebäude erkennen, alles weiter Entfernte verschwimmt in der Nebelsuppe.

Glücklicherweise verfügt der moderne Flughafen über ein sogenanntes Bodenradar, auf das während der herrschenden Wetterverhältnisse gar nicht verzichtet werden könnte. Mit Hilfe dieser Technik kann der für den Betrieb auf dem Flughafen verantwortliche Bodencontroller sehen, an welchen Stellen und in welcher Richtung sich die Flugzeuge gerade bewegen.

Absolute Sicherheit allerdings bietet dieses Bodenradar nicht. Da gibt es zum einen sogenannte Radarschatten. Das sind Stellen auf dem Flughafen, die durch zwischen dem Radar und den Wegen befindliche Gebäude nicht eingesehen werden können. Zum anderen ist es nicht einfach, auf dem Bildschirm Flugzeuge und Fahrzeuge genauestens zu unterscheiden.

Nur ein sehr erfahrener Bodencontroller kann diese Fehlerquoten mit hoher Wahrscheinlichkeit durch sein angesammeltes Wissen egalisieren. Heute jedoch hat ein weniger erfahrener Mann Dienst, ein unglücklicher Umstand. Er ist nicht vollständig vertraut mit dem Bodenradarsystem. Wie alle Lotsen es im Falle von Nebel tun, weist er heute eindringlich die Piloten an, sich beim Verlassen und Kreuzen von Bahnen und Wegen mit ihren jeweiligen Standorten zu melden. So behält er vermeintlich den Überblick.

Es fällt nicht schwer, zu verstehen, dass die Arbeit für die Männer im Tower von einem der meistfrequentierten Flughäfen der Welt an so einem Tag ungeheuer anstrengend ist. Es bedarf einer lückenlosen Konzentration, denn wenn diese nur einige Sekunden nicht voll gegeben ist, kann schnell ein Unglück geschehen. Und so passiert dann auch, was leider immer wieder einmal geschieht: Der Bodencontroller ist nur eine Sekunde nicht ganz bei der Sache und das Verhängnis nimmt unaufhaltsam seinen Lauf.

Aus Tampa kommend nähert sich dem Flughafen eine mit 93 Insassen besetzte Convair CV-880, ein der bekannteren Boeing 707 recht ähnliches, vierstrahliges Flugzeug. Während des Anfluges hören die vier Männer im Cockpit aufmerksam den automatisch gesendeten Informationen der Bodenkontrolle zu. Sie vermerken, dass der Flugbetrieb derzeit über die Startbahnen 14R und 14L abläuft und wissen als chicagoerfahrene Crew, wo sie nun besonders aufpassen müssen.

Informationen über die Convair 880		
Kennzeichen	N8807E	
Fluggesellschaft	Delta Airlines Inc.	
Flugnummer	DL954	
Typ	Convair 880-22-2	
Seriennummer	22-00-29	
Fabrikationsnummer	-	
Erstflug	1960	
Außenmaße	Länge	39,42 m
	Spannweite	36,58 m
	Höhe	11,00 m
Triebwerke	4 x General Electric CJ-805-3	
Leistung	4 x 5.090 kp	
Max. Startgewicht	83.690 kg	
Anzahl Passagiere	124 max.	
Dienstgipfelhöhe	12.500 m	
Max. Reichweite	5.150 km	
Max. Geschwindigkeit	990 km/h	
Anzahl gebaut	48	
	(plus 17 ähnliche 880-22M)	
Unfalltag	20.12.1972	
Insassen (Unfalltag)	Insgesamt	93
	(davon 7 Crew)	
	Tote	0
	Verletzte	2
	(davon 0 Crew)	
	Unverletzt	91
	(davon 7 Crew)	

Um 17:55 Uhr landet die große Maschine der Delta Airlines trotz des Nebels sicher auf der Bahn 14L. Bereits während des Endanfluges bittet der Fluglotse um Nachricht, wenn die Bahn geräumt sei, da er ja nicht sehen kann, wann es soweit ist. Die Piloten melden sich umgehend nach dem Abbiegen und werden nun an den Vorfeldlotsen übergeben, der für den Betrieb am Boden verantwortlich ist.

Sekunden später funkt der Pilot der CV-880 den Bodencontroller mit den Worten an: „Delta 954 ist auf der Rollwegbrücke und wir möchten nun zur Box rollen". Die „Box" ist eine Stelle auf dem Flughafen, wo die ankommenden Maschinen eine Warteposition beziehen müssen, wenn die Terminalposition, an der sie andocken sollen, noch nicht frei ist.

Mit dem Zusatz „Rollwegbrücke" erhält der Vorfeldlotse eine besonders klare Positionsbestimmung der CV-880, denn es gibt nur eine einzige Rollwegbrücke, die von der Bahn 14L wegführt. Der Lotse jedoch überhört, wie sich später

herausstellen wird, ganz offensichtlich diesen bedeutenden Hinweis und wähnt die Maschine an einer anderen Stelle des Flughafens. Er ist nicht voll konzentriert oder überlastet.

Der Mann bestätigt den Eingang der Meldung und bittet die Crew, mit ihrer Convair zur Warteposition 32 vorzurücken. Hätte er genau hingehört, hätte er noch ein kleines, aber bedeutendes Wort hinzugefügt, um die Maschine eindeutig einzuweisen: rechts oder links, denn es gibt zwei Möglichkeiten der Warteposition 32.

Die Crew bestätigt den Erhalt der Anweisung und der Vorfeldlotse macht sich eine Notiz, um die Maschine nicht zu vergessen. Auf dieser notiert er, dass er die Convair zur rechten Warteposition 32 geschickt hat. Das ist zwar sicher das, was er tun wollte, aber getan hat er etwas anderes, denn das wichtige Wort „rechts" hat er im Gespräch mit dem Piloten der Convair weggelassen.

So glauben die beiden Piloten in der Delta Airlines Maschine, dass sie zur linken Warteposition 32 rollen sollen und machen sich auf den Weg dorthin. Diese Position kann man nur erreichen, wenn man die Start- und Landebahn 27L kreuzt. Das allerdings beunruhigt die Cockpitcrew nicht, denn sie haben ja im Gedächtnis abgespeichert, dass der Flugverkehr derzeit über die beiden Bahnen mit der Nummer 14 abgewickelt wird.

Das ist leider nicht richtig, denn ohne Wissen der Crew hat man im Tower inzwischen die Bahnen gewechselt und nun läuft der Startbetrieb über die 27L, die sie gleich trotz des Nebels relativ entspannt kreuzen werden. Da der Bodencontroller nicht ahnt, dass die Convair nicht die rechte Position 32 ansteuert, stimmt er sich auch nicht mit dem für die Starts und Landungen verantwortlichen Flugcontroller ab, was er ganz sicher getan hätte, wenn er gewusst hätte, dass die CV-880 sich auf die linke Position 32 hinbewegt.

Während die Convair sich langsam der ihr zugewiesenen Warteposition nähert, hat die Crew einer McDonnell Douglas DC-9-31 der North Central Airlines gerade die Flugvorbereitungen abgeschlossen und bittet um Startfreigabe. Die Maschine soll ihre vierzig Passagiere und die fünfköpfige Besatzung über Madison nach Duluth in Minnesota bringen und befindet sich derzeit am Anfang der Bahn 27L.

Informationen über die McDonnell Douglas DC-9-31		
Kennzeichen	N954N	
Fluggesellschaft	North Central Airlines Inc.	
Flugnummer	NCA575	
Typ	McDonnell Douglas DC-9-31	
Seriennummer	47159	
Fabrikationsnummer	231	
Erstflug	28.11.1967	
Außenmaße	Länge	36,37 m
	Spannweite	28,47 m
	Höhe	8,38 m
Triebwerke	2 x Pratt & Whitney JT8D-7	
Leistung	2 x 6.350 kp	
Max. Startgewicht	46.720 kg	
Anzahl Passagiere	119 max.	
Dienstgipfelhöhe	11.900 m	
Max. Reichweite	2.600 km	
Max. Geschwindigkeit	907 km/h	
Anzahl gebaut	240	
Unfalltag	20.12.1972	
Insassen (Unfalltag)	Insgesamt	45
	(davon 4 Crew)	
	Tote	10
	(davon 0 Crew)	
	Verletzte	15
	(davon 2 Crew)	
	Unverletzt	20
	(davon 2 Crew)	

Rollwege Delta Airlines Convair 880 und North Central DC-9 in Chicago O' Hare Airport am 20. Dezember 1972

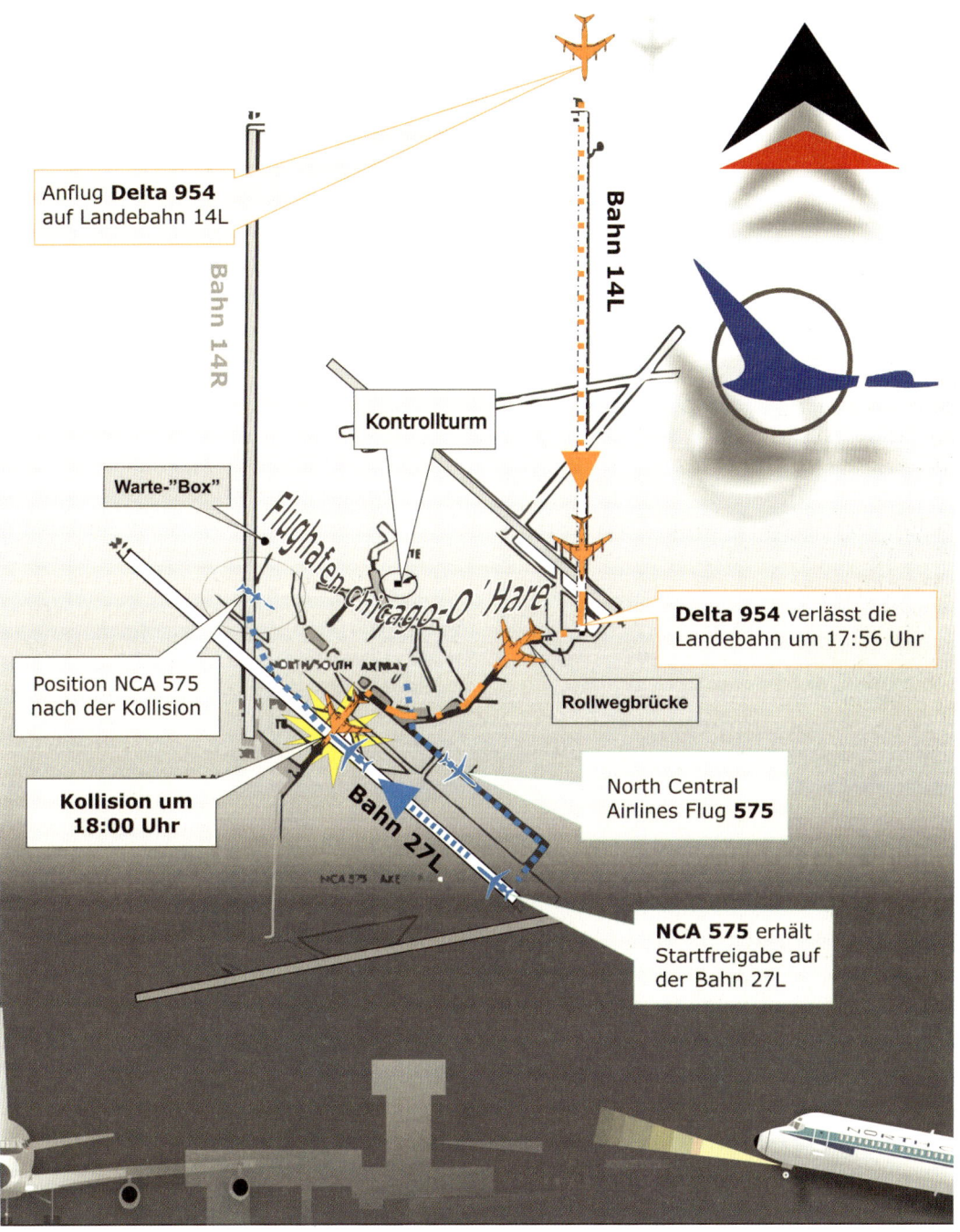

Anflug **Delta 954** auf Landebahn 14L

Bahn 14L

Bahn 14R

Kontrollturm

Warte-"Box"

Position NCA 575 nach der Kollision

Kollision um 18:00 Uhr

Delta 954 verlässt die Landebahn um 17:56 Uhr

Rollwegbrücke

North Central Airlines Flug **575**

Bahn 27L

NCA 575 erhält Startfreigabe auf der Bahn 27L

Dies ist die verunglückte Maschine N8807E der Delta Airlines.   Foto: Bob Garrard

Feuerwehrleute und Polizisten sichern die Unglücksstelle am Flughafen in Chicago.   Foto: picture alliance

Um 18:00 Uhr erhält das Flugzeug durch den Fluglotsen seine Startfreigabe. Der Pilot bestätigt dem Tower den Beginn des Startlaufes und von diesem Moment an rollt das Flugzeug seinem Schicksal unabänderlich entgegen. Der Copilot führt das Flugzeug und beide Männer im Cockpit starren abwechselnd mit höchster Konzentration durch die Windschutzscheibe auf das immer schneller unter dem Flugzeug verschwindende Betonband vor ihnen.

Das ist wahrlich eine Situation, die kein Pilot gern hat. Das Vertrauen in die Technik der Flughäfen ist zwar groß, aber es bleibt immer ein mulmiges Gefühl, wenn die Maschine mit schließlich über 200 Stundenkilometern durch den Nebel stürmt.

Bis zur Abhebegeschwindigkeit verläuft der Startlauf ohne besondere Vorkommnisse. Die Triebwerke arbeiten einwandfrei, alle Instrumente signalisieren Normalität und gleich wird sich die Maschine donnernd in die Luft erheben und wie immer kurz darauf über dieser ekligen Nebelsuppe am strahlendblauen Himmel ihre Bahn ziehen.

Doch heute ist es leider nicht „wie immer", denn heute kommt es zu einem anderen Szenario, einem schrecklichen obendrein, denn genau in dem Moment, in dem der Copilot die Maschine hochziehen will, taucht vor der entsetzten Crew ein großes Flugzeug auf der Kreuzung vor ihnen auf.

Wäre die Maschine zehn Sekunden vorher oder zehn Sekunden später gestartet, alles wäre nur ein sogenannter Beinahezwischenfall geworden, dem die Zeitungen heutzutage nur noch äußerst selten einen Dreizeiler widmen. An diesem 20. Dezember aber will das Schicksal es anders, die zehn Sekunden Differenz werden nicht gewährt.

Zum Ausweichen ist es zu spät, viel zu spät, denn die Maschine ist auch zu schnell für eine Kurve. Das Gleiche gilt für das Bremsen, denn die wenigen Meter zwischen den beiden Flugzeugen würden nur eine minimale Verzögerung erlauben, wenn überhaupt. Darum ziehen die beiden Piloten in der DC-9 auch wie auf Kommando mit aller zur Verfügung stehenden Kraft am Steuerknüppel und versuchen das Unmögliche doch noch zu erreichen: über die vor ihnen nach links schleichende große Maschine hinwegzukommen.

Fast wäre es gut gegangen, nur wenige Meter fehlen. Aber das sind in so einem Fall nun einmal die entscheidenden Meter. Nur 1,5 Sekunden nachdem die Convair in Sicht kam, trifft die abhebende DC-9 mit der rechten Tragfläche und dem Fahrwerk voll auf das Leitwerk der rollenden Convair. Nur den Bruchteil einer Sekunde hat es gedauert und der einst stolze große Vogel hat nur noch Schrottwert.

Man darf allerdings auch hier wieder getrost das Schicksal bemühen, denn wäre das Ganze einige Sekunden früher passiert, der Zusammenstoß hätte sicherlich in beiden Flugzeugen kaum Raum zum Überleben gelassen. Im abrasierten Leitwerk jedoch sitzt nun einmal kein Mensch und so kommen die Insassen der Convair mit dem Schrecken davon und nur zwei werden ein klein wenig verletzt.

Die Evakuierung über die vier Notausgänge verläuft generalstabsmäßig, die beiden Fensterausstiege über den Tragflächen müssen nicht benutzt werden. Das Flugzeug fängt kein Feuer, ist aber wegen der Schwere der Beschädigungen im Zusammenhang mit seinem Alter dennoch ein Fall für den Schrotthändler.

Und wie steht es derweil mit der abhebenden DC-9? Der Pilot hat sofort wieder die Führungsgewalt von seinem Copiloten übernommen, das ist in Notsituationen Vorschrift. Der Crew ist klar, dass die Maschine schwer beschädigt sein muss, zu hart war der Aufprall, zu laut das Getöse, als die DC-9 durch das Leitwerk der Convair brach. Ein Weiterflug ist unter diesen Umständen nicht angeraten und so wird im Bruchteil einer Sekunde das einzig Richtige entschieden: Die Maschine wird sofort wieder auf den Boden heruntergezwungen.

Der Aufprall ist fürchterlich und unmittelbar nach dem nervenzerrenden Rutschen und Drehen bricht ein Feuer aus, noch bevor die Maschine vollständig zum Stehen gekommen ist. Zwei Minuten nach dem Unfall ist das erste Feuerwehrauto bei der Maschine und nach sechzehn Minuten ist das Feuer gelöscht, das Flugzeug allerdings ist nicht mehr zu retten. Kaum zu glauben, wenn man Fotos des Unfalls sieht, aber auch diesem Inferno entkommen die meisten Insassen.

Zehn Menschen jedoch sterben in der DC-9, allerdings keiner von ihnen durch den Aufprall, sondern alle an Rauchvergiftung. Einige blieben in ihren Sitzen, benommen oder im Schockzustand, ein Schwerbehinderter konnte sich allein nicht aus der Maschine befreien.

Besonders tragisch ist der Umstand, dass man später zwei völlig Unverletzte findet, die den vorderen Notausgang nicht mehr gefunden hatten und durch den Rauch an Vergiftung gestorben waren. Damals gab es noch keine Leuchtstreifen am Kabinenboden, eine Orientierung im immer dichter werdenden Qualm war deshalb nicht möglich. Diese beiden hätten einen ähnlichen Unfall heutzutage mit großer Wahrscheinlichkeit überlebt.

Wie konnte der Zusammenprall zweier Flugzeuge und ihre Zerstörung auf einem gut durchorganisierten, großen Flughafen passieren? Der Frage ging man – wie stets – unmittelbar nach dem Unfall nach. Die NTSB, die zuständige amerikanische Untersuchungsbehörde National Transportation Safety Board hörte zuvorderst die Bänder mit den Gesprächsaufzeichnungen ab. Alles war klar und deutlich aufgezeichnet worden. Nicht nachvollziehbar war, warum der Bodencontroller den wichtigen Hinweis „ … auf der Rollwegbrücke …" überhört haben sollte. Es blieb nur eine Erklärung: Konzentrationsmangel.

Eine weitere Rolle bei der Untersuchung spielte das Bodenradar, das nicht in der Lage war, den gesamten Flughafenbereich abzudecken und dessen Leuchtpunkte keine genaue Unterscheidung von Flugzeugen und Fahrzeugen ermöglichte. Die mangelnde Qualifikation des Vorfeldlotsen für die herrschende Wettersituation wurde ebenfalls gerügt.

Ganz zuletzt wurde aber auch der Cockpitcrew der Convair-Maschine eine Mitschuld gegeben. Sie hätte bei der interpretationsfähigen Anweisung des Lotsen nachfragen müssen, ob die linke oder die rechte Position 32 hätte angesteuert werden müssen.

Folgende Quellen wurden ausgewertet

- Bordoni, Antonio: Airlife's Register of Aircraft Accidents; S.148
- Collins, Richard L.: Air Crashes; S.203ff
- Denham, Terry: World Directory of Airline Crashes; S.123
- Eddy, Paul u.a.: Destination Disaster; S.355
- Hengi, B.I.: Crash; S.120
- Hubert, Ronan: Les Catastrophes Aeriennes de 1920 a 1996; S.258
- Moser, Sepp: Wie sicher ist Fliegen?; S.157
- Nader, Ralph u.a.: Collision Course; S.350
- Roach, J.R.: Jet Airliner Production List; S.182 + 255
- Richter, Jan-Arwed: Jet-Airliner-Unfälle; S.141
- Stich, Rodney: Unfriendly Skies; S.326
- Unfallbericht: NTSB AAR-73-15

Ein unterschätztes 9
Problem

Flug Nummer AC680 hatte am 17. September 1979 ein substanzielles Problem. In knapp acht Kilometern Höhe brach bei der damals elf Jahre alten DC-9-32 mit dem Kennzeichen C-FTLU ein Druckschott. Durch die plötzliche Dekompression wurde die Maschine so schwer beschädigt, dass sie immerhin zwei Monate in der Reparaturwerkstatt zubrachte. Die 45 Insassen allerdings kamen bei der anschließenden Notlandung mit dem Schrecken davon.

Am 2. Juni 1983 befindet sich ein Passagier mehr an Bord als vier Jahre zuvor, die Maschine ist heute demzufolge mit 46 Insassen unterwegs, also nur zu 40 % belegt. Wieder wird das Flugzeug in einen Zwischenfall verwickelt. Wohlgemerkt: Es ist die C-FTLU der Air Canada, dieselbe Maschine! Diesmal allerdings geht die Geschichte nicht gut aus, denn die Hälfte der Insassen muss eine Fehleinschätzung der Crew mit dem Leben bezahlen.

Die McDonnell Douglas DC-9 ist an diesem Tag auf der Strecke Houston – Montreal unterwegs. Eine Zwischenlandung in Dallas hat es bereits gegeben. Flug Nummer AC797 befindet sich zur Zeit auf dem Weg nach Toronto, wo dann noch einmal zwischengelandet werden soll, bevor die letzte Teilstrecke geflogen werden wird.

Die Maschine hat bereits eineinhalb Flugstunden nach dem Verlassen von Houston zurückgelegt, als sich die ersten Anzeichen eines Problems bemerkbar machen. Entstanden allerdings ist es schon viel früher, blieb aber unbemerkt. Und zwar war im Kabelbaum der Pumpe für die WC-Spülung ein Brand ausgebrochen. Die Ursache ließ sich später nicht feststellen, ein Kurzschluss mag es gewesen sein oder Überlastung möglicherweise.

Nachdem der Kabelbaum keine Nahrung mehr für das Feuer hergibt, hat sich der Schmorbrand inzwischen bis in die Isolierung in der

Ein Foto der brennenden DC-9 kurz nach der Notlandung
Foto: NTSB

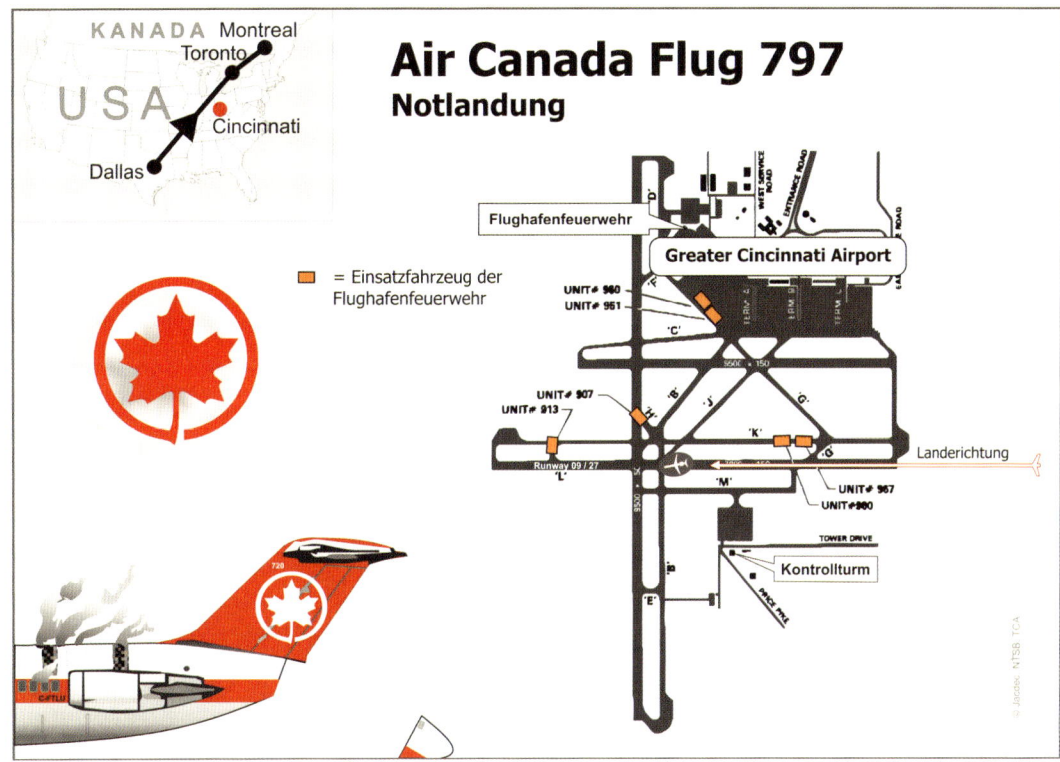

Air Canada Flug 797
Notlandung

KANADA Montreal
Toronto
USA Cincinnati
Dallas

Flughafenfeuerwehr

□ = Einsatzfahrzeug der Flughafenfeuerwehr

Greater Cincinnati Airport

UNIT# 960
UNIT# 951

UNIT# 907
UNIT# 913

Runway 09 / 27
'L'

Landerichtung

UNIT# 967
UNIT# 980

TOWER DRIVE

Kontrollturm

Bordwand vorgearbeitet. Jetzt, um 18:51 Uhr werden die beiden Herren im Cockpit jäh bei ihrem Abendessen gestört, als unmittelbar nacheinander die drei Sicherungen der WC-Pumpe herausfliegen.

„Da hat sicher wieder jemand etwas in die Toilette geschmissen, das da nicht reingehört und nun ist sie verstopft", brummt der Kapitän unmutig. Die Sicherungen wieder hineinzudrücken, erweist sich dennoch als zwecklos. Sie fliegen sofort wieder heraus. „Wie ein Maschinengewehr hört sich das an, zap – zap – zap", witzelt der Flugkapitän, als die drei Sicherungen erneut kurz nacheinander ausgehen.

Vielleicht hat sich die WC-Pumpe festgefressen, mutmaßen die beiden Piloten. Also wird den Vorschriften der Gesellschaft entsprechend ein Eintrag ins Bordbuch gemacht. Einige Minuten später, wenn sich der Motor abgekühlt hat, will man einen neuen Versuch starten und die Sicherungen wieder eindrücken.

Die Cockpitcrew ahnt zu diesem Zeitpunkt nichts von einem Brand, denn im WC gibt es keinen Rauchmelder, der ein entsprechendes rotes Lämpchen auf dem Armaturenbrett der Crew hätte aufleuchten lassen. Die Insassen in der Kabine jedoch sitzen näher am Geschehen und der eine oder andere zieht bereits prüfend die Luft durch die Nase, weil er das Gefühl bekommt, der Geruch im Flugzeug habe sich irgendwie geändert.

Ganz hinten sitzt ein Passagier direkt vor dem WC. Er ruft dann auch als Erster die Stewardess Judith Davidson herbei und macht sie auf den fremden Geruch aufmerksam. Die junge Frau sieht sich um und bemerkt unmittelbar darauf Rauch, der unter der WC-Tür hervorquillt. Sie nimmt sich einen Feuerlöscher, öffnet die Tür zur Toilette einen Spaltbreit und sieht auch dort überall grauen Qualm. Ein Feuer allerdings kann sie nicht entdecken. So schließt sie die Tür wieder und eilt zum Chefsteward Sergio Benetti, um ihm zu berichten.

Dieser reagiert äußerst vorsichtig und besonnen. Er setzt zuerst einmal alle Passagiere aus den letzten Reihen nach vorn, schickt die

Stewardess Laura Kayama mit der Nachricht vom Rauch im WC ins Cockpit und begibt sich selbst nach hinten, um sich ein eigenes Bild von der Sachlage verschaffen zu können.

Auch dieser Mann kann beim besten Willen nicht den Hauch eines Feuers entdecken. Aber da er nun einmal einen Feuerlöscher mit sich trägt und aufgrund der Art der Rauchbewegung davon überzeugt ist, der Qualm trete aus der Decke des WCs aus, entleert er den Inhalt des Gerätes in die Ritzen der Deckenverkleidung.

Benetti überlegt kurz, ob er mit der Axt die Verkleidung aufschlagen und dahinter nachsehen soll, denn das hat er in einem entsprechenden Kurs gelernt. Ach hätte er das doch getan! Denn nur so hätte er mit dem Löscher an den versteckten Brandherd kommen können. Im letzten Moment erinnert er sich aber daran, dass man ihm beigebracht hatte, dass äußerste Vorsicht an dieser Stelle des Flugzeugs angebracht sei, weil dort lebenswichtige Kabel verlaufen. Darum nimmt er Abstand von seinem Plan.

Elf Minuten nach dem Ausfall der Sicherungen erhalten die Piloten die Nachricht von dem Rauch im WC. Die Sache scheint also doch ein wenig brenzliger zu sein als anfangs angenommen. Dahinter steckt kein überhitzter Motor, das ist schon etwas mehr. Also schickt der Flugkapitän Donald Cameron seinen Copiloten Claude Quimet nach hinten zur Begutachtung der Situation und setzt sich selbst vorsichtshalber schon einmal eine Rauchmaske auf.

Der Copilot kommt unverrichteter Dinge zurück, auch er kann kein Feuer erkennen, meldet dem Kommandanten allerdings, dass der Rauch allmählich in die Kabine zieht und dort bereits die Hälfte der Länge des Flugzeugs hinter sich gebracht habe. Er fügt hinzu, dass er ohne Rauchmaske gar nicht mehr nach hinten gehen könne und es angeraten sei, einen Notabstieg zu beginnen. Cameron stimmt zu.

In eben diesem Moment jedoch eilt Chefsteward Benetti mit der Meldung ins Cockpit, dass sich der Rauch wieder verziehen würde und man sich nun keine Sorgen mehr machen müsse. Der Copilot dreht sich um und kann tatsächlich wieder bis zum Ende der Maschine sehen, was er mit den Worten: „Es fängt an, sich aufzuklären" kommentiert.

Um sicherzugehen, leiht er sich vom Kommandanten die Rauchschutzbrille, da er seine eigene nicht schnell genug finden kann, und begibt sich nach hinten. Cameron bittet ihn, sich auf keinen Fall zu weit vorzuwagen, einen vom Rauch niedergestreckten Copiloten kann er nun wirklich nicht gebrauchen. Während Quimet noch im Heck der Maschine nach dem Rechten sieht, kommt der Chefsteward erneut ins Cockpit und wiederholt, dass kein Grund zur Sorge gegeben sei, es klare weiter auf in der Kabine.

Die Passagiere, die später von den Untersuchungsbeamten vernommen wurden, geben ebenfalls zu Protokoll, dass der Rauch nach dem Löscheinsatz des Chefstewards für nicht genau bestimmbare Zeit von etwa zwei Minuten spürbar nachgelassen hatte. Auch Cameron ist nun beruhigt, er nimmt an, dass das Feuer vom Purser gelöscht worden ist. Dies führt zu einer folgenschweren Entscheidung: Der Flugkapitän entschließt sich, den Notabstieg noch nicht durchzuführen, sondern die Entwicklung der Situation abzuwarten.

Hätte er den zu diesem Zeitpunkt nur wenige Minuten entfernt liegenden Flughafen von Louisville sofort aufgesucht, alles wäre gut gegangen, keine Todesopfer wären zu beklagen gewesen, die Maschine hätte gerettet werden können. Da er die Situation aber als entspannt einstuft, und in dieser Einschätzung von zwei weiteren Mitgliedern der Crew bestätigt wird, will er den relativ kleinen Flugplatz mit der kurzen Landebahn lieber nicht kennenlernen.

Leider liegen die „Brandexperten" an Bord mit ihrer Einschätzung der Gefahrenlage jedoch völlig daneben. Der Schmorbrand ist immer noch in Gang, nur eben unsichtbar. Es frisst sich weiter in die Verkleidung der Außenhaut hinein und breitet sich ganz langsam, aber stetig nach vorn aus.

Auf seinem Weg durch die Verkleidung hat das Feuer vor Kurzem die Kabel erreicht, die das Cockpit mit dem lebensnotwendigen Strom versorgen, den die Turbinen bereitstellen. Um 16:05 Uhr ist das zerstörerische Werk an dieser Stelle beendet. Im selben Moment beginnen sich vorn im Cockpit die Anzeigen zu verabschie-

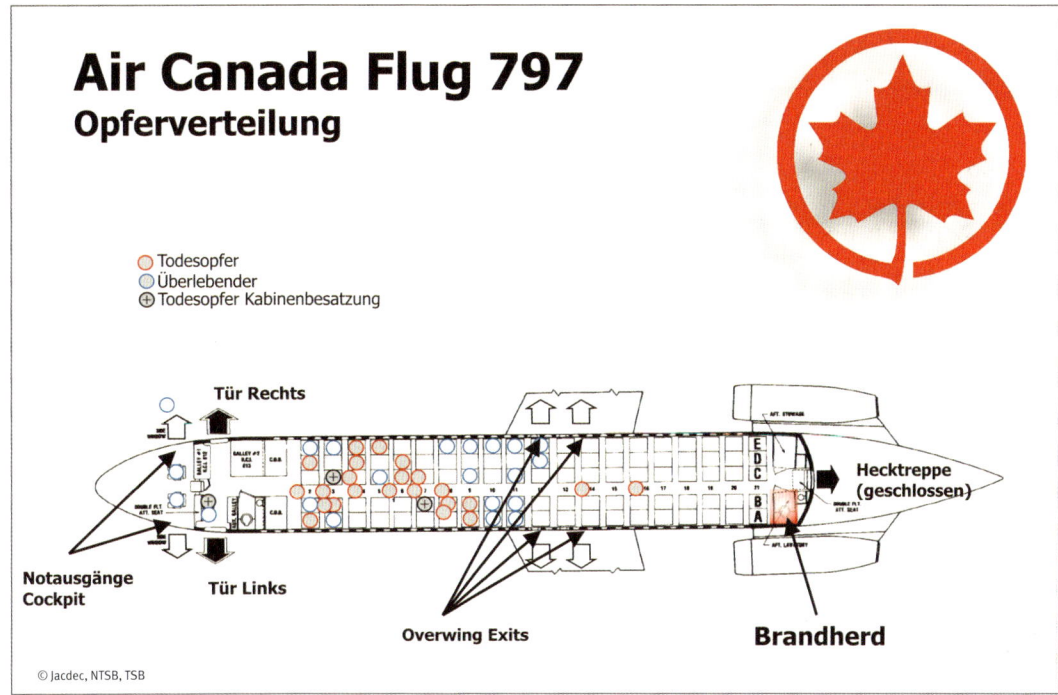

Air Canada Flug 797
Opferverteilung

○ Todesopfer
◎ Überlebender
⊕ Todesopfer Kabinenbesatzung

Tür Rechts

Hecktreppe (geschlossen)

Notausgänge Cockpit

Tür Links

Overwing Exits

Brandherd

© Jacdec, NTSB, TSB

den und der Pilot ruft sofort die Flugleitzentrale an und teilt „ein Problem mit der Elektrik" mit.

Sekunden später verschwindet das Transpondersignal der Maschine vom Radarschirm und der Lotse ahnt, dass sich dort oben nun wirklich ein substanzielles Problem anzubahnen scheint. Copilot Quimet bemüht sich derweil noch, in das WC zu gelangen, um eventuell einen wieder aufgeflackerten Brand zu löschen, doch das geht inzwischen nicht mehr. Der Griff der Toilettentür ist so heiß, dass er ihn mit einem unterdrückten Schmerzensschrei wieder loslässt.

In diesem Moment sieht er, wie Stewardess Kayama ihm aufgeregt signalisiert, dass er zum Cockpit zurückkommen soll. Sofort eilt er wieder nach vorn, nicht ohne die Kabinencrew anzuweisen, auf gar keinen Fall die Tür des WCs zu öffnen. Um 19:07 Uhr erstattet er Bericht. Als er sieht, dass die Primärstromversorgung ausgefallen ist, meint er zu Cameron gewandt: „Ich finde die Situation besorgniserregend und schlage erneut vor, eine sofortige Notlandung durchzuführen." Er ist ganz offensichtlich der Vorsichtigste an Bord.

In diesem Sitzplan der DC-9 sind die Positionen der Verletzten und der Todesopfer eingezeichnet.

Wieder stimmt der Flugkapitän zu und gleichzeitig wird die Kabinencrew informiert, um die Passagiere entsprechend vorzubereiten. Schließlich ist auch ihm jetzt klar, dass sie ein gefährliches Feuer an Bord haben, das sie aber nicht bekämpfen können, weil sie nicht wissen, wo es sich befindet.

In diesem Moment fällt auch die zweite Stromversorgung aus. Weitere Anzeigen verabschieden sich, das Armaturenbrett sieht bald danach aus, als würde die Maschine im Hangar parken und nicht in 10.000 Metern Höhe einen Linienflug durchführen. Nach dem Umschalten auf Batterieversorgung kann ein Teil der Anzeigen zwar wiederbelebt werden, aber die Leuchtkraft ist ziemlich schwach.

Außerdem sind im Falle der Batterieversorgung immer nur einige der Instrumente wieder am Netz, um die Batterie möglichst lange arbeiten lassen zu können. So ist zum Beispiel nur eines von drei Fluglagesystemen in Funktion, der

Die DC-9 der Air Canada am Anfang ihrer Karriere noch mit dem alten Kennzeichen CF-TLU
Foto: Werner Fischdick

CVR (Stimmenaufzeichnung im Cockpit) und das gesamte Navigationssystem haben die Arbeit aber vollständig eingestellt.

Um 19:08 Uhr erklärt die Crew den Notfall und das international bekannte Notsignal „Mayday" zieht durch den Äther und lässt den Fluglotsen, falls er dies nicht ohnehin schon getan hat, mit vollster Konzentration die Dialoge mit der Air Canada DC-9 abwickeln. Auf seine Rückfrage, welcher Art der Notfall sei, teilt Cameron ihm mit: „Wir haben ein Feuer im Flugzeug, Rauch zieht durch die Maschine."

Nun kommt es auf jede Minute an, das weiß der Controller, denn ein Feuer in einem fliegenden Flugzeug ist immer gleichbedeutend mit einem Kampf gegen die allzu schnell verrinnenden Sekunden. Der Fluglotse weist die Crew an, den Notabstieg zum rund 70 Kilometer entfernten Flughafen von Cincinnati anzusteuern und lässt das Flugzeug zuerst einmal auf 1,5 Kilometer hinabsinken.

Cameron neigt die Maschine stark nach unten, fährt die Luftbremsen aus und bewirkt so einen schnellen, aber nicht zu schnellen Abstieg der Maschine. Mit etwa 575 km/h durcheilt die DC-9 fast 2 km Höhenunterschied in jeder Minute. Gut für die Rettung der Maschine, weniger gut für den beobachtenden Fluglotsen.

Das Transpondersignal wäre diesem Mann nunmehr eine große Hilfe, zeigt es doch so wichtige Daten wie die Geschwindigkeit und die Höhe der in Not befindlichen Maschine an. Da es jedoch nicht mehr ausgestrahlt wird, muss er sich auf seine Erfahrung verlassen und auf die richtige Einschätzung, wobei ihm lediglich der kleine Punkt auf dem Radarschirm helfen kann, der aus vielen anderen herausidentifiziert werden muss, eine sehr anstrengende Arbeit.

So ist nicht verwunderlich, dass bei der Übergabe an den Anfluglotsen ein Fehler passiert. Verwundert fragen sich die Piloten des in zehn Kilometern Höhe dahineilenden Fluges Nummer 382 der Continental Airlines, warum sie in diesem Moment die Freigabe für einen Notabstieg erhalten. Weiß der Fluglotse etwa mehr als sie? Das kann ja wohl nicht der Fall sein, oder? Ist es auch nicht.

Wenige Augenblicke später hat man den Irrtum durch gegenseitiges Abfragen aufgeklärt und Flug Nummer 382 kann beruhigt seine Reise fortsetzen. Jetzt wird die richtige Maschine angefunkt und der Controller teilt mit, dass die Rettungsmannschaften des Flughafens bereitstehen.

Das ist allerdings auch gut so und sehr beruhigend für die Cockpitcrew, denn die Situation an Bord wird zunehmend unangenehm. Da ist einerseits der nicht mehr zu übersehende Qualm, der durch die geöffnete Cockpittür bereits bis zu Quimet und Cameron vorgedrungen ist. Der Flugkapitän hat angeordnet, dass die Tür nicht geschlossen wird, um trotz der ausgefallenen Bordsprechanlage jederzeit Anweisungen an die Kabinencrew durchrufen zu können.

Jene drei dort hinten sind jetzt froh darüber, dass die Maschine so dünn besetzt ist. Auf diese Weise können sie sich etwas mehr Zeit lassen bei der Instruktion der Passagiere für das Verhalten in Notsituationen. Die sind auch entgegen sonstiger Gepflogenheiten derzeit intensiv und einmütig damit befasst, das in der Tasche vor dem Sitz befindliche Faltblatt zu studieren. Zwei kräftige Männer werden von der Kabinencrew an die Fensterausgänge gesetzt und ihnen wird ausführlich erläutert, wie man diese öffnet.

Die Rauchschutzbrille, die der Kommandant schon seit Längerem auf der Nase trägt, beschlägt laufend und besonders gut sehen kann man dadurch auch nicht, insbesondere deshalb, weil die lebenswichtigen Anzeigen nur noch bruchstückhaft auszumachen sind.

Die Männer müssen sich ständig nach vorn beugen, um überhaupt noch etwas erkennen zu können, das ihnen einen einigermaßen gefahrlosen Anflug ermöglicht. Im Gegensatz zu den Passagieren, die nur noch durch feuchte Handtücher atmen können, die die Kabinencrew verteilt hat, verfügen sie aber immerhin über Rauchmasken, sodass sie keine Atemnot haben.

Die halbblinde Crew der DC-9 wird mit ständigen Informationen des Anfluglotsen versorgt. Jede Kurve, jeden Höhenwechsel gibt er ausführlich und genauestens durch. Da heißt es zum Beispiel „Kurve nach links, weiter, weiter, weiter …. und Stop." Nur so kann die Crew sich einigermaßen gefahrlos durch die dichten Wolken nach unten bewegen, die Navigationssysteme liegen nach wie vor im Dunkeln.

Kurz darauf erkennt der Controller, dass die angeschlagene DC-9 zu hoch und zu schnell hereinkommt, um die Bahn 36 anzufliegen, die man wegen ihrer Länge favorisiert hat. Sofort informiert er Cameron und weist ihn in eine Kurve, die ihn danach in einer perfekten Höhe auf die Bahn 27L führen wird. Auch die bereits an der Bahn 36 positionierte Feuerwehr wird umgehend an die richtige Stelle beordert.

Kurz darauf hat C-FTLU in 750 Metern Höhe endlich die Wolkenunterkante durchstoßen und die Crew kann den Flughafen schemenhaft erkennen. Der Fluglotse schaltet auf Wunsch von Cameron trotz des noch vorhandenen Tageslichts die Landebahnbeleuchtung ein und dreht den Stärkeregler bis zum Anschlag. Hell leuchten nun die Lampen und das erleichtert die Situation von Cameron und Quimet bedeutend.

Cameron bestätigt, dass die Landebahn gesichtet ist und auch der Fluglotse teilt ihnen mit, dass sie die Maschine jetzt in etwa 12 Kilometern Entfernung erkennen können. Auf die Frage des Fluglotsen nach der Anzahl der Insassen allerdings gibt der voll ausgelastete Pilot nur kurz die Antwort: „Keine Zeit, hier verschlechtert sich die Lage zusehends."

Das ist allerdings auch keine Übertreibung, denn viel schlimmer kann die Situation kaum werden. Viele Passagiere sind inzwischen mit einer schwarzen Rußschicht überzogen, sie atmen trotz der feuchten Tücher schwer, das Faltblatt kann durch den Rauch nicht mehr studiert werden und auch die Hitze beginnt allmählich die Grenzen des Erträglichen zu erreichen.

Einige haben sich tief hinab gebeugt, um dort besser atmen zu können. Ein Insasse kniet

Informationen über diese Air Canada Maschine			
Kennzeichen	C-FTLU		
Fluggesellschaft	Air Canada		
Flugnummer	AC797		
Typ	McDonnell Douglas DC-9-32		
Seriennummer	47196		
Fabrikationsnummer	288		
Erstflug	08.03.1968		
Außenmaße	Länge	36,37 m	
	Spannweite	28,47 m	
	Höhe	8,38 m	
Triebwerke	2x Pratt & Whitney JT8D-7A		
Leistung max.	2x 6.350 kp		
Startgewicht max.	48.988 kg		
Anzahl Passagiere	102		
Dienstgipfelhöhe	11.900 m		
Reichweite max.	2.600 km		
Geschwindigkeit max.	907 km/h		
Anzahl gebaut	337 (DC-9-32); 2.286 (DC-9 / MD-80 gesamt)		
Unfalltag	02.06.1983		
Insassen (Unfalltag)	Insgesamt (davon 5 Crew)	46	
	Tote (davon 0 Crew)	23	
	Verletzte (davon 5 Crew)	23	
	Unverletzt	0	

im Mittelgang, weil dort am Boden die Luft noch am ehesten zum Einatmen taugt. Die beiden Stewardessen sind immer noch bemüht, feuchte Handtücher an die Passagiere weiterzureichen, die noch nicht über diese Hilfen verfügen und durch Servietten, Jacken oder Papiertücher atmen müssen.

Jetzt werden Klappen und Fahrwerk ausgefahren, glücklicherweise ohne jede Problematik. Ruhig gleitet die DC-9 mit 260 km/h der Landebahn entgegen. Als Cameron eine Bewegung hinter sich sieht, ruft er: „Hinsetzen!" und schließlich, begleitet von einem krächzenden Seufzer der Erleichterung einiger der gestressten Passagiere landet die DC-9 um 19:20 Uhr rund 30 Minuten nach dem ersten Anzeichen eines Problems an Bord sicher auf der langen Betonbahn.

Sofort bremsen die beiden Männer mit aller Kraft, mehrere Reifen platzen unter der Belastung, da das ABS nicht mehr aktivierbar ist. Aber immerhin kommt das Flugzeug auch ohne die Gummis auf rotglühenden Felgen schon bald zum Stehen. Unmittelbar darauf beginnt die Feuerwehr, den Rumpf von außen mit Schaum und Wasser einzudecken und zu kühlen. Das ist auch bitter notwendig, denn inzwischen brennt das gesamte Flugzeug hinter den Verkleidungen, ohne dass die Piloten sich dessen bewusst sind, weil immer noch keine Flammen zu sehen sind.

Über mehr als eine Viertelstunde haben die Passagiere den giftigen Rauch einatmen müssen, als die Evakuierung beginnt. Trotz der erschreckenden Situation sind alle äußerlich ruhig geblieben, erstaunlich und selten genug. Aber es ist kein Wunder, dass sechs von ihnen sich schon gar nicht mehr bewegen können, als es endlich zu den Notausgängen gehen soll, haben sie doch schon reichlich Kohlenmonoxyd eingeatmet, das auch durch feuchte Tücher seinen Weg in die Lunge findet.

Wenige Zentimeter über dem Kabinenboden kann man die Hand nicht mehr vor Augen sehen, so dicht ist der Rauch inzwischen geworden. Die Kabinencrew hat bereits die Notausgänge geöffnet, kann aber nicht in die Kabine hineinrufen, dass die Passagiere zu ihnen eilen sollen. Sie bekommen samt und sonders kaum einen klaren Ton mehr heraus, der inhalierte Rauch hat die Stimmbänder untauglich gemacht.

Allerdings hatte man die Insassen während des Anfluges genauestens instruiert, wie sie die DC-9 nach der Landung verlassen sollten. So öffnen zwei Passagiere die Notausgänge über den Tragflächen und hier können immerhin elf Insassen das Flugzeug lebend verlassen. Nur dreißig Sekunden lang ist dies möglich, eine sehr kurze Zeit. Danach erscheint kein weiteres verrußtes Gesicht im Notfenster über den Tragflächen.

Nur sieben Insassen können in dem dichten Rauch rechtzeitig den Weg nach vorn zu den seitlichen Türen finden, ausnahmslos diejenigen, die in den ersten Reihen gesessen hatten. Als keiner mehr kommt, unternehmen die beiden Piloten einen Versuch, nach den fehlenden Passagieren Ausschau zu halten. Der erweist sich als fruchtlos, sie würden ihr eigenes Leben aufs Spiel setzen, wenn sie in dieser Situation weiter in den Kabinenraum vordringen würden.

Einige der Reisenden, die in der Mitte gesessen hatten, versuchen sich durch den dicken Qualm nach hinten durchzuarbeiten. Die Beleuchtung ist komplett ausgefallen, auch die „EXIT" Schilder sind nicht mehr erkennbar. So schleppen sie sich hustend und würgend an den rettenden Fensterausstiegen vorbei nach hinten, wo sie schließlich im Gang zusammenbrechen.

Den Rest besorgt das Feuer, dass angefacht durch den Sauerstoff, der nun ungehindert durch viele Öffnungen in den Innenraum eindringen kann, 70 Sekunden nach der Notlandung heftig und nun endlich auch sichtbar auflodert. Wegen der Hitze muss das an den Türen stehende Kabinenpersonal schließlich auch das Flugzeug verlassen und die beiden Piloten hangeln sich am Notseil aus dem Cockpitfenster.

Unglückliche Umstände haben verursacht, dass die Asbestanzüge der Feuerwehrleute nicht mit den Rauchmasken verbunden werden können, sie passen einfach nicht aufeinander. So müssen die Rettungsleute sich über einen langen Zeitraum darauf beschränken, die Maschine von außen zu kühlen. Viel bringt das nicht, denn erst nach dreißig Minuten kann der Brand gelöscht werden und dreiundzwanzig Menschen haben im Innern der DC-9 den Tod gefunden. Nur wenige Minuten des Zögerns hatten bedeutet, dass diese dreiundzwanzig den Kampf um das Leben verloren hatten.

Die Betrachtung der Zeit hat in dem Untersuchungsbericht einigen Raum eingenommen. Einerseits stand bald nach dem Beginn der Recherchen fest, dass bei einer fünf Minuten eher erfolgten Landung alle Menschen mit hoher Wahrscheinlichkeit überlebt hätten. Andererseits ließ sich aber auch feststellen, dass niemand überlebt hätte, wenn die Crew das Flugzeug fünf Minuten später in den Sinkflug gebracht hätte.

Spätere Untersuchungen der Aufzeichnungen der DC-9 ergaben keinen Anhaltspunkt für einen Fehler der Toilettenspülung. Nie wurde

Folgende Quellen wurden ausgewertet

- Barley,Stephen: The Final Call; SS.135ff + 382
- Bordoni,Antonio: Airlife's Register of Aircraft Accidents; S.206
- Chandler,Jerome: Fire and Rain; S.144
- Denham,Terry: World Directory of Airliner Crashes; S.166
- Forman,Patrick: Flying into Danger; S.185
- Grayson,David: Terror in the Skies; S.153ff
- Haine,Edgar A.: Disaster in the Air; S.63f
- Hawkins,F.H.: Human Factors in Flight; SS.268 + 274
- Hengi,B.I.: Crash - Flugzeugunfälle 1945 bis heute; S.165
- Hubert,Ronan: Les Catastrophes Aeriennes de 1920 a 1996; S.395
- Job,Macarthur: Air Disaster Volume 2; S.120ff
- Klee,Ulrich: JP Airline Fleets International 1983
- Stamford Krause,Shari: Aircraft Safety; S.351ff
- MacPherson,Malcolm: On a Wing and a Prayer; S.49ff
- Moser,Sepp: Wie sicher ist Fliegen?; S.153
- Nader,Ralph u.a.: Collision Course; S.183
- Oster,Clinton: Why Airplanes Crash; SS.10 + 63
- Richter,Jan-Arwed: Feuer an Bord; S.48
- Richter,Jan-Arwed: Jet-Airliner-Unfälle; S.297ff
- Richter,Jan-Arwed: Mayday; S.105
- Roach.J.R.: Jet Airliner Production List; Volume 2; S.257
- Srivastava,Bimal: Aviation Terrorism; S.138
- Taylor,Laurie: Air Travel - How Safe is it; SS.72f + 129
- Weir,Andrew: The Tombstone Imperative; SS.92 + 138
- Wells,Alexander: Commercial Aviation Safety; S.213f
- Winslow,John: Mayday; S.96ff
- Unfallberichte: NTSB AAR-83-09 + AAR-86-02 + AAR-80-13

auch nur das Geringste an diesem Teil des Flugzeugs beanstandet. Hinter der Verkleidung jedoch wurde man bald fündig. Das Feuer hatte verborgen von der Wandabdeckung zwischen dieser und der Außenhaut der Maschine seinen Anfang genommen. Das war der Grund dafür gewesen, dass es so spät als Bedrohung wahrgenommen wurde. Die Ursache für das Feuer wurde jedoch trotz intensivster Bemühungen nicht gefunden.

Schnell wurde den Piloten die Hauptschuld an dem Desaster zugeschoben, sie hätten die Maschine viel eher zu einer Notlandung bringen müssen. Aber das war nur ein Teil der Wahrheit, denn die Ausrüstung der Männer, insbesondere die unbrauchbaren Rauchmasken, hatte ebenso zu dem Unglück beigetragen, wie die unzureichende Ausbildung der Besatzung.

Es steht allerdings außer Zweifel, dass der Flugkapitän ungewöhnlich gelassen auf die Rauchentwicklung unbekannter Herkunft reagiert hatte. Heutzutage würde jeder Pilot sofort einen Notabstieg einleiten, wenn er eine vergleichbare Situation in seinem Flugzeug hätte.

Direkt nach dem Unfall wurden wieder Gesetze und Vorschriften erlassen, die eigentlich schon längst hätten Normalität sein müssen. So wurden Rauchmelder im WC vorgeschrieben und eine Vorschrift zwang die Fluggesellschaften dazu, ihr Personal intensiver mit dem Thema Brandbekämpfung vertraut zu machen.

Trotz alledem mussten noch viele, unnötig viele Menschen sterben, bis schließlich auch eines der schlimmsten Kapitel erledigt werden konnte: Die leichte Brennbarkeit der Polster sowie der giftige Rauch, der sich bei einem Brand der Bezüge entwickelte, wurden nach wie vor ignoriert. Feuerfeste Materialien waren einfach zu teuer. So kam es kurz darauf wieder zu einer Katastrophe, die so fürchterlich war, dass endlich Abhilfe geschaffen werden musste (siehe Kapitel 22 „Motorexplosion beim Start").

Air Canada jedoch hatte die Lektion begriffen und reagierte schnell. Bereits ein Jahr nach dem Unfall hatte die Airline alle 17.500 Sitze ihrer gesamten Flotte mit neuen, feuerhemmenden Bezügen ausgestattet, die in einem hoffentlich nie auftretenden Wiederholungsfall wesentlich bessere Überlebenschancen bieten würden.

Pioniere haben 10
es nicht leicht

Die Italia kurz vor ihrem Start zum Nordpol
Foto: picture-alliance / maxppp

Im Jahre 1927 beschließt die italienische Regierung, ein Luftschiff unter Führung des Generals Umberto Nobile zum Nordpol zu entsenden. Dieser unwirtliche Ort ist noch weitgehend unerforscht und es soll sogar eine spektakuläre Landung mit dem zerbrechlichen Fluggerät vorgenommen werden. Nebenbei sollen die nördlichen Küsten Kanadas und Grönlands aus der Luft kartografiert werden, ein wahrhaft mutiges Unterfangen, wenn man sich die klimatischen Bedingungen dort oben einmal vor Augen führt.

Die Stadt Mailand stellt die für damalige Zeiten ungeheure Summe von 3,5 Millionen Lire für das Unternehmen zur Verfügung und das italienische Luftfahrtministerium steuert das Luftschiff „Italia" zu dem mutigen Unternehmen bei.

Die Planungen unter Federführung der Königlich Geografischen Gesellschaft gehen denn auch zügig voran und am 19. März 1928 bereits fährt das Luftschiff von Rom nach Mailand, wo es jubelnd begrüßt wird. Ballone und Luftschiffe „fahren" übrigens deshalb, weil zur Zeit der Erfindung im 18. Jahrhundert eben alles fuhr und nicht flog und man sich an den Begriff des „Fliegens" im Zusammenhang mit Menschen noch nicht gewöhnen konnte.

Während die Mannschaft der „Italia" noch letzte Vorbereitungen trifft, laufen zwei wohlausgerüstete Hilfsschiffe, die „Citta di Milano" und die „Hobby" aus und dampfen schon einmal nach Norden, zur Kings Bay, wo sie zur Unterstützung der mutigen Luftfahrer und zu Nachschubzwecken stationiert werden sollen.

In der Nacht vom 14. auf den 15. April ist es endlich soweit. Die „Italia" hebt gegen zwei Uhr morgens fast lautlos in Mailand ab, begleitet von den guten Wünschen tausender Landsleute, die es sich nicht haben nehmen lassen, der Abfahrt trotz der frühen Stunde beizuwohnen. Schon am 6. Mai erreicht das Luftschiff nach zwei Zwischenlandungen in Stolp, Pommern (dem heutigen Slupsk) und Vadsö in Norwegen sein Etappenziel Kings Bay. Die reine Fahrzeit betrug nur 76 Stunden.

Ohne besondere Vorkommnisse werden die vorgesehenen Forschungsfahrten nach Sibirien durchgeführt, erfolgreich werden die weithin unbewohnten Gebiete erforscht und vermessen. Dann, am 23. Mai 1928, ist es endlich soweit, der große Tag für die Nordpolfahrt ist angebrochen. Pater Gianfrancheschi segnet die „Italia" ein letztes Mal und um 4:28 Uhr entschwindet sie mit sechzehn Mann an Bord allmählich den Blicken der Zuschauer. Ihre Besatzung besteht (in alphabetischer Reihenfolge) aus:
- Geograf Prof. Dr. Renato Alessandrini
- Unteroffizier Ettore Arduino
- dem tschechischen Physiker Dr. Frantisek Behounek
- Funker Sergeant Biagi
- Mechaniker Attilio Caratti
- Techniker Cecioni
- Mechaniker Calisto Cioka
- Meteorologe und Navigator Dr. Finn Malmgren aus Schweden

- Major Mariano
- General Umberto Nobile
- Journalist Dr. Ugo Lago
- Chefmechaniker Vincenzo Pomella
- Physiker und Theologe Prof. Dr. Aldo Pontremoli
- Ingenieur Trojani
- Navigationsoffizier Leutnant Viglieri
- sowie Navigationsoffizier Hauptmann Zappi

Neun Tonnen Treibstoff und weitere sieben Tonnen Fracht hat man an Bord genommen. Der Treibstoff soll für etwa 100 Stunden Fahrzeit reichen, er ist reichlich bemessen. Und schließlich nimmt man auch noch Nobiles Lieblingshund, den Foxterrier „Titina", mit auf die Reise.

Der hier oben nur selten wohlgesonnene Wettergott hat seinen guten Tag und beschert den mutigen Luftfahrern einen weithin klaren Himmel sowie Rückenwind, sodass sie sehr zügig vorankommen. Schon am 24. Mai um 0:20 Uhr erreicht ein Funkspruch die „Citta di Milano". Man hat die 1.425 Kilometer lange Strecke in nie für möglich gehaltener Rekordzeit nach nur 18 Stunden und 19 Minuten Fahrzeit hinter sich gebracht und schwebt nun direkt über dem Nordpol.

Eine Kleinigkeit trübt allerdings die bewundernswerte Leistung, denn aufgrund der Wetterverhältnisse ist es mittlerweile nicht empfehlenswert, mit der „Italia" zu landen. Der Wind hat stetig aufgefrischt und so beschränken sich die Luftfahrer darauf, die mitgebrachten Gegenstände abzuwerfen: ein von Papst Pius dem XII. überreichtes großes Kreuz, ein Wappen der Stadt Mailand, ein Medaillon mit der Jungfrau Maria und die obligatorische Flagge Italiens schweben entsprechend ihrer unterschiedlichen Masse mehr oder weniger sanft zu Boden.

Die Presse der halben Welt ist vor Ort in der Kings Bay und sorgt für eine schnelle Verbreitung von der gelungenen Pioniertat. Rund um den Globus wird gemeinsam gejubelt, allen voran natürlich die traditionell emotionsgeladenen Italiener. Begeisterung über die mutigen Männer macht sich allenthalben breit. Niemand ahnt, dass das Glück, das die Mannschaft in der „Italia" seit dem Start in Mailand ununterbrochen und zuverlässig schützte, sich nun bald abwenden wird.

Es beginnt alles mit einer verhängnisvollen Fehlentscheidung. Navigator Malmgren gibt sein OK für den Rückflug zur Kings Bay, man hatte sich offenbar nicht darauf einigen können, nach Amerika weiterzufahren. So muss das Luftschiff nunmehr gegen den ständig an Stärke zunehmenden Sturm ankämpfen. Die Motoren der Zwanzigerjahre sind aber nicht mit heutigen Triebwerken zu vergleichen, viel zu schwach für so ein Unterfangen und unter den herrschenden widrigen Bedingungen krass unterdimensioniert.

Während sich die „Italia" gegen den Schneesturm anstemmt, sammeln sich nach und nach immer mehr Eis und Schnee auf der Hülle des Luftschiffes, wodurch auch das Gewicht kontinuierlich ansteigt. Dann bricht auch noch die Höhenflosse. Es gelingt der Mannschaft allerdings, sie in einer waghalsigen Aktion notdürftig zu reparieren.

Es ist bereits der 25. Mai, als Nobile einen Funkspruch absetzen lässt, in dem er der Außenwelt nichts von den Schwierigkeiten mitteilt. Lediglich der Sturm wird beschrieben,

aber die bedrohliche Lage des Luftschiffs merkwürdigerweise mit keiner Silbe erwähnt. Es ist dies der letzte Funkspruch, den die „Citta di Milano" erhält. Danach scheitern alle Versuche, die „Italia" zu erreichen. Was mag mit dem Luftschiff passiert sein?

Die Hülle der „Italia" ist dick mit Eis und Schnee beladen und auch das Höhenruder ist erneut verklemmt, diesmal ist es Eis, das sich zwischen die beweglichen Teile gesetzt hat. Das Luftschiff sinkt nun immer schneller. Als schließlich noch Gas aus der Hülle austritt, informiert die Mannschaft Nobile, dass sie sich außerstande sieht, das Luftschiff aus seiner Abwärtsbewegung heraus abzufangen.

Der hat die ausweglose Situation auch bereits erkannt, denn das Luftschiff ist kaum noch zu bändigen, wird wie ein federleichtes Bällchen hin- und her- und auf- und abgerissen. Angst breitet sich unter der Mannschaft aus, denn eines sehen die Sechzehn an Bord nun ganz deutlich: Wenn nicht ein Wunder geschieht, wird das Schicksal der „Italia" binnen Kurzem besiegelt sein.

Das Ende kommt dennoch überraschend rasch und hart, denn die „Italia" wird von den Böen zunehmend schneller nach unten gedrückt. Zwar sind die sechzehn Männer an Bord darauf vorbereitet, aber sie konnten wohl kaum ahnen, dass das Luftschiff mit derart ungeheurer Wucht auf das Eis aufschlägt. Die Führergondel wird unter der Gewalt des heftigen Aufpralls vollständig abgerissen, zerbirst und schleudert alle zehn Insassen über das Eis. Behounek, Biagi, Mariano, Nobile, Trojani, Viglieri und Zappi haben Glück, sie haben nur Kratzer und Prellungen abbekommen.

Schlimmer hat es Cecioni mit einem doppelten Beinbruch und Dr. Malmgren getroffen, der sich den Arm gebrochen hat. Besonders heftig und unglücklich ist Vincenzo Pomella aufgeschlagen, er erliegt kurz darauf seinen schweren Verletzungen und findet im Eis seine letzte Ruhestätte.

Aber auch das ist noch nicht die größte Katastrophe, denn die „Italia", befreit von der Last einer der Gondeln, wird sofort wieder in die Höhe gerissen und entschwindet mit Alessandrini, Ardunio, Caratti, Cioka, Pontremoli und

Informationen über dieses Luftschiff		
Kennzeichen	„Italia"	
Fluggesellschaft	Königlich Geografische Gesellschaft	
Flugnummer	-	
Typ	N4	
Seriennummer	-	
Fabrikationsnummer	-	
Erstflug	19.03.1928	
Außenmaße	Länge	115 m
	Höhe	19,5 m
Volumen	18.500 cbm	
Triebwerke	3x Maybach Mb IVa	
Leistung	3x 180 kW	
Max. Nutzlast	knapp 10.000 kg	
Anzahl Insassen	16	
Dienstgipfelhöhe	?	
Max. Reichweite	ca. 5.000 km (abhängig vom Wetter)	
Max. Geschwindigkeit	120 km/h	
Anzahl gebaut	1	
Unfalltag	25.05.1928	
Insassen (Unfalltag)	Insgesamt	16
	Tote	8
	Verletzte	8
	Unverletzt	0

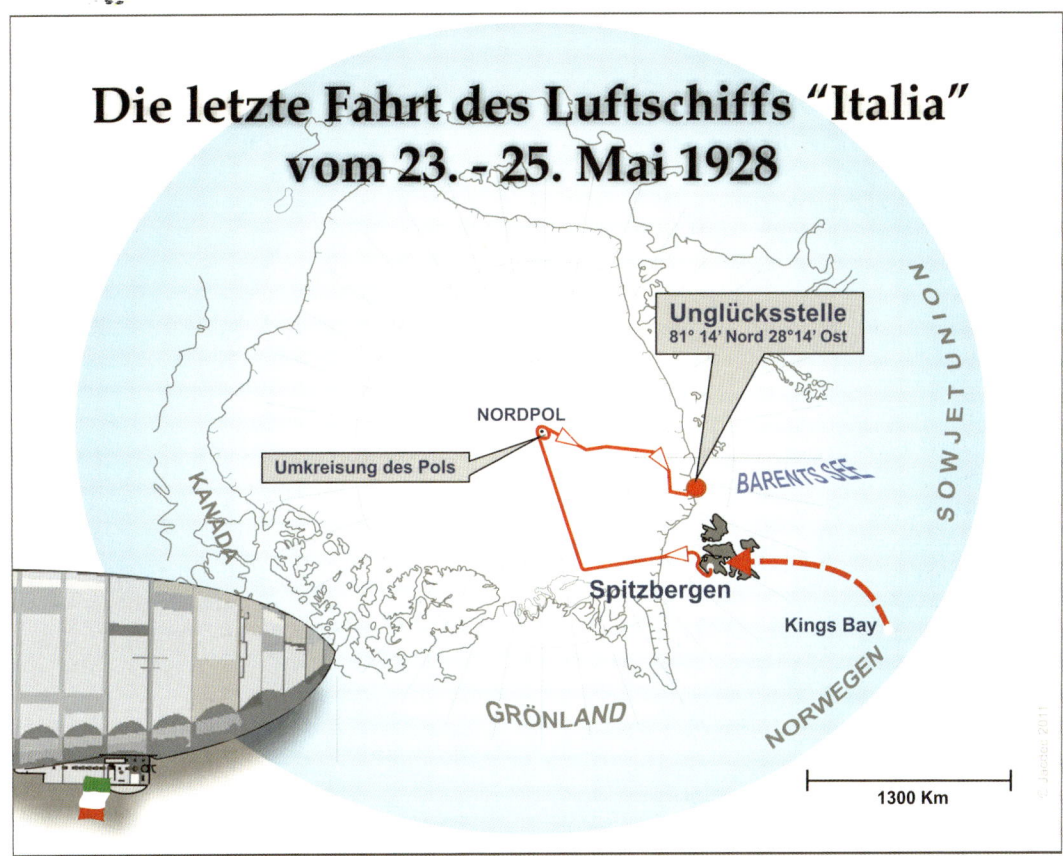

**Die letzte Fahrt des Luftschiffs "Italia"
vom 23. - 25. Mai 1928**

Unglücksstelle
81° 14' Nord 28°14' Ost

NORDPOL

Umkreisung des Pols

BARENTS SEE

SOWJET UNION

KANADA

Spitzbergen

Kings Bay

NORWEGEN

GRÖNLAND

1300 Km

Ugo Lago steuer- und antriebslos in Windeseile im Schneesturm und aus dem Blickfeld der Gestrandeten.

Wenig später wird in nicht abschätzbarer Ferne ein greller Blitz sichtbar und kurz darauf hören die Männer auf dem Eis eine heftige Detonation. Das ist alles. Nie wieder hat man von den sechs in der „Italia" mitgerissenen Menschen und dem Luftschiff auch nur ein winziges Teil gefunden. Bis heute hat die Arktis damit eines der großen Geheimnisse des 20. Jahrhunderts bewahrt.

Nur 350 Kilometer von Kings Bay entfernt sind die neun Überlebenden auf einer 250 x 325 Meter großen Eisscholle gestrandet. Das aber werden sie erst nach vielen Wochen erfahren. Nun gilt es, zu retten, was zu retten ist. Viel ist das nicht, aber 160 Kilogramm Lebensmittel, ein tragbarer Notsender, ein Zelt und einige Ausrüstungsgegenstände können eingesam-

melt werden. Und ein Topf mit roter Farbe. Rote Farbe? Super, denn damit wird unmittelbar nach beendeter Sammelaktion das weiße Zelt eingefärbt, um dadurch für Suchflugzeuge besser auffindbar zu sein.

Die erste Nacht ist furchtbar. Alle trauern um die verlorenen Kameraden, sie frieren und niemand schläft so richtig. Der nächste Morgen aber beschert ihnen 200 Kilogramm zusätzliche Nahrung in Form eines ahnungslosen Eisbären, der vermutlich noch nie einen Menschen sah, in jedem Fall aber keine Feinde kennt. Als er sich die Männer einmal aus der Nähe ansehen möchte, muss er seine Neugier mit dem Leben bezahlen. Mit einem wohlgezielten Schuss aus seinem schweren Colt streckt Dr. Malmgren das Tier nieder, eine willkommene Verdoppelung der Lebensmittelvorräte.

Biagi funkt mit dem Notsender seine Hilferufe in den Äther, so oft er kann. Er bekommt keine Antwort, das schwach sendende Gerät wird wohl nicht gehört. Dafür erfährt er aber von den Vorbereitungen zur Suchaktion, was ihn allerdings wenig begeistert, denn man scheint sich auf den Weg in eine völlig andere Gegend einzustellen.

Am 28. Mai läuft endlich die „Citta di Milano" aus der Kings Bay aus und beginnt auf nördlichem Kurs mit der Suche nach den Verschollenen, von denen man in der Außenwelt seit dem letzten Funkspruch vor drei Tagen kein Lebenszeichen mehr gehört hat. Einer der Gründe ist die Tatsache, dass alle Welt wie wild Funksprüche hin- und hersendet, wobei sich insbesondere Hunderte von Zeitungsreportern hervortun. Der Äther quillt über vor lauter Funksprüchen. Die Funkstation des Suchschiffes ist Tag und Nacht buchstäblich blockiert.

Die neun Männer auf der Eisscholle sehen immer, wenn der Dunst sich ein wenig hebt, hochaufragende Berge in der Ferne. Da muss Land sein, ist es auch, denn später erfahren sie, dass sie in der Nähe der Inseln Broc und Foyn trieben. Nachdem sich auch am 5. Tag nichts ereignet, was eine baldige Rettung wahrscheinlich erscheinen lässt, machen sich Mariano und Zappi an diesem 30. Mai zu Fuß auf den Weg, um das ferne Land zu erreichen und Hilfe zu holen.

Schweren Herzens stimmt Nobile schließlich zu, dass auch der verletzte Dr. Malmgren mitgeht. Nobile hält dies für keine gute Idee, aber Malmgren ist sicher, dass er als Einziger

Lundborg wird nach der mißglückten Landung der Fokker beim roten Zelt selbst ein Gefangener des Eises. Foto: unbekannt

über die Erfahrungen verfügt, die man in diesen Breiten benötigt, um ein gesuchtes Ziel zu erreichen. Das ist nachvollziehbar, und so nehmen die drei Männer Nahrung für 45 Tage, ein Beil, zwei Messer, einen Kompass und ein Fernglas mit. Die Trennung fällt schwer und zieht sich in die Länge, aber alle sind zumindest einig, dass das tatenlose Warten auf der Eisscholle schwer zu ertragen ist und eine Rettung nur zufällig sein kann.

Noch einmal vergehen vier Tage, bis am 3. Juni der Funkamateur Nikolai Schmidt in Archangelsk endlich den folgenden Notruf auffängt: „SOS Italia – Luftschiff verunglückt – auf dem Packeis nordöstlich von Spitzbergen – können uns nicht fortbewegen, da zwei Verletzte". Nun endlich wird der Außenwelt bekannt, dass es doch Überlebende gibt und eine der größten Hilfsaktionen in der Geschichte der Menschheit läuft an, nachdem am 7. Juni auch zwei Funkamateure in Philadelphia und Pennsylvania unabhängig voneinander die Position der Verschollenen ausmachen können.

Rund 400 Kilometer nördlich von Spitzbergen auf 84 Grad 15 Minuten 10 Sekunden nördliche Breite sowie 15 Grad 20 Minuten 40 Sekunden östliche Länge befinden sich die Gestrandeten. Nun klappt es auch mit der Funkverbindung zur „Citta di Milano" und aus aller Herren Länder schließen sich Flugzeuge und Schiffe der Suchaktion an:

- 4 Flugzeuge aus Norwegen
- 7 Flugzeuge aus Schweden
- 1 Flugzeug aus Finnland
- 2 Flugzeuge aus der UdSSR, die mit den Eisbrechern „Krassin" und „Malygin" zusammen operieren
- 8 Flugzeuge aus Italien
- 1 Latham Wasserflugzeug aus Frankreich mit 5.000 km Reichweite

Man hatte damals allerdings noch nicht die guten Koordinationsmöglichkeiten wie heute. Auch wollte jede Nation für sich in Anspruch nehmen können, die Überlebenden aufgespürt zu haben, sportlich zwar, aber unter den gegebenen Umständen nicht nachvollziehbar einfältig. So nimmt es nicht Wunder, dass die treibende Eisscholle weitere zwei Wochen nicht gefunden wird.

Rettung der Schiffbrüchigen der Nobile-Expedition durch Eisbrecher   Foto: picture alliance

Als es immer länger dauert, beschließt auch der berühmte norwegische Polarforscher Roald Amundsen seine alles übersteigenden Kenntnisse der Polargegend in die Waagschale zu werfen, obwohl Nobile und er sich eigentlich nicht ausstehen können. Aber zugunsten einer möglichen Rettung des Verschollenen wirft Amundsen seine Animosität über Bord und geht am 18. Juni mit dem Latham Flugboot auf die Suche.

Der norwegische Nationalheld hat seine Entscheidung mit dem Tode bezahlen müssen. Die Latham wird ab dem 19. Juni als vermisst gemeldet und niemals wurden Roald Amundsen oder eines der anderen vier Besatzungsmitglieder des großen Flugbootes gefunden. Das gleiche Schicksal erleidet ein weiteres Suchflugzeug, eine Junkers F13, die von dem Eisbrecher „Malygin" aus gestartet war. Sie gilt bis heute ebenfalls als vermisst.

Dann, am 20. Juni wird 400 Kilometer von Kings Bay entfernt endlich das rote Zelt von dem italienischen Flugboot unter dem bekannten Fliegermajor Maddalena gefunden. Das Flugboot kann zwar wegen der vielen Eisschollen nicht zur Rettung niedergehen, aber es gelingt, einige notwendige Ausrüstungsgegenstände abzuwerfen. So verfügen die Männer auf der langsam kleiner werdenden Eisscholle kurz darauf über warme Pelzmäntel und -stiefel, neue Akkus für das Funkgerät, Waffen, Zigaretten, 300 Kilogramm Essensvorräte und wunderschöne, warme Pelzschlafsäcke.

Jetzt, da man genau weiß, wo sich die Vermissten befinden, konzentriert sich die Suche auf Roald Amundsens Latham Flugboot. Ein Erfolg ist aber nicht beschieden. In norwegischen Gewässern wird erst viel später im August ein Schwimmer entdeckt, den man dem Flugzeug zuordnen könnte. Aber Gewissheit besteht erst am 18. Oktober 1928, als ein Fischer den eindeutig gekennzeichneten Benzintank der Latham aus dem Atlantik fischt.

Am 23. Juni gelingt es den beiden norwegischen Piloten Lundborg und Schyberg mit einer fliegerischen Meisterleistung ihren mit Kufen versehenen Fokker Doppeldecker in der Nähe des roten Zeltes auf der Eisscholle heil herunterzubringen. Dort finden sie graugesichtig und mit eingefallenen Wangen einen Mann, den sie kaum als den einst blendend aussehenden General Nobile erkennen können. Alle sind sich des historischen Augenblickes bewusst und reichlich fließen die Tränen – auf beiden Seiten.

Der Leiter der schwedischen Expedition hat unmissverständlich klar gemacht, dass Nobile als Erster herausgeflogen werden soll. Ihn braucht der Schwede dringend wegen seiner Kenntnisse der Expedition, um nun gezielter nach den drei anderen Vermissten suchen zu können. Nobile weigert sich zunächst, weil er als Letzter gehen möchte, beugt sich dann aber unter Protest den nicht nachgebenden Fliegern, als Lundborg verspricht, noch am selben Tage ein zweites Mal zu fliegen.

Um 23:20 Uhr steigt die Maschine in den taghellen Nordpolarhimmel auf und landet bald darauf im schwedischen Lager in der Murchisonbucht. Sofort wendet Lundborg die Maschine, tankt sie auf und hebt wie versprochen zu einem zweiten Flug zur Eisscholle ab. Diesmal aber geht es nicht so gut ab, das kleine Flugzeug macht an einem Hindernis im Eis Kopfstand und der glücklicherweise unverletzte Lundborg muss erst einmal das Los der Gestrandeten auf der Eisscholle teilen.

Das dauert ein wenig, denn die Schweden müssen nun ein anderes Flugzeug auf Schneekufen umrüsten. Als dies geschehen ist, hat Nebel die Gegend in dicke Watte eingehüllt, ein Flug ist unter diesen Umständen keinesfalls möglich, auch wenn Eile geboten ist. Das Eis nämlich gerät zunehmend in Bewegung, schmilzt langsam, wird dünner und bricht an den Kanten ab. Die Scholle wird kleiner, bald wird sie zum Landen zu klein sein.

Am 6. Juli lichtet sich der Nebel kurz, eine Gelegenheit, die Schyberg sofort nutzt, um Lundborg zu holen. Danach jedoch zieht sich der Himmel wieder zu, Nebel, schon wieder, es ist zum Verrücktwerden! Nun konzentriert sich die Hoffnung erneut auf den größten Eisbrecher der Welt, die „Krassin". Unermüdlich stampft der Dampfer auf der Suche nach der richtigen Eisscholle durch das Treibeis. Ein schwieriges Unterfangen ist das, denn der Funkverkehr ist erneut unterbrochen und die Scholle mit den Gestrandeten driftet.

Am 10. Juli ist dann endlich einmal wieder ein Freudentag angesagt. Durch einen unglaublichen Zufall sichtet das kleine Begleitflugzeug des Eisbrechers Mariano und Zappi auf einer nur 80 Quadratmeter kleinen Eisscholle. Der „Krassin" gelingt es, sich durchzukämpfen und als die beiden völlig erschöpften Männer am 10. Juli an

Bord genommen werden können, stammeln sie nur: „Essen, Essen!", denn seit 13 Tagen sind ihre Lebensmittelvorräte aufgebraucht.

Einige Tage zuvor mussten die beiden den sterbenden Dr. Malmgren allein zurücklassen. Der hatte sie darum gebeten, weil er zu schwach geworden war und spürte, dass er mit seinem gebrochenen und schrecklich schmerzenden Arm nur Ballast für Mariano und Zappi sein würde. Alles hatte der tapfere Mann den beiden anderen mitgegeben, sogar seinen Pelzmantel. Sein Leichnam wurde bei einem Überflug kurz gesichtet, konnte aber nicht mehr geborgen werden.

Einen Tag später, am 11. Juli, endet schließlich nach fast sieben Wochen die Odyssee der restlichen Männer, als es der „Krassin" trotz sich rapide verschlechterndem Wetter gelingt, die Eisscholle mit den Überlebenden zu finden und die Männer zu bergen.

Nachzutragen bleibt noch, dass Nobile von der Presse völlig zu Unrecht als Feigling hingestellt wurde, der seine Leute in der Not zurückließ. Ein Kriegsgericht entschied wenig später, er habe sein Land entehrt und erkannte ihm Generalsrang und Pensionsansprüche ab. Verbittert ging er in das Ausland, zuerst in die Sowjetunion und später als Berater für den Luftschiffbau in die USA.

Zu guter Letzt aber, als Italien 1936 in den Abessinienkrieg eintrat und im Luftschiffbau erfahrene Männer gesucht wurden, entsann Mussolini sich auf wundersame Weise plötzlich des geschassten Helden und holte ihn nach Italien zurück. Er erfuhr Genugtuung und starb am 30. Juli 1978 im hohen Alter von 93 Jahren.

Folgende Quellen wurden ausgewertet

- Ege,Lennart: Ballons und Luftschiffe; Zürich 1973; S.192ff
- Hardwick,John Michael: The World's Greatest Air Mysteries; S.162ff
- Meyer,Peter: Das große Luftschiffbuch; S.122
- Supf,Dr.Peter (Hrsg.): Fliegergeschichten; Bd. 66; München 1956
- Darüber hinaus habe ich unzählige Internetseiten gefunden und teilweise ausgewertet (suchen Sie nach „Nobile, Italia, Luftschiff")

Der erste 11
Jumbo-Absturz

D-ABYB „Hessen" im Landeanflug   Foto: Werner Fischdick

Die mächtige Boeing 747 „Hessen" der Deutschen Lufthansa AG hat die Hälfte ihres Langstreckenfluges von Frankfurt nach Johannesburg bereits absolviert, als sie am 20. November 1974 in aller Frühe auf dem Flugplatz von Nairobi betankt wird.

Pilot Christian Krack, ein 53-jähriger Flugveteran mit 10.464 Flugstunden Erfahrung erledigt zusammen mit dem Copiloten Hans-Joachim Schacke, 35 Jahre alt, 3.418 Flugstunden, und dem Flugingenieur Rudi Hahn, 50, 13.236 Stunden Flugerfahrung die Vorbereitungen für den zweiten Abschnitt des Fluges, die Strecke Nairobi – Johannesburg.

Das Wetter ist gut, es sind also keine unliebsamen, wetterbedingten Überraschungen beim Start zu befürchten. Die Sonne brennt noch nicht, um diese Zeit ist die Luft mit 16 Grad Außentemperatur angenehm und man möchte eigentlich gern ein wenig in Nairobi verweilen, richtiges Urlaubswetter eben. Außerdem lassen die Temperaturen eine kürzere Startstrecke zu, als dies in der Mittagshitze der Fall sein würde.

Kurz darauf sind alle 139 Passagiere an Bord und die Triebwerke werden hochgefahren. Das ist der Moment, wo unter anderem die Druckluftventile geöffnet werden müssten, die die Pneumatik zum Ausfahren der vorderen Flügelklappen aktivieren sollen. Diese wichtige Maßnahme im Zusammenspiel der zahllosen Aktivitäten, die für einen erfolgreichen Start erforderlich sind, wird aus später nie mehr nachzuvollziehenden Gründen jedoch nicht durchgeführt. Die Ventile bleiben geschlossen.

Zwar wird man bei der dem Unglück folgenden Untersuchung auf dem Cockpit Voice Recorder (CVR) die Stimme von Copilot Schacke hören, der ab Nairobi das Flugzeug führt. Er ruft: „Druckluftventile öffnen" und Flugkapitän Krack bestätigt kurz darauf mit der Antwort „Green" auch den auf seinem Display sichtbaren Vollzug. Hahn antwortet ebenfalls positiv „Open". Das ändert aber nichts an der Tatsache, dass die Ventile geschlossen bleiben, auch Hahn hat sich geirrt.

Schacke zieht während des Rollvorgangs zur Startbahn die Hebel zum Ausfahren der vorderen Flügelklappen. Die aber können sich nicht bewegen, weil geschlossene Ventile nun einmal keinen Druck auf die entsprechenden Leitungen freigeben können. Das wird vom Copiloten jedoch nicht bemerkt.

Die Flügelklappen aber sind für einen erfolgreichen Start eminent wichtig. Sie verändern das Profil einer Tragfläche und sorgen auf diese Weise

dafür, dass das Flugzeug eine wesentlich niedrigere Geschwindigkeit benötigt, um flugfähig zu werden. Oder andersherum ausgedrückt: mit eingefahrenen Flügelklappen muss eine wesentlich höhere Startgeschwindigkeit zum sicheren Abheben und zum Steigflug erreicht werden. Bleibt man unter dieser Geschwindigkeit, fällt das Flugzeug herunter oder hebt gar nicht erst ab.

Die große 747 wiegt in diesem Moment nur 227.000 kg, das liegt weit unter ihrem maximalen Startgewicht. Dieser Umstand erlaubt dem Kommandanten den Start mit reduzierter Triebwerksleistung, ein motorschonendes und ebenso sicheres Verfahren – normalerweise.

Andererseits befindet man sich in Nairobi, der Hauptstadt von Kenia, die etwa 1.625 Meter über dem Meer liegt. Hier oben ist die Luft also schon etwas dünner. Insofern ist die Toleranz zwischen Gelingen und Misslingen eines Starts mit reduzierter Motorleistung geringer, als in Meereshöhe, weil dünnere Luft nun einmal nicht so gut trägt.

Die riesige Maschine rollt zuerst einmal die gesamte Bahn hinunter, um vom anderen Ende aus gegen den Wind starten zu können. Die Checks sind erledigt, Schacke kann die „Hessen" also aus der Drehung heraus bereits beschleunigen und so ein wenig Zeit und Treibstoff einsparen. Um 07:51 Uhr hat er die hierfür erforderliche Freigabe vom Fluglotsen selbstverständlich erhalten.

Der Startlauf verläuft zunächst routinemäßig, bei knapp 270 km/h zieht Schacke am Steuerknüppel. Er ahnt ja nicht, dass es mit den immer noch eingefahrenen vorderen Flügelklappen einer erheblich höheren Geschwindigkeit bedurft hätte. So wehrt sich die „Hessen" auch anscheinend einige Sekunden, dann aber hebt sich der Bug und die Maschine erreicht aufgrund des sogenannten Bodeneffektes (Luftpolster zwischen der Erde und dem Flugzeug) in Kürze eine Höhe von 30 Metern.

30 Meter? Das ist nun wirklich nicht besonders viel, lediglich die eineinhalbfache Höhe des Jumbos. In 30 Metern bleibt die Maschine zudem äußerst zäh in der Luft „hängen", will also weder weiter steigen noch baut sich mehr Fahrt auf. Die Cockpitcrew bemerkt sofort, dass da etwas falsch läuft, aber was?

Informationen über diese Maschine		
Kennzeichen	D-ABYB „Hessen"	
Fluggesellschaft	Deutsche Lufthansa AG	
Flugnummer	LH540	
Typ	Boeing 747-100 (747-130)	
Seriennummer	19747	
Fabrikationsnummer	29	
Erstflug	30.03.1970	
Außenmaße	Länge	70,51 m
	Spannweite	59,64 m
	Höhe	9,33 m
Triebwerke	4x Pratt & Whitney JT9D-7A	
Leistung	4x 20.929 kp	
Max. Startgewicht	332.483 kg	
Anzahl Passagiere	355	
Dienstgipfelhöhe	13.715 m	
Max. Reichweite	13.000 km	
Max. Geschwindigkeit	965 km/h	
Anzahl gebaut	206 (davon 14x 100B und 24x 100SR)	
Unfalltag	21.11.1974	
Insassen (Unfalltag)	Insgesamt (davon 14 Crew)	156
	Tote (davon 4 Crew)	59
	Verletzte (davon 6 Crew)	54
	Unverletzt (davon 4 Crew)	43

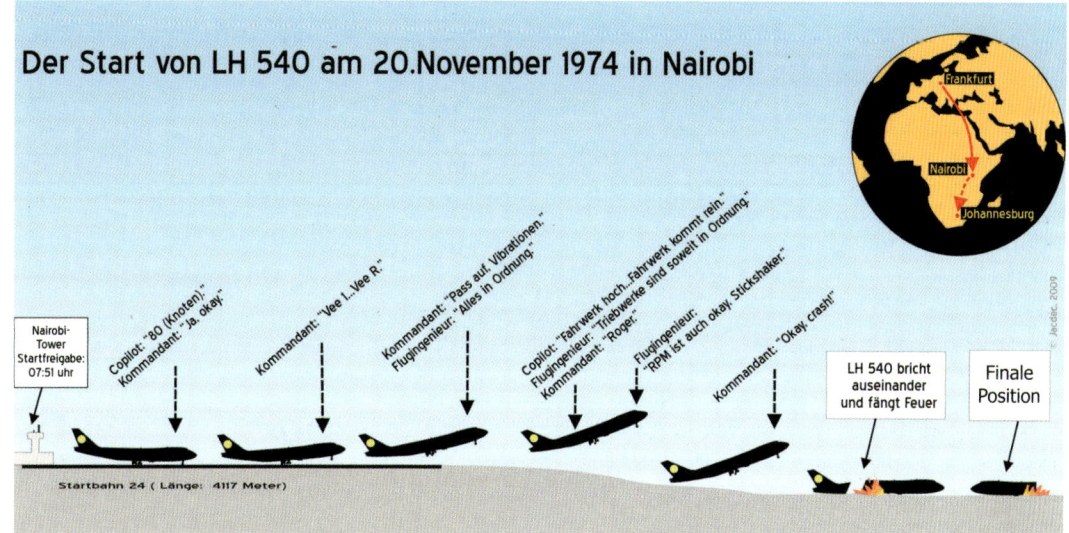

Der Start von LH 540 am 20.November 1974 in Nairobi

Frankfurt

Nairobi

Johannesburg

Nairobi-
Tower
Startfreigabe:
07:51 uhr

Copilot: "80 (Knoten)."
Kommandant: "Ja, okay."

Kommandant: "Vee L. Vee R."

Kommandant: "Pass auf, Vibrationen."
Flugingenieur: "Alles in Ordnung."

Copilot: "Fahrwerk hoch, Fahrwerk kommt rein."
Flugingenieur: "Triebwerke sind soweit in Ordnung."
Kommandant: "Roger."

Flugingenieur:
"RPM ist auch okay, Stickshaker."

Kommandant: "Okay crash!"

LH 540 bricht
auseinander
und fängt Feuer

Finale
Position

Startbahn 24 (Länge: 4117 Meter)

Jacdec, 2009

Ein zufällig mitfliegender Pilot sitzt günstig und hat das zweifelhafte Privileg, als Erster zu wissen, woran es liegt, dass die Tragflächen flattern, die gesamte Maschine sich zu schütteln beginnt und aus einigen sich öffnenden Gepäckfächern die persönliche Habe auf die darunter sitzenden Eigentümer fällt. Er sieht nämlich, dass die vorderen Flügelklappen fest an der Tragfläche anliegen.

Gleichzeitig fragt sich die Crew im Cockpit fieberhaft, was der Grund für diesen anormalen Startvorgang sein kann. Viel Zeit bleibt nicht, fieberhaft sortiert man im Kopf Erfahrungen, im Handbuch Gelesenes und Simulatorflüge. Vielleicht ein Triebwerkschaden? Nein, das ist es sicher nicht, denn sämtliche Anzeigen der Instrumente im Cockpit sprechen dafür, dass alle vier Motoren rund und sauber laufen.

„Vielleicht rollen irgendwo die Reifen unsymmetrisch nach?", denkt Krack und macht sich daran, das Fahrwerk einzuziehen. Das bedeutet jedoch einen kurzzeitig erhöhten Luftwiderstand, weil die riesigen Fahrwerkstore geöffnet werden müssen. Die Maschine verliert nun deutlich an Geschwindigkeit.

Schacke versucht durch leichtes Senken der Nase die verlorene Geschwindigkeit wieder gut zu machen, 225 km/h muss seine 747 mindestens fliegen, um nicht abzusacken. Aber es hilft alles nichts, die „Hessen" wird immer langsamer und die Strömung unter den Tragflächen beginnt abzureißen.

Dies wird dem Copiloten auch durch den sogenannten „Stickshaker" mitgeteilt, einer Einrichtung, die davor warnt, dass ein Strömungsabriss droht. Die Crew im Cockpit weiß aber auch ohne diese Warnung inzwischen, dass die Maschine nun nicht mehr zu halten ist und Schacke reißt die vier Triebwerkhebel in die Leerlaufstellung zurück.

1.120 m nach dem Ende der Startbahn schlägt die Boeing mit dem Fahrwerk gegen die Oberkante einer etwa zweieinhalb Meter hoch aufgeschütteten Umgehungsstraße. Teile des Fahrwerks werden abgerissen, die Maschine bäumt sich nach dem Aufschlag schräg auf, eine Tragfläche kratzt funkensprühend über die Straße und beide Backbordmaschinen brechen mitsamt ihren Halterungen von der Fläche ab. An den Bruchstellen reißt die Tragfläche auf und aus den Leitungen schießt Kerosin hervor.

Auf der Steuerbordseite bricht durch den Aufprall ein Schrank in der Bordküche auseinander. Ein darin enthaltener Servierwagen wird herausgeschleudert und rast auf die Stewardess Antje Köllner zu. Die kann sich gerade noch des Sicherheitsgurtes entledigen und zur Seite springen, da zerschmettert der Servierwagen den Sitz, auf dem sie eben noch saß.

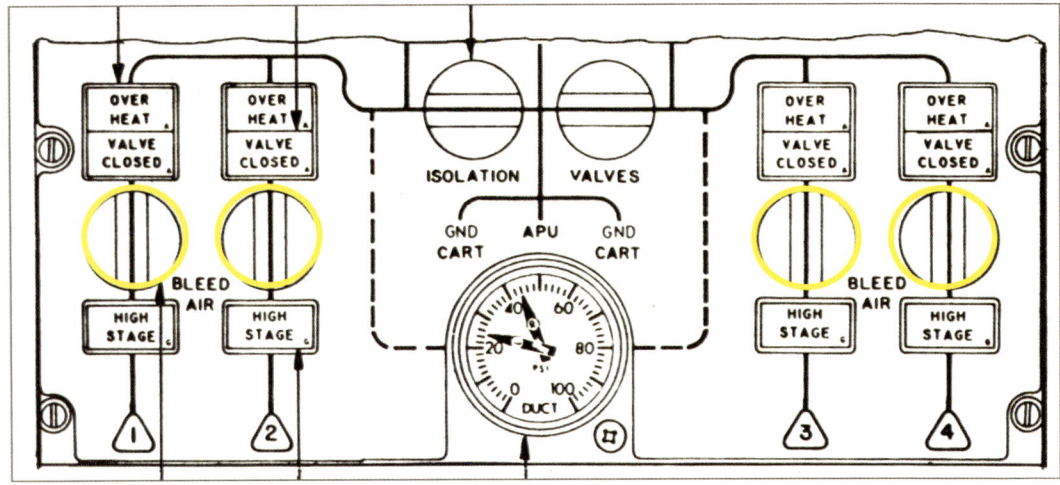

Skizze des sogenannten „Bleed Air Panel"; deutlich ist die Markierung „valve closed" (Ventil geschlossen) zu sehen.

Die riesige Maschine erhebt sich noch ein wenig in die Luft und schlägt kurz danach mit immer noch 180 km/h erneut auf, heftiger dieses Mal. Der Rumpf bricht hinter den Flächen durch und der Heckbereich zerbirst durch die plötzliche Verzögerung in unzählige Teile, in diesem Teil des Flugzeugs gibt es kaum eine Überlebenschance. Gleichzeitig bricht die Backbordfläche mittig durch und die vordere Hälfte der Boeing kommt nach 450 Metern und einer 180-Grad-Drehung endlich zu Ruhe. Feuer breitet sich aus.

Niemand hat die Fluggäste vorgewarnt, das war wegen des nur wenige Sekunden dauernden Vorgangs auch kaum möglich. Die solchermaßen vom Unglücksgeschehen überraschten Passagiere sind benommen, einige reagieren erst einmal überhaupt nicht, andere können dies nicht, sie sind unter und zwischen losgerissenen Sitzen und Gepäckstücken eingeklemmt.

Die Kabinencrew jedoch ist bestens geschult und beginnt sofort mit einer vorbildlichen Evakuierung. Steward Karl Kahn will die Backbordtür öffnen, sieht aber rechtzeitig das dort bereits hochauflodernde Feuer und wendet sich zur anderen Seite.

Dort, steuerbords, versuchen Stewardess Evelyn Rehm und ein beherzter Passagier, die verklemmte Tür zu öffnen. Das gelingt trotz des an dieser Stelle völlig verzogenen Rumpfes und so wird ein Fluchtweg frei. Ein erster Passagier springt, andere folgen dem Beispiel.

Es dauert nur eine Handvoll Minuten und die Feuerwehr ist zur Stelle. Löschschaum überzieht die Boeing aber es wird noch einige Stunden dauern, bis alle Brände vollständig erstickt sind. Skrupellose Diebe erscheinen aus dem Nichts und stehlen, was herumliegt, nehmen Kameras und Gepäckstücke an sich und rennen weg. Die verletzten und noch benommenen Passagiere müssen diesem unwürdigen Treiben hilflos zusehen.

Währenddessen hangeln sich Hahn und Krack die Reste der Treppe zur Ersten Klasse hinunter. Hahn springt auf den teilweise zerstörten Boden und verletzt sich schwer an der Schulter. Dann klettern beide durch ein Loch im Rumpf nach draußen und Hahn wird von zwei Passagieren in die Mitte genommen und aus der Gefahrenzone geschleppt.

Schacke will den gefährlichen Weg nach unten durch das Flugzeug vermeiden, entkommt schließlich durch eine Klappe im Dach der Boeing und hangelt sich zum Boden herunter, wo er in einer Kerosinpfütze landet. Trotz der in dieser Situation massiv drohenden Explosionsgefahr klettert er durch eine Bruchstelle wieder in die brennende Maschine, denn er hat Hilferufe von offensichtlich Eingeklemmten oder Verletzten gehört.

Immer wieder trifft er auf Insassen, die seiner Unterstützung bedürfen. Eine blutüberströmte Frau wird von ihm an einen sicheren Platz geleitet. Dann rennt er wieder zurück, um Flugkapitän Krack bei der Befreiung eines eingeklemmten Ehepaares zu helfen. Die Männer tun, was sie können, sind aber durch die Kerosindämpfe nach kurzer Zeit am Rande ihrer Belastungsfähigkeit angelangt, denn ihnen wird dadurch furchtbar schlecht.

Auch die anderen Crewmitglieder dringen trotz ihrer Verletzungen immer wieder in den zerstörten Rumpf der „Hessen" ein, um die ihnen anvertrauten Passagiere herauszuholen. Viele der Überlebenden haben diesen mutigen Frauen und Männern zu verdanken, dass sie nicht den Tod in der Maschine finden.

Flugkapitän Krack steht später noch lange neben dem brennenden Wrack, starrt auf den Rumpf und fragt sich, wie das passieren konnte. Noch ahnt er den Grund nicht, aber bereits in der Nacht steht fest: Die vorderen Flügelklappen waren nicht ausgefahren, der Flugingenieur hatte die entsprechenden Druckluftventile nicht geöffnet. Obwohl die Hebel zum Ausfahren in der richtigen Position vorgefunden wurden, konnten die Klappen mangels verfügbaren Drucks nicht bewegt werden.

Dass ausgerechnet die Deutsche Lufthansa den ersten Absturz einer Boeing 747, eines Jumbo zu verzeichnen hatte, war nun wirklich Pech. Schließlich gilt die nationale Fluggesellschaft als eine der besten Adressen weltweit, wenn es um den sicheren Transport im Flugzeug geht. Darüber hinaus bleibt festzustellen, dass der Absturz gar nicht hätte passieren müssen, wenn ein paar Entscheidungsträger professioneller gehandelt hätten.

In den beiden zurückliegenden Jahren nämlich hatte es bereits sechs (manche Quellen sprechen auch von acht) ähnliche Starts mit nicht oder nicht vollständig ausgefahrenen vorderen Flügelklappen gegeben, wie jener, der zum Absturz führte. Alle diese Fälle liefen aber glimpflich ab, weil die Crew unter günstigeren Bedingungen startete oder den Fehler rechtzeitig bemerkte.

Bereits nach dem ersten Vorfall im Jahre 1972 hatte die seinerzeit betroffene British Overseas Airways Corporation (BOAC) die latente Gefahr erkannt und um eine Modifizierung der Technik gebeten – vergeblich, wie so oft. Denn trotz eines entsprechenden Vorstoßes seitens Boeing folgten die Aufsichtsbehörden der Bitte der professionellen Piloten nicht. Erst nach dem tödlichen Unfall wurde etwas geändert.

Die FAA ordnete an, dass alle Boeing 747 innerhalb von fünf Monaten derart umzurüsten seien, dass das vorhandene Warnsystem auch die vorderen Flügelklappen mit einschließt. Zudem wurde empfohlen, im Sichtfeld der Piloten eine zusätzliche Kontrollleuchte zu installieren, die warnt, wenn zu niedriger Druck im Verteilerkanal herrscht (Duct Low Pressure Light).

Nachzutragen bleibt noch, dass Flugkapitän Krack aus gesundheitlichen Gründen vom Dienst suspendiert wurde, eine in der Branche übliche Umschreibung. Copilot Schacke durfte weiterfliegen, wurde aber für mitschuldig befunden und darum im Rang herabgestuft.

Folgende Quellen wurden ausgewertet

- Barley, Stephen: The Final Call; S.116ff
- Beveren, Tim van: Runter kommen sie immer; S.278
- Bordoni, Antonio: Airlife's Register of Aircraft Accidents; S.160
- Byhan, Inge: In 30 Sekunden Crash; S.52f
- Denham, Terry: World Directory of Airline Crashes; S.129
- Eddy, Paul u.a.: Destination Disaster; S.357
- Edwards, Allan: Flights to Hell; S.47ff
- Faith, Nicholas: Black Box; S.31 und 40
- Forman, Patrick: Flying into Danger; S.118ff
- Gero, David: Luftfahrt-Katastrophen; S.125
- Haine, Edgar A.: Disaster in the Air; S.99ff
- Hengi, B.I.: Crash; S.366f
- Hubert, Ronan: Les catastrophes aeriennes; S.285
- McClement, Fred: Jet Roulette; SS.44f
- Moorhouse, Earl: Wake up, it's a Crash; S.1ff
- Norris, William: The Unsafe Sky; S.93ff
- Richter, Jan-Arwed: Jet-Airliner-Unfälle; S.175ff
- Richter, Jan-Arwed: Notlandung; SS.40ff
- Roach, J.R.: Jet Airliner Production List; Vol. 1; 4.A. S.318 sowie 5.A. S.332
- Tench, William: Safety is no accident; SS.110ff
- Veronico, Nicholas A.: Wreckchasing Vol.2; S.105
- Unfallbericht: LBA, Akz. 2X002-0/74
- Aero International 2010, Heft 4, S. 9

Eine Boeing fängt 12
Feuer und Flamme

Wir schreiben den 08. April 1968. Die Boeing 747, der Jumbo, ist noch nicht auf dem Markt und Krönung des Boeing Programms ist in diesen Tagen die 707-420, ein großes, starkes und schnelles Flugzeug, in dem bei voller Ausnutzung der Kapazität und sehr enger Bestuhlung immerhin 199 Passagiere Platz finden können.

Die Maschinen der British Overseas Airways Corporation, kurz BOAC genannt, weisen aber großzügigere Abstände zwischen den Sitzreihen auf. Außerdem ist G-ARWE, die an diesem Montag den Linienflug BA 712 von London-Heathrow nach Sydney durchführen soll, nicht voll ausgebucht. Es befinden sich heute lediglich 127 Personen an Bord der Boeing.

Die Maschine ist mit 22 Tonnen Kerosin nicht voll betankt, denn da würde gut und gern mehr als die dreifache Menge hineinpassen. Aber warum soll man den großen Mitteltank bis zur Zwischenlandung in Zürich gefüllt mitschleppen? Das ergibt keinen Sinn und wird sich zudem in Kürze auch als äußerst günstiger Glücksfall erweisen.

Im Cockpit drängen sich heute fünf Männer, weil der Prüfkapitän G.C. Moss mit an Bord ist, um den Flugkapitän zu beobachten, dessen halbjährige Überprüfung turnusgemäß ansteht. Die Stammbesatzung besteht aus Flugkapitän Taylor, dem ersten Offizier Kirkland, dem zweiten Offizier Hutchinson und dem Ingenieur Hicks. Ausnahmslos handelt es sich um überdurchschnittlich erfahrene Männer. Das Kabinenpersonal besteht aus sechs Damen und Herren, die mit nur 116 Passagieren wohl kaum an ihre Belastungsgrenzen geraten werden.

Das Wetter ist an diesem Nachmittag gut. Wer Londoner Verhältnisse kennt, reibt sich verwundert die Augen, denn mit einem strahlenden Himmel, wolkenlos und fast windstill, zeigt sich die Stadt heute von einer ungewohnt lieblichen Seite. Auch dies ist ein Vorteil, denn die Männer in der Boeing 707 werden in Kürze genug mit ihrer Maschine zu tun haben und froh sein, dass sie nicht auch noch in typischer Londoner Nebelsuppe herumstochern müssen.

Um 15:27 Uhr beginnt die große Boeing mit dem Startlauf. Die Crew hat alles gut im Griff und richtig vorausberechnet, der Prüfer ist voll zufrieden, als die Maschine sich nach wenigen Sekunden mit nachdrücklichem Schub in den Himmel erhebt. Die Crew ist voll konzentriert, aber keinerlei Unregelmäßigkeiten sind zu spüren, obwohl man bei späteren Untersuchungen am Ende der Startbahn Teile der Schaufeln des Niederdruck-Kompressors von Motor 2 finden wird, die wegen Materialermüdung geborsten sind.

Das Fahrwerk wird eingefahren und nach einer halben Minute Steigflug mit hoher Motorenleistung wird in etwa 400 Metern Höhe die Drehzahl etwas abgesenkt, um den Lärmvorschriften der Stadt Genüge zu tun.

Von diesem Zeitpunkt an ist es mit der professionellen Routine allerdings schlagartig vorüber. Plötzlich, wie aus heiterem Himmel, schüttelt sich die Maschine, erst kaum merklich, dann immer stärker und schließlich gibt es einen heftigen Stoß, gefolgt von einem lauten Knall von der Backbordseite des Flugzeugs her. Passagiere, die dort aus dem Fenster schauen, werden Zeuge eines sich in die Bestandteile auflösenden Triebwerks, kein schöner Anblick! Mein Sohn Frederik hat ein derartiges Spektakel einst live miterlebt, es war furchtbar für die Nerven der Insassen.

Der innere Backbordmotor (das ist Motor Nr. 2) fällt schlagartig aus, der Schubhebel für

Luft halten können, also steht wohl eine Landung ins Haus, sagt sich der schlaue Computer, und dazu braucht man nun einmal ein Fahrwerk, das ausgefahren ist. Nicht schlecht, so eine logische Denkhilfe, normalerweise.

In dieser Situation jedoch nervt der Warnton, denn er lenkt von anderen, wichtigeren Dingen ab. So greifen die beiden alten Flughasen Moss, der Prüfer, und Hicks im selben Moment zum Schalter, der das Gejaule verstummen lässt. Moss erreicht ihn den Bruchteil einer Sekunde eher und schaltet das lästige Ding ab.

Hicks hat zwar dieselbe Intention, ist jedoch mit mehreren Dingen gleichzeitig beschäftigt und bekommt nicht mit, dass der Schalter schon umgelegt ist. Er kippt stattdessen versehentlich einen danebenliegenden Schalter in die Nullstellung, der für die akustische Feuerwarnung zuständig ist, ein schrecklicher Fehler.

Wenig später schaut Moss aus dem Fenster. Er sieht, dass das Triebwerk Nr. 2 in hellen Flammen steht. Das Feuer ist so stark, dass es auch viele Beobachter am Boden ohne Weiteres sehen können. Moss sagt Taylor knapp und deutlich, dass eine sofortige Umkehr nach London auf dem kürzesten Wege erforderlich sei.

Flugkapitän Taylor hat indessen auch gerade das kleine rote Lämpchen entdeckt, dass ihm Feuer in einem Triebwerk anzeigt. Er befiehlt „Engine fire drill", was bedeutet, dass die Prozedur für den Fall eines Motorbrandes durchgeführt werden soll.

Hicks ist zwar noch mitten in der Prozedur für das Abschalten des Triebwerks, hat aber auch die Prozedur für den Brandfall im Kopf. Beide Abläufe sind bis auf einen kleinen, aber lebenswichtigen Unterschied identisch, sodass Hicks einfach mit dem bereits eingeschlagenen Verfahren zum Abschalten des Motors fortfährt. An den kleinen Unterschied denkt er in der Hektik nicht.

Kurz darauf meldet er Vollzug an den Flugkapitän, der allerdings alle Hände voll zu tun hat und sich auf seinen Flugingenieur in dieser Situation voll verlässt, verlassen können muss. Er überprüft die Prozedur nicht.

dieses Triebwerk schlägt zurück, die Zeiger der für Motor Nr. 2 verantwortlichen Instrumente laufen auf die Nullposition zurück und die Cockpitcrew weiß, dass man ein substanzielles Problem mit diesem Motor hat.

Flugkapitän Taylor ruft „Engine failure drill", das bedeutet, dass die Mannschaft nunmehr schnellstmöglich die Prozedur zum Abschalten eines Triebwerkes durchziehen muss. Ingenieur Hicks beginnt auch umgehend mit der Notabschaltung, für die er verschiedene Handgriffe in einer bestimmten Reihenfolge durchzuführen hat. Das ist für ihn kein Problem, er ist ein alter Hase und zudem hat ein Flugingenieur diese Prozedur auswendig zu kennen.

Zuerst zieht er den Schubhebel des Triebwerks Nr. 2 in die Leerlaufposition. Dies bewirkt, dass ein Warnsignal ertönt. Dieses macht darauf aufmerksam, dass das Fahrwerk nicht ausgefahren ist. Das ist aus Sicht des Computers logisch, denn ein mit Leerlaufdrehzahl fliegendes Flugzeug wird sich nicht lange in der

Informationen über diese Maschine:	
Kennzeichen	G-ARWE
Fluggesellschaft	BOAC (British Overseas Airways Corporation)
Flugnummer	BA712
Typ	Boeing 707-420 (707-465) Intercontinental
Seriennummer	18373
Fabrikationsnummer	302
Erstflug	27.06.1962
Außenmaße	Länge 46,61 m
	Spannweite 43,41 m
	Höhe 12,70 m
Triebwerke	4 x Rolls Royce RB.80 „Conway" RCo.10 Mk.508
Leistung	4 x 7.927 kp
Max. Startgewicht	136.990 kg
Anzahl Passagiere	199 max.
Dienstgipfelhöhe	12.000 m
Max. Reichweite	8.250 km
Max. Geschwindigkeit	975 km/h
Anzahl gebaut	37 (707-420); 1.010 (707/720 insgesamt)
Unfalltag	08.04.1968
Insassen (Unfalltag)	Insgesamt 127
	(davon 11 Crew)
	Tote 5
	(davon 1 Crew)
	Verletzte 38
	Unverletzt 84

Während dies alles passiert, sind die anderen Cockpitinsassen nicht untätig. Kirkland ruft den Fluglotsen im Tower London an und bittet um Rückkehr nach Heathrow. Da er gleichzeitig den Notfall deklariert, wird der Maschine eine einzige, schlanke Kurve zugewiesen, die direkt zur Landebahn 05R führt, ohne dass weitere zeitraubende Flugmanöver auszuführen sind.

Parallel dazu scheucht der Flugcontroller alle in der Nähe befindlichen Maschinen aus dem Weg, verschiebt Starts, lässt Landeanflüge abbrechen und hält erst einmal den gesamten Flughafen für die waidwunde Boeing frei. Nichts ist im Moment von größerer Bedeutung, als das brennende Flugzeug möglichst schnell und noch sicher wieder hereinzuholen. Und jede Bewegung Dritter kann dabei stören, auch am Boden sollen sich die Einsatzfahrzeuge der Feuerwehr möglichst ungehindert bewegen können.

In 900 Metern Höhe beginnt die Boeing mit dem Abstieg. Gleichzeitig legt Taylor die Maschine ganz sachte in die gewünschte Kurve. Jetzt muss man mit sehr viel Fingerspitzengefühl fliegen, damit nicht mehr kaputt geht als unvermeidbar. Aber es hilft alles nichts, denn das Feuer ist über jedwede Erwartung stark.

Nach wenigen Sekunden bereits steht die Aufhängung in Brand. Sie ist aus einer hochwertigen Magnesiumlegierung gefertigt und brennt in Windeseile durch. Das ist so gewollt, denn die Triebwerke der Boeing 707 hängen an sogenannten Pylonen, die so konstruiert sind, dass sie schnell zerstört werden können, damit das brennende Triebwerk abfallen und sich das Feuer somit nicht weiter auf die ungeheuer lebenswichtigen Tragflächen ausbreiten kann.

90 Sekunden nach dem Start befreit sich die in Flammen stehende Motorgondel Nr. 2 mit einem heftigen Ruck von der Backbordtragfläche und trudelt der Erde entgegen. Das Flugzeug befindet sich zu diesem Zeitpunkt in der Nähe des Städtchens Egham, aber glücklicherweise über kaum besiedeltem Gebiet. Und die brennende Motorgondel sucht sich zudem noch den denkbar besten Platz in diesem Gelände für den Crash aus: Sie verschwindet mit einem lauten Klatscher im tiefen Wasser einer Kiesgrube. Wir haben Anfang April, niemand schwimmt dort, dieser Teil der Tragödie also mutet wie eine perfekte Inszenierung an.

Zurück zur brennenden Boeing, für die ein glücklicher Ausgang der Geschichte noch in den Sternen steht. Der Abgang des Motors Nr. 2 hat der Maschine einen unwillkommenen Hydraulikverlust beschert. Gibt es nun zu allem Überfluss Probleme mit dem Fahrwerk und den Klappen? Glücklicherweise nicht, denn direkt vor dem Abfallen der Motorgondel hat Taylor das Fahrwerk und die Klappen ausfahren lassen. Letztere sind zwar nicht weit genug gekommen, aber es wird schon reichen.

Das Feuer frisst sich allerdings unaufhaltsam in die Tragfläche hinein, in dieser Beziehung hat der Trick mit der Sollbruchstelle des Triebwerks leider nicht geklappt. Aber Dank der kurzen Umkehrzeit kann Taylor die brennende Boeing bereits 212 Sekunden nach dem Start rund 400 Meter nach dem Bahnanfang sauber aufsetzen.

Ein gutes Stück Bahnlänge hat man zwar zugunsten einer sanften Landung verschenkt, aber es verbleiben noch rund 2.000 Meter bis zum Bahnende. Taylor und Kirkland stemmen sich gemeinsam auf die Fußbremsen und die beiden äußeren Triebwerke erzeugen laut brüllend den gewünschten Umkehrschub. Auf die Hilfe von Triebwerk Nr. 3 hat man lieber verzichtet. Zu groß ist die Gefahr, dass die Boeing bei asymmetrischem Schub von der Bahn läuft.

Dicke schwarze Rauchwolken hinter sich verwirbelnd verlangsamt die Maschine dann auch sehr zügig. Der Umkehrschub hat allerdings eine höchst unwillkommene Nebenwirkung, denn er bläst das Feuer von der Tragfläche nach vorn gegen den Rumpf. Mit schreckgeweiteten Augen sehen die dort sitzenden Passagiere, wie in der Hitze bereits die Fensterrahmen zu schmelzen beginnen.

Nach nur 1.250 Metern bleibt die Boeing stehen und sofort nach dem Stillstand der Maschine befiehlt Taylor die Notevakuierung. Die restlichen drei Triebwerke werden heruntergefahren,

aber mitten hinein in diese Prozedur ereignet sich eine mächtige Explosion, die Flammen und Flugzeugteile weit über das Dach und unter der Maschine hindurchschleudert. Der Tragflächentank auf der Backbordseite ist geborsten.

Das bedeutet zweierlei: Erstens erkennen die Fachleute, dass die Maschine nur um Sekunden einer noch größeren Katastrophe entkommen ist, denn diese Explosion hätte, wäre sie in der Luft passiert, dass Flugzeug ganz sicher zum Absturz gebracht. Andererseits bedeutet dies, dass ein Ausstieg auf dieser Seite nunmehr gänzlich unmöglich geworden ist, denn die Gummirutschen sind schon verbrannt. Taylor befiehlt seinen Leuten, ohne Verzug das Cockpit zu räumen, weitere Prozeduren müssen entfallen, um nun nicht auch noch das eigene Leben zu riskieren.

Das ist leichter gesagt als getan, denn die Türen sind teilweise blockiert. So hangeln sich drei der fünf Männer an dem für diese Notfälle bereitliegenden Seil aus dem Cockpitfenster herunter. Dem Prüfer Moss gelingt es, über die Notrutsche an Steuerbord zu entkommen. Flug-

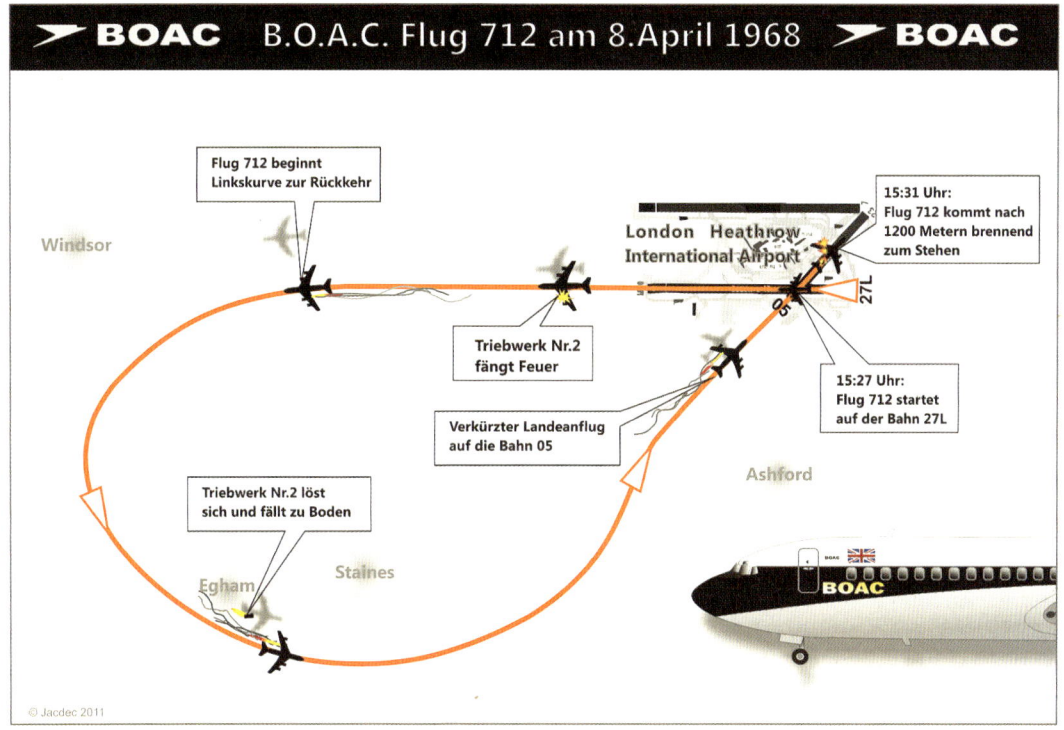

© Jacdec 2011

ingenieur Hicks war bereits zuvor als Einziger über die Notrutsche an Backbord aus dem Flugzeug gelangt, bevor diese verbrannte. Ein Passagier springt dann aber doch noch durch diese Tür zu Boden und wird ebenfalls gerettet.

Durch die beiden hinteren Notausgänge haben sich inzwischen elf Passagiere in Sicherheit gebracht. Nun allerdings brennen auch dort die Notrutschen lichterloh, diese Ausgänge kann man nicht mehr sicher benutzen. Trotzdem springen noch fünf Passagiere hinterher. Danach verbleiben schließlich nur noch der Notausgang vorn und der Notausstieg über die Tragfläche an Steuerbord.

Sehr britisch stellen sich die Passagiere in einer langen Reihe auf und niemand verschlimmert die Situation durch Panik. So können sich innerhalb der verfügbaren Zeit weitere 82 Insassen in guter Ordnung aus dem vorderen Ausgang über die Notrutschen in Sicherheit bringen. Hicks und Taylor können von außen mit ihrem Wissen helfen, während drinnen die Stewardessen ihre Anweisungen erteilen.

Gleichzeitig versuchen andere Passagiere, aus dem Fensternotausgang über die Tragfläche zu entkommen. Achtzehn schaffen dies, obwohl die Klappen nicht ganz nach unten ausgefahren sind und man schon Mut aufbringen muss, um zu springen. Viele der Verletzungen, die 38 der

Insassen schließlich zu beklagen haben, sind Brüche und werden hervorgerufen durch Sprünge von den Tragflächen.

Verständlich also, dass einige andere nicht den Mut aufbringen, als sie in die Tiefe schauen. Dass vier von ihnen aber wieder zurück in die Maschine kriechen, um sich in der Schlange zum vorderen Notausgang anzustellen, ist beim besten Willen nicht nachzuvollziehen. Wer das überlebt, kann sich zu den wahrhaft Glücklichen zählen, und alle vier haben es tatsächlich geschafft.

Dann allerdings geht die Maschine in Flammen und Rauch auf. Fünf Insassen müssen trotz der vorbildlichen Evakuierung sterben. Sie ersticken im Rauch oder kommen in den Flammen um. In selbstlosem Einsatz bei der versuchten Unterstützung einer Rollstuhlfahrerin kommt auch die Stewardess B. Harrison in den Flammen um. Sie wird als die Heldin dieser Flugzeugkatastrophe immer in Erinnerung bleiben. Aber auch die anderen fünf Mitglieder der Kabinencrew haben vorbildliche Arbeit geleistet, wie Ihnen später von den Passagieren attestiert wird.

Die anschließende amtliche Untersuchung ging zügig voran. Den Grund für den Motorschaden hatte man innerhalb kürzester Zeit gefunden. Ein Rätsel blieb zunächst die Beantwortung der Frage, warum es so übermäßig stark gebrannt hatte und weshalb keine Feuerlöschmaßnahmen eingeleitet worden waren. Eine Prüfung des Wracks hatte nämlich noch am selben Tag ergeben, dass die Feuerlöschhebel für die vier Triebwerke ausnahmslos nicht betätigt worden waren.

Auch die Benzinpumpen des defekten Motors waren dadurch nicht ausgestellt worden, sodass das Feuer stets neue Nahrung zugeführt bekam. Dreieinhalb Liter hochbrennbares Kerosin in der Sekunde beförderte die intakte Pumpe noch solange, bis schlussendlich die elektrische Zufuhrleitung 20 Sekunden nach dem Stillstand des Flugzeugs durchgebrannt war.

Hätte man die Feuerlöschhebel betätigt, wäre die Benzinzufuhr gestoppt worden, das Hydrauliköl hätte nicht weiter ausfließen können und auch die Feuerlöscher wären in Funktion getreten. Die Untersuchung konzentrierte sich nun auf die Beantwortung der Frage, warum dieser kapitale Fehler passieren konnte.

Man kam schließlich zu der Einsicht, dass ein Grund hierfür das versehentliche Ausschalten des Feuerwarnsignals durch den Flugingenieur Hicks gewesen sein musste. Dadurch wurde die Crew später nicht auf das Vorhandensein eines sich weiterhin schnell ausbreitenden Feuers hingewiesen.

Als man dann durch einen Blick aus dem Fenster des Feuers gewahr wurde, befahl Flugkapitän Taylor die Feuerlöschprozedur. Ich habe bereits darauf hingewiesen, dass diese fast genauso abläuft, wie die für die Motorabschaltung, aber einen bedeutenden Unterschied aufweist. Der Unterschied ist die Betätigung des Feuerlöschhebels am Anfang der Prozedur.

Hauptgrund für das Desaster war demnach der Fehler von Hicks, der in der Prozedur für die Motorabschaltung fortfuhr und außer Acht gelassen hatte, dass bei einem Motorbrand zuerst der Feuerlöschhebel betätigt werden muss. Als er Vollzug meldete, waren alle anderen überzeugt, dass dieser bestens

ausgebildete und versierte Mann die Prozedur auch fehlerlos durchgeführt hatte.

Selbst die äußerst erfahrenen Piloten Taylor und Moss, die eigentlich durch ein ständig glimmendes rotes Warnlicht auf das Vorhandensein eines Brandes hätten aufmerksam werden müssen, waren so intensiv beschäftigt, dass auch sie sich auf den Flugingenieur verließen. Hundertprozentig jedoch konnten die Zusammenhänge nie geklärt werden, denn die Maschine verfügte damals noch nicht über ein Aufnahmegerät für die Gespräche im Cockpit.

Die Untersuchungskommission kam zu dem Schluss, dass die vorgefallene Katastrophe lediglich ein zeitraubender und unangenehmer Zwischenfall geblieben wäre, wenn die beiden beschriebenen Fehler des Flugingenieurs unterblieben wären. So aber gab es Tote, Verletzte und den Verlust einer millionenschweren Boeing 707-420 zu vermelden.

In jedem Fall hatte diese schreckliche Katastrophe zur Folge, dass die Prozedur zum Bewältigen eines Triebwerkbrandes von nun an bei der BOAC derart intensiv trainiert wurde, dass eine Wiederholung des schrecklichen Szenarios ausgeschlossen werden konnte.

Folgende Quellen wurden ausgewertet

- Beaty, David: The Naked Pilot; S.206
- Bordoni, Antonio: Airlife's Register of Aircraft Accidents; S.120
- Brookes, Andrew: Flights to Disaster; S.117ff
- Denham, Terry: World Directory of Airline Crashes; S.106
- Eddy, Paul u.a.: Destination Disaster; S.348
- Godson, John: Clipper 806; S.81
- Godson, John: Unsafe at any Height; S.28
- Hengi, B.I.: Crash; S.95
- Hubert, Ronan: Les Catastrophes Aeriennes de 1920 a 1996; S.187
- Job, Macarthur: Air Disaster Volume 1; S.60ff
- McClement, Fred: It Doesn't Matter Where You Sit; S.101
- NN: Flugzeug Katastrophen; S.16
- Roach, J.R.: Jet Airliner Production List; Volume 1; S.17
- Richter, Jan-Arwed: Jet-Airliner-Unfälle; S.84f
- Richter, Jan-Arwed: Feuer an Bord; S.33
- Serling, Robert J.: Loud and Clear; S.193
- Unfallbericht: ICAO Aircraft Accident Digest 18-II

Notwasserung 13
mit Folgen

Auf dem Vorfeld des New Yorker Flughafens John F. Kennedy ist die McDonnell Douglas DC-9 mit dem Kennzeichen N953F bereit zum Einsteigen. Die Cockpitbesatzung ist seit Längerem vollzählig: Flugkapitän Balsey de Witt ist 37 Jahre alt und mit 12.000 Flugstunden ein versierter Flieger; auch sein Navigator, Hugh H. Hart mit 7.000 Flugstunden im Flugbuch und 35 Jahre alt ist ein sehr erfahrener Mann; lediglich der erste Offizier Harry E. Evans hat nur 3.500 Flugstunden gesam-

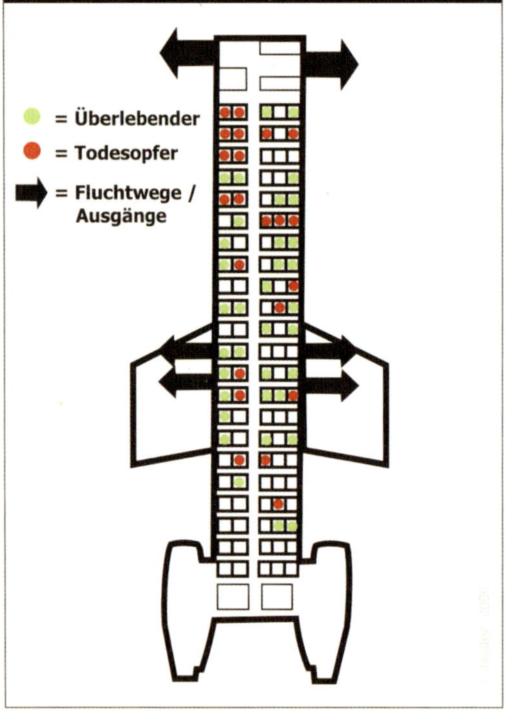

Sitzverteilung der Passagiere Überlebende und Todesopfer

- ● = Überlebender
- ● = Todesopfer
- ➡ = Fluchtwege / Ausgänge

melt. Er ist ja auch erst 25 Jahre jung, wird aber heute ordentlich dazulernen.

Im Passagierraum trifft das Kabinenpersonal letzte Vorbereitungen für den Ansturm von 57 Passagieren, überwiegend sonnenhungrige Touristen. Stewardess Margaret Abraham teilt sich mit Purser Wilfried J. Spencer und Steward Tobias Cordeiro die Arbeit. Alle sind emsig damit beschäftigt, das Umfeld für den dreieinhalbstündigen Flug möglichst gemütlich und sauber herzurichten.

Flugnummer LM980 ist ein Flug der Antillaanse Luchtvaart Maatschappij (ALM). Das Flugzeug hat die ALM von der Overseas National Airways Inc. (ONA) geleast, um der wachsenden Nachfrage nach Karibikflügen entsprechen zu können. St. Maarten, der Zielflughafen, ist eine herrlich gelegene Karibikinsel, auf der man wahrlich einen Traumurlaub verleben kann.

Der Flugkapitän hat den Treibstoffbedarf bereits ermittelt. Seine Rechnung für den heutigen Flug am 2. Mai 1970 sieht wie folgt aus:

- Verbrauch bis zum Zielort: 9.525 kg
- Sicherheitszuschlag Mehrverbrauch: 953 kg
- Sicherheitszuschlag für 30 Minuten Warteschleifen: 853 kg
- Zuschlag für Umleitung nach St. Thomas: 1.000 kg

So lässt de Witt die Maschine mit nochmals großzügig nach oben aufgerundeten 13.110 kg Kerosin betanken und befindet sich damit voll in Einklang mit den internationalen Regeln für die Flugsicherheit.

Während der Überprüfung der Instrumente und Funktionen des Flugzeugs stellen die Männer im Cockpit fest, dass die Bordsprechanlage nicht funktioniert. Damit sind Durchsagen über Lautsprecher nicht möglich. De Witt entscheidet,

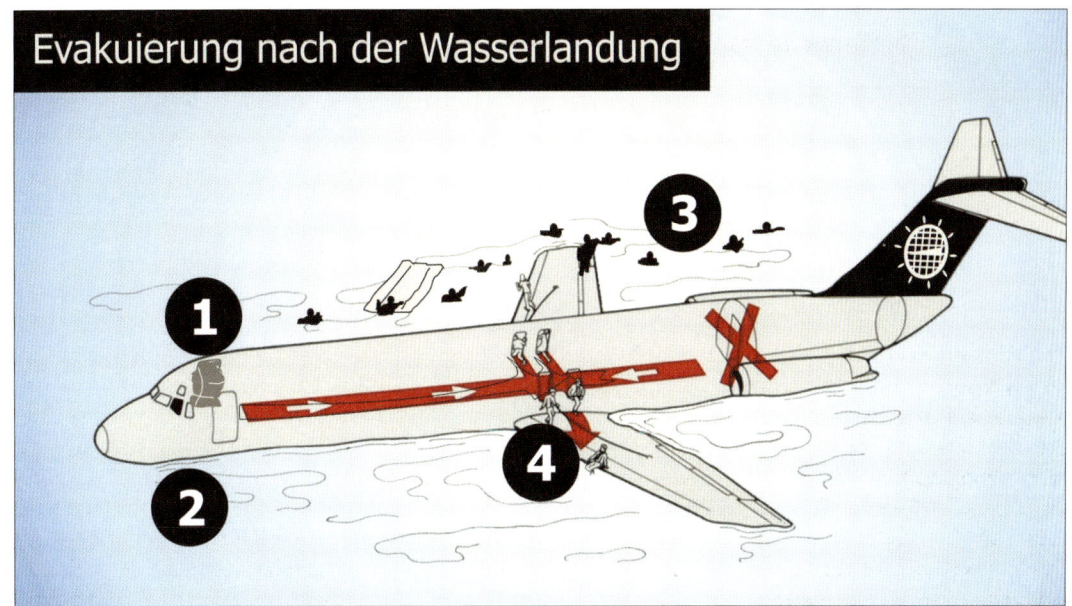

Evakuierung nach der Wasserlandung

dass dies keine derart große Bedeutung habe, dass man den Start deswegen verschieben müsse. Nachvollziehbar, aber falsch, denn damit wird er den Tod einiger seiner Fluggäste verursachen.

Um 11:14 Uhr endlich beginnt die Maschine mit dem Startlauf. Man hat ein wenig Zeit aufbringen müssen und bereits 195 kg des kostbaren Sprits verbraucht. Die Restmenge bei Beginn des Startlaufs beläuft sich somit noch auf 12.905 kg. Die geschätzte Flugzeit beträgt 3 Stunden und 26 Minuten.

Nach gut zwei Stunden ruhigen Fluges in 8.850 Metern Höhe trifft die Maschine gegen 13:30 Uhr auf erste Turbulenzen. Man erbittet und bekommt Freigabe auf eine tiefere Flughöhe, zuerst 8.230 und kurz darauf 7.620 Meter, um der schlimmsten Rüttelei zu entgehen. Aber das bringt nichts, außer dass die Maschine umso mehr Kerosin verbraucht, je tiefer sie fliegt. Petrus meint es heute wirklich nicht gut mit ihnen, denn sie durchfliegen immer wieder Schlechtwetterzonen mit Gewittern und benzinfressenden stürmischen Gegenwinden.

Um 14:40 Uhr ist man noch knapp 200 Kilometer von St. Maarten entfernt, obwohl man doch eigentlich in diesem Moment dort hätte landen müssen. Und dann kommt um 14:46 Uhr noch eine richtig schlechte Nachricht: Die Wolkengrenze am Bestimmungsort ist unter 250 Meter gesunken und die Sicht auf nur noch drei bis fünf Kilometer. Hilft nichts, de Witt legt seine Maschine in eine sanfte Kurve und fliegt in Richtung San Juan, Puerto Rico, wo das Wetter besser zu sein scheint.

Nur fünf Minuten später meldet sich der Fluglotse aus St. Maarten schon wieder. Nun hat sich um 14:51 Uhr das Wetter plötzlich gebessert und er bietet de Witt an, wieder den alten Kurs zu fliegen. Der Flugkapitän zweifelt, berät sich mit seinen beiden Mitstreitern im Cockpit. Einerseits ist er für die Sicherheit der Passagiere verantwortlich, das ist oberstes Gebot. Ist St. Maarten wirklich sicher?

Andererseits will seine Gesellschaft natürlich, dass die Fluggäste möglichst dort aussteigen, wohin sie ihr Ticket gebucht haben und nicht irgendwo landen, wo zufälligerweise das Wetter etwas besser ist. Also entschließt er sich, wieder nach St. Maarten zu fliegen. Dies ist eine gravierende Fehlentscheidung des Piloten aus der Sicht der Untersuchungskommission, die später alle Details der Katastrophe durchleuchtet. Bei der Ankunft wird das Kerosin aufgrund der bislang widrigen Umstände kaum mehr reichen für einen Fehlanflug und den geplanten Ausweichflughafen.

Zu diesem Zeitpunkt zeigen die Instrumente eine Restmenge von 2.630 Kilogramm an. Viel haben sie verbraucht, sind schon eine ganze Weile in niedriger Höhe geflogen, haben einen Umweg nach San Juan begonnen und wieder abgebrochen. Jetzt sollten die Passagiere die Daumen drücken oder Gebete sprechen, damit es mit der Landung reibungslos klappt, aber die wissen das ja leider nicht und offenbar tut dies dann auch keiner der Insassen.

Bei der Ankunft in St. Maarten reicht der Treibstoff noch für eine Flugzeit von 33 Minuten. Klingt gut, ist aber – wie sich gleich zeigen wird – nicht wirklich gut, denn das Wetter hat sich schon wieder verschlechtert und der kleine Flughafen mit seiner sehr kurzen Landebahn von nur 1.600 Metern verfügt über keine Landehilfen.

Informationen über die McDonnell Douglas DC-9-33CF	
Kennzeichen	N935F „Carib Queen"
Fluggesellschaft	Antillaanse Luchtvaart Maatschappij - ALM
Eigentümer	Overseas National Airways Inc.
Flugnummer	LM980
Typ	McDonnell Douglas C-9-33CF
Seriennummer	47407
Fabrikationsnummer	457
Erstflug	23.01.1969
Außenmaße	Länge 36,37 m
	Spannweite 28,47 m
	Höhe 8,38 m
Triebwerke	2 x Pratt & Whitney JT8D-9
Leistung	2 x 6.577 kp
Max. Startgewicht	51.710 kg
Anzahl Passagiere	119 max.
Dienstgipfelhöhe	11.900 m
Max. Reichweite	2.600 km
Max. Geschwindigkeit	907 km/h
Anzahl gebaut	4 (DC-9-33CF); 2.286 (DC-9 insgesamt)
Unfalltag	02.05.1970
Insassen (Unfalltag)	Insgesamt 63 (davon 6 Crew)
	Tote 23 (davon 1 Crew)
	Verletzte 37 (davon 2 Crew)
	Unverletzt 3 (davon 3 Crew)

Ab jetzt geht alles schief, denn dreimal versucht de Witt die DC-9 auf den Boden zu bringen. Der erste Anflug um 15:15 Uhr misslingt, weil die Landebahn zu spät in Sicht kommt und die Maschine nicht richtig ausgerichtet werden kann. Der zweite Anflug nur vier Minuten später endet ebenfalls mit einem Durchstarten, weil ein Regenschauer alles verschleiert.

Der dritte Anflug schließlich wird zu hoch angesetzt, wieder muss die Maschine durchstarten, weil die andernfalls erforderliche hohe Sinkrate ein zu gefährliches Flugmanöver bedeutet hätte. Nun beschließt de Witt um 15:31 Uhr, dass er den Ausweichflughafen St. Thomas anfliegen wird.

Das ist zu diesem Zeitpunkt allerdings eine katastrophal falsche Entscheidung, denn der Treibstoff reicht gar nicht mehr für diese Strecke. Immerhin ist die DC-9 schon 51 Minuten länger in der Luft als geplant, hat überall mehr Treibstoff verbraucht, insbesondere bei den spritfressenden Durchstartmanövern mit voller Schubleistung über mehrere Sekunden. Zu allem Überfluss hat man die ganze Zeit das Fahrwerk draußen, was durch seinen Luftwiderstand weitere Kilogramm kostbaren Kerosins verschwendet. De Witt müsste dies wissen.

Während des Steigfluges auf 1.220 Meter versuchen die drei allmählich besorgten Männer im Cockpit, sich über die Restmenge im Tank klar zu werden. Das ist nicht ganz einfach, weil die Zeiger zwischen extremen Werten hin- und herschwanken. Schließlich fliegt man wieder geradeaus und erhält einen rechten Schock: 385 Kilogramm zeigt das Messinstrument an, das kann doch wohl nicht wahr sein, oder? De Witt sagt später aus, er glaubte, den Zeiger beim dritten Anflug noch bei 1.725 Kilogramm gesehen zu haben.

Um 15:31 Uhr nimmt man Kontakt mit San Juan, Puerto Rico auf und bittet darum, in eine höhere Flugbahn steigen zu dürfen. Dem Lotsen passt das ganz gut, denn etwa fünfzehn Kilometer vor der DC-9 fliegt auf gleicher Höhe ein langsameres Flugzeug. Er fragt höflich nach der gewünschten Höhe und erhält die Antwort, man habe nur noch wenig Treibstoff und 3.650 Meter wären optimal. Um 15:34 Uhr erfolgt prompt die Freigabe.

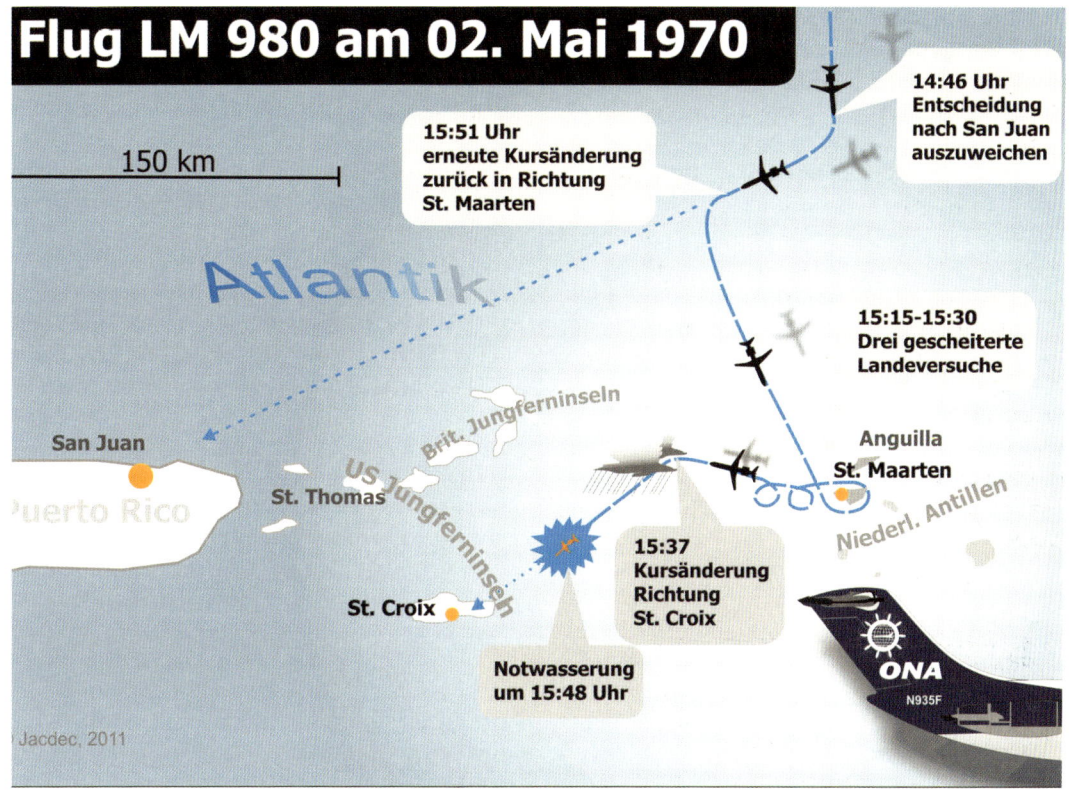

Flug LM 980 am 02. Mai 1970

150 km

14:46 Uhr
Entscheidung
nach San Juan
auszuweichen

15:51 Uhr
erneute Kursänderung
zurück in Richtung
St. Maarten

Atlantik

15:15-15:30
Drei gescheiterte
Landeversuche

Brit. Jungferninseln

San Juan

Anguilla
St. Maarten

Puerto Rico

St. Thomas
US Jungferninseln

Niederl. Antillen

15:37
Kursänderung
Richtung
St. Croix

St. Croix

Notwasserung
um 15:48 Uhr

ONA
N935F

Jacdec, 2011

Nie hat man geübt, wie man in so einem Moment Treibstoff spart. Darum ist der dritte Fehler des Piloten auch nicht verwunderlich, denn statt mit viel Schubkraft schnell zu steigen, wählt er eine andere, vermeintlich spritsparendere Methode: er steigt langsam und mit stark reduzierter Leistung ohne zu wissen, dass die DC-9 dann – gemessen an der zurückgelegten Strecke in Relation zur erreichten Höhe – besonders verschwenderisch mit dem Kerosin umgeht.

Navigator Hart schlägt vor, St. Croix anzusteuern, das sei immerhin achtzehn Kilometer näher. Sofort ändert der Kapitän den Kurs und gerät dabei in Wolken. Er erbittet Freigabe auf 1.525 Meter, die er um 15:38 Uhr erhält. Immer noch vermutet und hofft er, dass die Anzeige für das Restkerosin defekt sei.

Um 15:40 Uhr erbittet er Freigabe zum weiteren Sinkflug, er will unbedingt aus den Wolken sein, damit er nicht antriebslos sinkt und dann blitzschnell entscheiden muss, wo er die DC-9 auf das Wasser setzt. Der Flugkontrolle meldet er:

„Es könnte sein, dass wir demnächst notwassern müssen, ich leite jetzt den Abstieg ein."
Endlich durchstoßen sie die Wolkenunterkante und nähern sich der Wasseroberfläche. Jetzt erteilt de Witt Anweisung an den Purser, die Passagiere auf eine Notwasserung vorzubereiten. Der ist sich aber sicher, dass er noch eine genaue Nachricht bekommt, kurz bevor es dann wirklich so weit ist. Aber wie soll das wohl vonstatten gehen, weil doch die Bordsprechanlage außer Funktion ist?

Flugkapitän de Witt glaubt, die Lösung für das Problem zu haben. Wenige Sekunden vor der Notwasserung lässt der die „Fasten Seatbelts" Anzeigen in der Kabine mehrfach hintereinander aufblinken. Aber nur einige Passagiere sehen dies und denken sich ihren Teil. Nur ganz wenige interpretieren das merkwürdige Blinken richtig, nehmen ihre Kissen und legen ihre Köpfe darauf.

Diejenigen, die aus dem Fenster schauen, bemerken zwar, wie sich das Flugzeug stetig der

Wasseroberfläche nähert. Die meisten denken sich aber nichts dabei, denn die Anflugwege zu Flughäfen kleinerer Inseln liegen ja häufig über dem Wasser, also wird man sich jetzt wohl doch noch dem Ausweichflughafen nähern.

Navigator Hart ist seit Kurzem ebenfalls in der Kabine beschäftigt, er versucht gemeinsam mit dem Purser eines der Schlauchboote aus seinem Verschlag zu ziehen. Während dieser Arbeit hört er plötzlich, dass die Triebwerke leiser werden. Er schaut sich hastig um, sieht das Aufflackern der Anzeigen und brüllt lauthals in die Kabine: „Hinsetzen!"

Die Maschine ist in diesem Moment nur noch 6 Meter über dem Wasser. Es ist 15:48 Uhr und die letzte Meldung, die der Lotse in San Juan von der DC-9 empfängt, lautet: „Wir notwassern jetzt." Die letzte Meldung, die in der DC-9 eingeht, ist ermutigender: „Wir haben die Rettungsmaßnahmen bereits eingeleitet." Kurz vor dem Komplettausfall der Turbinen setzt de Witt im allerletzten Moment noch die Landeklappen, reduziert die Geschwindigkeit auf 165 km/h und richtet die Nase der DC-9 einige Grad nach oben.

So schnell, wie sie können, rennen Hart und der Purser zusammen zu den rückseitig an der Cockpitwand angebrachten Klappsitzen. Aber bevor sie sich festschnallen können, kracht die Maschine bereits zum ersten Mal auf das Wasser der Karibik auf. Mehrere Passagiere stehen noch im Gang herum und werden nach vorn katapultiert. Auch sechs Sicherheitsgurte halten nicht Stand, denn deren Plastikverschlüsse brechen durch und diese Passagiere werden schwer verletzt. Um 15:49 Uhr ist das Radarsignal der DC-9 vom Bildschirm des Fluglotsen in San Juan verschwunden.

Ein gesunder Erwachsener kann unter günstigen Bedingungen kurzzeitig Belastungen bis zu 25g ertragen. De Witt bringt die Maschine aber meisterhaft herunter und man errechnet später, dass sie beim Eintauchen mit maximal 12g verzögerte. Dennoch sterben bereits viele der Insassen beim Aufprall. Besonders die Herumstehenden müssen mit dem Leben dafür bezahlen, dass keine klare Information erteilt wird, als das Flugzeug notwassert. Einige werden getötet, als ihre Sitze sich losreißen, aber wie viele beim Aufprall getötet werden und wie viele später ertrinken,

lässt sich im Nachhinein nicht mehr feststellen. Sofort beginnt das Kabinenpersonal mit den Evakuierungsmaßnahmen. Hart und Spencer kümmern sich zuvorderst um das lebenswichtige Schlauchboot, das sie zwar noch aus dem Verschlag herausholen konnten, das aber nun unter Küchenutensilien begraben worden ist. Fieberhaft arbeiten die beiden Männer an seiner Befreiung, denn die vier anderen Schlauchboote werden nicht mehr rechtzeitig zur Verfügung stehen, da sind sich die beiden sicher.

Glücklicherweise kommt ihnen Evans zu Hilfe. Alle drei zerren gemeinsam und mit der Kraft der Verzweiflung an den Ecken und dabei verhakt sich das Ventil irgendwo. In Sekundenschnelle wird die automatische Aufblasvorrichtung in Gang gesetzt und von Evans ist nichts mehr zu sehen, er wird von den prallen Gummiwülsten förmlich an die Wand des Cockpits genagelt. Sofort sehen die beiden anderen ein, dass sie wegen der Gummiwülste nicht mehr in die Kabine zurück können. Sie versuchen die Backbordtür vorn zu öffnen, aber die ist vollständig verklemmt, keine Chance, nicht einmal mit vereinten Kräften. Glücklicherweise lässt sich die Steuerbordtür öffnen.

Der Kapitän hat inzwischen alle Handgriffe erledigt, die nach einer „Landung" erforderlich sind und sieht sich einem undurchdringlichen, gelben Gummiwall gegenüber, als er versucht, die Cockpittür zu öffnen. Auch er überlegt nicht lange, sondern hangelt sich aus dem Cockpitfenster hinaus in das glücklicherweise lauwarme Wasser der Karibik.

Der rückwärtige Notausgang ist geöffnet, hier entkommen einige Passagiere. Die meisten Überlebenden jedoch haben einem „Profi", dem einzigen Geschäftsreisenden an Bord, der stets an einem der Notausgänge Platz nimmt, zu verdanken, dass sie nicht ertrinken müssen. Er hat immer wieder die Faltblätter studiert, kennt die Sicherheitshinweise auswendig und könnte sie im Schlaf dahersagen. So benötigt er nur wenige Sekunden, um das Notfenster auszuhebeln und organisiert von draußen den Ausstieg der anderen Passagiere.

Das Flugzeug nimmt inzwischen immer mehr Wasser auf und man bemerkt schon, dass eine deutliche Neigung zum Versinken besteht.

Der Kapitän sorgt draußen dann auch nachdrücklich dafür, dass sich die Leute von der Maschine entfernen, sobald sie im Wasser angelangt sind, damit der zu erwartende Sog sie nicht mit in die Tiefe reißt.

Keines der fünf Rettungsflöße, von denen jedes 25 Menschen hätte aufnehmen können, kann aus dem Flugzeug geborgen werden. Hart jedoch hat sich schon wieder umgesehen und eine Notrutsche entdeckt, die sich losgerissen, aber nicht aufgeblasen hat. Zusammen mit einer beherzten Passagierin gelingt es ihm, das schwere Ding zu drehen und das automatische Ventil zu betätigen. Dadurch können sich die Geretteten teilweise in Sicherheit bringen oder zumindest an etwas Unsinkbarem festhalten.

Knapp zehn Minuten sind nach der Notwasserung vergangen, da neigt sich die erst sechzehn Monate alte DC-9 und verschwindet gurgelnd in den dunklen Wassern der Karibik, wo sie auch heute noch in 1.600 Metern Tiefe auf dem Grund ruht.

Eine Linienmaschine der Pan American World Airways (PAA) war kurz zuvor vom Kurs abgewichen, um bei der Ortsbestimmung helfen zu können. Dies ist ein Glücksfall, denn der Platz der Wasserung konnte auf diese Weise genauestens bestimmt und an die Retter durchgegeben werden.

So dauert es auch nicht lange und schon kreist ein Helikopter über der Unglücksstelle. Er wirft als allererste Notmaßnahme Gummiboote ab, die aber wegen des starken Windes weitab von der Stelle aufs Wasser klatschen, an der sich die Menschen befinden. De Witt und Hart erreichen jeder eines der Flöße, haben aber nicht die Möglichkeit, gegen den Wind zu den schwimmenden Passagieren zu kommen.

Das ist dann glücklicherweise auch nicht mehr notwendig, denn alle auf St. Croix stationierten Einheiten haben ihre Hubschrauber unmittelbar nach Bekanntwerden des Notfalls in Marsch gesetzt. Ein Sikorsky Helikopter der U.S. Coastguard rettet elf Überlebende, ein Boeing-Vertol Seaknight Hubschrauber der U.S. Marines zieht drei Menschen aus dem Wasser. Auf das Konto einer Sikorsky Sea King schließlich kommen 26 Insassen der Unglücksmaschine, die der sehr große Helikopter nach und nach in die Geborgenheit seines Laderaumes hievt. Nach zwei Stunden ist alles vorbei, die Rettung beendet. Schwierig war es für die Besatzungen der Hubschrauber, denn heftiger Wind und schwere Regenschauer mit Böen und die auf teilweise unter 600 Meter reduzierte Sicht hatten es den Piloten nicht gerade leicht gemacht.

23 Menschen haben das Unglück nicht überlebt, eine viel zu hohe Quote gemessen an der einigermaßen glimpflich verlaufenen Notwasserung. So kam auch der NTSB Untersuchungsbericht zu dem Schluss, dass die schlechte Crewkoordination in Verbindung mit der funktionslosen Bordsprechanlage der Hauptgrund dafür war, dass so viele Menschen mit in die Tiefe gerissen wurden.

Aber primärer Auslöser war das schlechte Treibstoffmanagement. Hier hatte de Witt auf ganzer Linie Mist gebaut, oder wie es Brookes in seiner ausführlichen Beschreibung dieses Unfalls zusammenfasst: „Beobachten zu müssen, wie zwei 17.500 PS leistende Motoren buchstäblich verhungern, weil ohne guten Grund kein Sprit mehr da ist, ist die flugtechnisch größte Blödheit, die man sich leisten kann."

Folgende Quellen wurden ausgewertet

- Bordoni, Antonio: Airlife's Register of Aircraft Accidents; S.132
- Brookes, Andrew: Flights to Disaster; S.64ff
- Denham, Terry: World Directory of Airline Crashes; S.115
- Eddy, Paul u.a.: Destination Disaster; S.351
- Faith, Nicholas: Black Box; 6.A.; S.164
- Forman, Patrick: Flying into Danger; S.179f
- Godson, John: The Rise and Fall of the DC-10; S.30
- Goldstein, Avram: Flying out of Danger; S.4-8f
- Hengi, B.I.: Crash; S.106
- Hubert, Ronan: Les Catastrophes Aeriennes de 1920 a 1996; S.215
- Job, Macarthur: Air Disaster Volume 1; S.67ff
- Owen, David: Air Accident Investigation; 102ff
- Power-Waters, Brian: Safety Last; S.85
- Ramsden, J.M.: The Safe Airline; S.77f
- Richter, Jan-Arwed: Jet-Airliner-Unfälle; S.105ff
- Roach, J.R.: Jet Airliner Production List; Volume 2; S.265
- Veronico, Nicholas A.: Wreckchasing Volume 2; S.107
- Weir, Andrew: The Tombstone Imperative; S.134
- Unfallbericht: NTSB AAR-71-08

Die längste Flugzeug- entführung aller Zeiten

Flugkapitän John Testrake ist die Ermüdung nach mehreren Tagen anzusehen.   Foto: picture alliance

Die Älteren von uns erinnern sich noch an die guten alten Zeiten, als man am Flughafen nur sein Ticket, bei Auslandsreisen noch den Pass vorzeigen musste und dann zum Flugzeug marschierte. Keine Schleusen, keine Polizisten, kein Sicherheitspersonal – nichts gab es, was den direkten Zugang zur Maschine unterbrach. Dann kamen die Hijacker und alles wurde anders.

Flugzeuge sind ganz bestimmt nicht dafür gebaut worden, um mehrere Tage in ihnen zu verbringen. Wer schon einmal eine längere Strecke geflogen ist, weiß, wie beschwerlich es nach einiger Zeit werden kann. Das Sitzen wird zur Qual, die Zeit scheint besonders langsam zu verstreichen, die Schlangen vor den WCs werden zu bestimmten Zeiten unerträglich lang und hin und wieder erlebt man auch einmal, dass das letzte Handtuchpapier bereits verbraucht ist.

Ich bin davon überzeugt, dass alle Insassen nach einem Langstreckenflug liebend gern das Flugzeug verlassen, um der Enge der Konstruktion zu entgehen, um endlich wieder ungefilterte Frischluft in die Lungen zu bekommen und die angeschwollenen Füße zu vertreten.

Die großen Düsenflugzeuge sind und waren nicht dafür ausgelegt, mehrere Tage in ihnen zu verbringen. Die gesamte Technik im Kabinenraum ist so konstruiert, dass nach einigen Stunden entsorgt, gesäubert, nachgefüllt werden muss. Anders könnte man den unterdurchschnittlichen Komfort beispielsweise der Sanitäranlagen gar nicht akzeptieren.

Mehrtägige Entführungen von Flugzeugen bescheren also den Passagieren und der Besatzung zu den allgegenwärtigen Ängsten noch eine Einbuße an Komfort, die mit jeder Stunde, die die Menschen in dem entführten Flugzeug zubringen müssen, überproportional zunimmt.

Entführungen, die sich über einige Tage hingezogen hatten, hatte es schon häufiger gegeben, aber die 17-tägige Odyssee der N64339, einer Boeing 727-200 der Trans World Airlines (TWA) stellte in ihrer Ausdehnung auf schreckliche, ja mörderische Weise alles weit in den Schatten, was es bis dahin gegeben hatte.

Für ein besseres Zeitgefühl habe ich in diesem Fall einmal die Form des Tagebuchs gewählt, sodass Sie die Ereignisse anhand des jeweiligen Datums besser in den Zeitrahmen einordnen können.

Freitag, 14. Juni 1985 (1. Tag)

Die Boeing 727 der TWA aus Kairo startet nach einer Zwischenlandung in Athen erneut, um den zweiten und letzten Streckenabschnitt nach Rom abzuwickeln. Am Steuer sitzt Flugkapitän John Testrake. Er wird durch den Ersten Offizier Phillip Mareska und den Flugingenieur Benjamin Zimmermann unterstützt. Die Maschine ist mit 145 Passagieren besetzt, nur ein Platz ist frei. Daher ist auch die Kabinencrew heute in voller Stärke vorhanden, fünf dienstbare Geister werden dennoch alle Hände voll zu tun haben, die Passagiere auf der relativ kurzen Strecke mit allem Notwendigen zu versorgen.

Viel Service wird es dann aber doch nicht geben, denn die beiden schiitischen Libanesen Ahmed Gharbiyeh und Ali Youness haben die Entführung dieser Maschine von langer Hand vorbereitet. Sie haben sich Athen ausgesucht, weil an diesem Flughafen bekanntermaßen schlecht kontrolliert wird. Sie haben über Mittelsmänner eine Pistole und mehrere Handgranaten an das Reinigungspersonal übergeben lassen.

So konnten sie ungehindert durch die Sicherheitsschleusen gelangen und verfügen dennoch kurz darauf über Druckmittel, die einem Piloten keine Alternative lassen. Ein dritter Komplize mit Namen Ali Atweh hat allerdings weniger Glück. Er wird gefilzt und erst einmal festgenommen, weil er im Besitz von zwei gefälschten marokkanischen Pässen ist.

Zehn Minuten nach dem Start hört die Cockpitcrew lautes Hämmern an der Tür zur Kabine. Testrake ignoriert dies einfach, wird aber kurz darauf durch seine Stewardess Uli Derickson per Bordtelefon gebeten, die Tür zu öffnen, weil es einige Hijacker an Bord gäbe, die die anderen Mädels in ihrer Gewalt hätten. Die Situation bietet keine Wahl und die Tür wird geöffnet.

Zwei Männer stürmen schwer bewaffnet in das Cockpit. Testrake lässt sich angesichts einer Pistole, einer Plastikbombe und insbesondere einer Handgranate, deren Sicherheitsstift bereits entfernt wurde, nicht lange bitten und willigt in eine Änderung der Flugroute nach Beirut ein, nachdem es Stewardess Derickson gelungen ist, mit einem der Hijacker in deutscher Sprache zu verhandeln und diesem klar zu machen, dass der Treibstoff keinesfalls bis zur gewünschten neuen Destination Algier reichen würde.

Die Situation ist dabei zum Kochen heiß, denn die Hijacker sind unbeherrscht, aggressiv und fuchteln wild und gefährlich mit ihren Waffen in der Gegend herum. Terror, ein Wort, das im Begriff „Terroristen" nicht zufällig enthalten ist, wird bewusst und brutal ausgeübt. Der Kapitän ist äußerst nervenstark und kann in dem heillosen Durcheinander noch unbemerkt eine verschlüsselte Nachricht an die TWA durchgeben, so ist zumindest gewährleistet, dass man am Boden unmittelbar darauf von dem Überfall Kenntnis hat.

Die Hijacker sortieren die Passagiere derweil neu: junge, kräftig erscheinende Männer werden ans Fenster gesetzt. Die harmloser wirkenden Frauen und Kinder sowie alte Leute müssen auf den innen gelegenen Gangsitzen Platz nehmen. Wer nicht schnell genug pariert, wird brutal geschlagen. Alle müssen bis auf Weiteres ihre Köpfe auf die Knie legen und dürfen sich nicht bewegen.

In Beirut angekommen, verweigert ein Fluglotse der im Sinkflug befindlichen Boeing 727 erst einmal die Landeerlaubnis. Der Flugkapitän wird geschlagen und fragt daraufhin etwas nachdrücklicher, aber das hilft trotzdem nichts. Schließlich platzt Testrake der Kragen und er leitet auch ohne Genehmigung den Landeanflug ein.

Während des Endanfluges allerdings ringt sich der Lotse im Tower doch noch zu einer Landeerlaubnis durch. Dann muss aber wieder ein wenig Geduld aufgebracht werden, denn die Landebahn wird gerade umkämpft.

Die auf Seiten der Hijacker stehenden, schiitischen Kämpfer der Amal versuchen die Bahn freizuhalten, während christliche Drusen-Milizen die Bahn blockieren und eine Landung der 727 verhindern wollen. Die Schiiten gewinnen im buchstäblich letzten Augenblick und die Boeing kann ein erstes Mal bei dieser Entführung landen.

Die Entführer wollen hier lediglich auftanken, aber das wird ihnen verweigert. Die Flughafenleitung will zumindest Frauen und Kinder im Tausch gegen Treibstoff aus der Maschine herausholen. Kurz bevor die beiden Terroristen daraufhin wütend auf die Passagiere losgehen wollen, entspannt sich die Situation durch überzeugende Argumente. Stewardess Derickson und Testrake erklären den Hijackern den Vorteil eines leichteren Flugzeugs.

So werden siebzehn Frauen und zwei Kinder schließlich doch noch gegen Kerosin getauscht. Um zu verhindern, dass von außen über eine starre Treppe gestürmt wird, wie dies vor Kurzem in einem anderen Entführungsfall geschah, müssen die neunzehn freigelassenen Menschen die Maschine über die Notrutsche der vorderen Tür verlassen. Nun befinden sich noch 126 Passagiere und die acht Crewmitglieder an Bord.

Kurz darauf ist Maschine startbereit und hebt – immer noch mit einigen Tonnen Übergewicht – mit Ziel Algier ab. Um 15:30 Uhr in Algier angekommen soll erneut aufgetankt werden. Das wird wiederum verweigert, diesmal jedoch aus finanziellen Gründen, denn die herbeigerufene Mineralölfirma will erst Geld sehen.

So zückt Stewardess Uli Derickson ihre persönliche Kreditkarte, wirft diese aus dem Fenster und 6.000 Dollar werden abgebucht. Nun gibt es auch die gewünschten 23.000 Liter Kerosin. Hier hat alles eine furchterregende Ordnung. Allerdings hat die Stewardess bis heute das Privileg, die größte jemals privat getankte Flugbenzinmenge vorweisen zu können.

Der eine Hijacker lehnt sich während des Betankens eine Zeit lang aus dem Fenster. Testrake geht blitzschnell ein Gedanke durch Kopf: Wie wäre es, wenn er den Mann an den Beinen packt und die zwölf Meter hinunterwirft? Gar nicht erstaunlich hat Copilot Phillip Mareska denselben Gedanken, aber nach einem stillen Blickkontakt der beiden Männer entscheidet sich Testrake anders. Gut so, denn wenige Meter hinter ihm hält der andere Entführer die Passagiere mit seiner Pistole in Schach.

Weitere zweiundzwanzig Frauen und Kinder werden im Tausch gegen das Kerosin aus der Maschine entlassen. Nun befinden sich nur noch 112 Menschen an Bord. Dabei gehen die beiden Libanesen weiterhin sehr rabiat vor. Eine Frau geht ihnen offenbar auf die Nerven, weil sie nur langsam die Treppe hinuntergehen kann. Sie wird angebrüllt: „Wenn Du noch länger leben willst, dann beeile Dich gefälligst." Kurz darauf hebt die Maschine wieder ab. Und noch einmal geht es nach Beirut.

Sonnabend, 15. Juni 1985 (2. Tag)
Um zwei Uhr morgens erreicht das Flugzeug erneut Beirut, wo wiederum gekreist werden muss, weil Christen und Schiiten die Landebahn umkämpfen. Zudem liegt der Flugplatz in vollständiger Dunkelheit. Wie am Vortag will die Flugleitung die Maschine abwimmeln und das Geschacher geht von Neuem los.

Als es ihm schließlich zu bunt wird, reißt der Hijacker Testrake das Mikrofon aus der Hand und kündigt dem Fluglotsen an, er werde die Maschine in Kürze auf den Präsidentenpalast oder besser noch auf den Tower stürzen lassen. Das hilft.

Testrake erhält sofort die Genehmigung zum Landen. Höchste Zeit, denn er hat nur noch für fünf Minuten Kerosin im Tank. Die Landebahnbeleuchtung wird angeschaltet und schnellstmöglich sucht der Flugkapitän die sichere Erde mit seiner 727 auf.

Wieder gibt es Streit um die Betankung, wieder drohen die beiden Terroristen. Sie schlagen den als verhassten US-amerikanischen Marineangehörigen identifizierten Robert Stethem, bis er ohnmächtig wird. Die Flughafenleitung wird erneut aufgefordert, Treibstoff zu liefern. Als dies nichts fruchtet, passiert ein furchtbares Drama.

Testrake hat diese Szene später sehr eindrücklich beschrieben: „Plötzlich ging einer der Hijacker auf Robert Stethem zu, der immer noch bewusstlos am Boden lag. Er riss ihn auf die Füße, schob ihn an den offenen Ausgang. Dann schoss er ihm in den Kopf und der junge Mann fiel tot auf den Beton hinunter. Es war ein unbeschreibliches Gefühl, das mich bei seinem Tod überkam. Eine Woge tiefer Trauer überkam mich. Ich lehnte mich in meinem Sitz nach vorn und schloss die Augen. Ich betete nicht, denn es fehlten mir die Worte."

Jetzt endlich wird der geforderte Treibstoff zugesagt und auch der Lebensmittelvorrat wird aufgestockt. Leider nimmt die Maschine aber darüber hinaus auch noch ein knappes Dutzend weitere Terroristen der Amal an Bord. Hat man zuvor noch damit geliebäugelt, die beiden irgendwann wegen Müdigkeit überwältigen zu können, so ist dieser Gedanke nunmehr völlig absurd.

Später wird eine Stewardess mit brutaler Gewalt gezwungen, Menschen mit jüdischen Namen anhand ihrer Pässe zu identifizieren. Ihre Weigerung wird gar nicht zur Kenntnis genommen und so bemüht sie sich unter größter eigener Gefahr, den einen oder anderen jüdischen Reisenden als „Deutsch" oder „Ausländisch" zu übergehen. Acht jüdisch anmutende Passagiere werden schließlich aus der Maschine geholt und verschleppt.

Endlich werden auch die Motive der Entführer klar, weil nun eine genaue Forderung auf

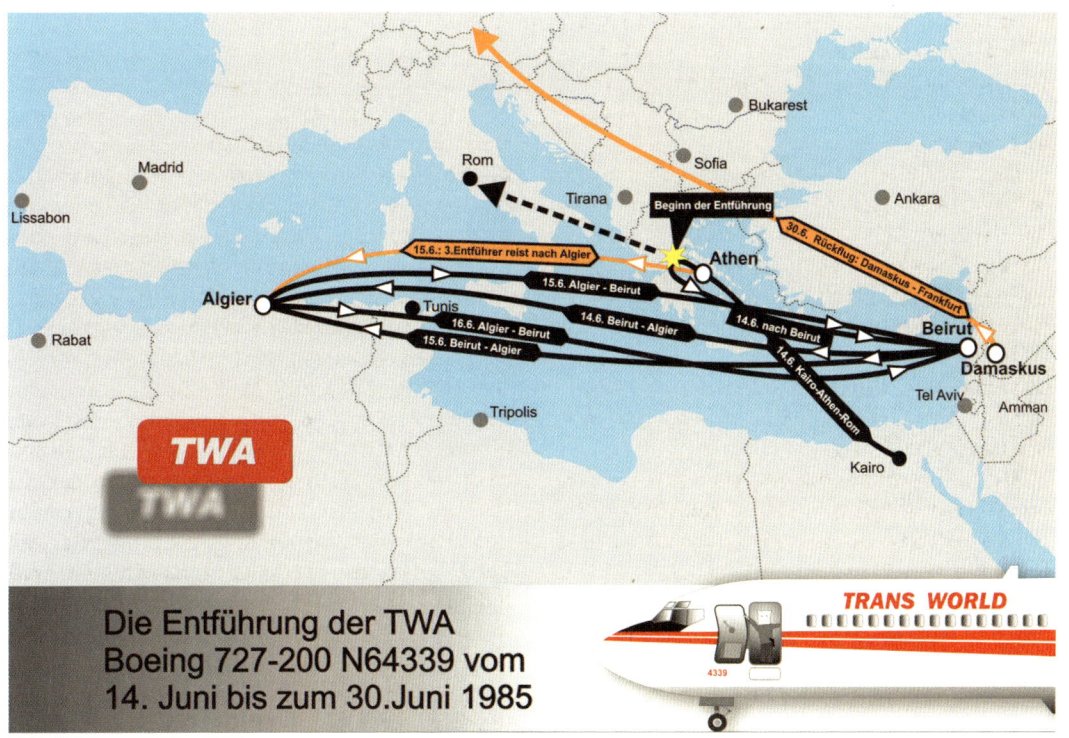

Die Entführung der TWA Boeing 727-200 N64339 vom 14. Juni bis zum 30. Juni 1985

den Tisch gelegt wird. Das heißt, es ist eine ganze Reihe teilweise merkwürdig bis abstrus anmutender Forderungen. Im Einzelnen:

- Es darf kein arabisches Öl mehr an den Westen verkauft werden.
- Israel lässt einige hundert schiitische Kämpfer frei.
- Kuwait lässt siebzehn gefangene schiitische Terroristen frei.
- Arabische Gelder werden von westlichen Banken abgezogen.
- Freilassung des in Athen festgenommenen Komplizen.

Um Druck auszuüben, drohen die Hijacker mit der Tötung einiger griechischer Insassen. In Athen kennt man ja nun die grausame Entschlossenheit der Hijacker, hat nachdrücklich vermittelt bekommen, dass ihnen ein Menschenleben nichts bedeutet und die dortige Regierung entschließt sich schweren Herzens, den

Informationen über dieses Flugzeug	
Kennzeichen	N64339
Fluggesellschaft	Trans World Airlines Inc. - TWA
Flugnummer	TW847
Typ	Boeing 727-200 Advanced (727-231A)
Seriennummer	20844
Fabrikationsnummer	1065
Erstflug	27.08.1974
Außenmaße	Länge 46,69 m
	Spannweite 32,92 m
	Höhe 10,36 m
Triebwerke	3 x Pratt & Whitney JT8D-9A
Leistung	3 x 6.577kp
Max. Startgewicht	84.051 kg
Anzahl Passagiere	146 max.
Dienstgipfelhöhe	12.000 m
Max. Reichweite	5.500 km
Max. Geschwindigkeit	983 km/h
Anzahl gebaut	983 (727-200A); 1.832 (727 insgesamt)
Dauer der Entführung	14.06.1985 bis 01.07.1985
Insassen (Unfalltag)	Insgesamt 153 (davon 8 Crew)
	Tote 1 (davon 0 Crew)
	Verletzte 0
	Unverletzt 152 (davon 8 Crew)

Terroristen freizulassen. Man setzt ihn in eine Olympic Airways Maschine nach Algier.

Frühmorgens um 7:30 Uhr geht es mit den verbliebenen 103 Insassen schon wieder nach Algier, diesmal allerdings mit einer wesentlich stärkeren Entführertruppe.

Kurz nach der Ankunft wird der in Athen zurückgelassene Komplize begrüßt. Danach kommen zwei algerische Behördenvertreter und verhandeln den gesamten Tag über mit den Entführern. Im Gegenzug für den Athener Komplizen und nach zähen Verhandlungen dürfen an diesem Tag insgesamt fünf Mitglieder der Besatzung und 56 um ihre Wertsachen erleichterte, aber dennoch überglückliche Passagiere die Boeing verlassen. Nun befinden sich noch 36 Passagiere, die drei Cockpitinsassen und ein gutes Dutzend Terroristen an Bord.

Einerseits freut man sich auf Seiten der Regierungen über diesen Erfolg. Andererseits ist man sich im Klaren darüber, dass die Hijacker nur diejenigen entlassen haben, die ihnen lästig und unpraktisch erscheinen, Frauen, Alte, Kranke und Kinder. Die restlichen Menschen an Bord lassen sich zudem wesentlich besser überschauen. Es sind ausschließlich Männer und fast alle US-Bürger.

Sonntag, 16. Juni 1985 (3. Tag)

Der Morgen bricht an und die gefangenen Schiiten in Israel sind immer noch nicht abgeschoben. Israel weigert sich und hat dabei weltweite Rückendeckung. Am späten Abend geht es wieder nach Beirut, man hat fast das Gefühl, die Terroristen kennen keine anderen Ziele, dabei ist dieses scheinbar ziellose Hin und Her eiskaltes Kalkül, dazu dienend, die andere Seite zu zermürben. Aden und Teheran werden jedoch immer wieder als weitere mögliche Anlaufpunkte der Odyssee genannt.

Mühsam schafft der völlig übermüdete Testrake die Strecke und wieder ist es sozusagen der letzte Moment, in dem die Maschine die Landebewilligung erteilt wird, denn diesmal hat man die Bahn mit Lkw gesperrt in der Hoffnung, die Maschine würde so nicht landen können. Nach verzweifelten Vorwürfen des Flugkapitäns werden die Lkw entfernt und wie eng es diesmal war, zeigt ein kleines Detail: noch wäh-

Zwei der Entführer der TWA-Maschine 847 bei einer Pressekonferenz am 30. Juni 1985 in Beirut. Sie gaben die Freilassung aller von ihnen genommenen Geiseln bekannt. Israel ließ seinerseits 735 gefangene Schiiten frei.   Foto: picture alliance

rend des Bremsvorgangs schaltet sich ein Triebwerk wegen Treibstoffmangels ab!

Direkt nach der Landung werden sechs der Geiseln ausgewählt. Sie haben entweder jüdisch anmutende Namen oder amerikanische Militärausweise. Schiiten holen sie aus dem Flugzeug. Sie stehen fürchterliche Ängste aus, aber glücklicherweise werden sie lediglich auf verschiedene Stadtteile in Beirut verteilt.

Diese Maßnahme war von den Entführern so rasch vollendet worden, weil durchgesickert war, dass sich eine Spezialeinheit der Amerikaner bereits in Larnaca auf Zypern befände, um eine Erstürmung der Maschine vorzubereiten, so wie es die Presse in den USA immer wieder nachdrücklich fordert. Die Besatzung der 727 betet darum, dass dies nicht geschieht und ihre Gebete werden erhört.

Die Geiselnehmer lassen sich inzwischen Zeitungen bringen, um die Reaktionen der Weltöffentlichkeit zu studieren. Es ist nicht überliefert, ob sie zufrieden mit dem Erreichten waren, aber man kann sich unschwer vorstellen, dass nunmehr eine Entscheidung kurz bevorsteht.

Folgerichtig werden im Laufe des Abends, direkt nach Einbruch der Dunkelheit, weitere Menschen aus dem Flugzeug geholt und ebenfalls auf die einzelnen Viertel der großen Stadt verteilt. Nun wäre eine Erstürmung der Maschine sinnlos und unterbleibt entsprechend.

Aber ganz kampflos will die USA nicht aufgeben, oder zumindest das Gesicht wahren in Anbetracht einer ansonsten als aussichtslos erscheinenden Situation. So werden Einheiten der Sechsten Flotte mit insgesamt 1.800 Soldaten vor die Küste des Libanon beordert. Gleichzeitig steht eine Staffel Jagdflugzeuge in der Türkei

bereit und wartet nur noch auf den Befehl zum Angriff.

Montag, 17. Juni 1985 (4. Tag)

Vor Morgengrauen sind die letzten Passagiere des Flugzeugs in die Stadt verlegt worden. Nur die drei Besatzungsmitglieder Testrake, Mareska und Zimmermann sind bei ihrem Flugzeug geblieben, um eine Art Aufpasser zu spielen. Auch scheint dies im Sinne der Hijacker zu sein, die sich weitere Optionen mit der 727 offen halten wollen.

Die sechs zuerst aus dem Flugzeug gebrachten Geiseln werden inzwischen heimlich nach Balbeck in Syrien gebracht, weil man meint, sie in der dortigen Scheich-Abdullah-Kaserne besser vor einem Befreiungsversuch schützen zu können. Jetzt beginnt das lange Warten.

Mittwoch, 19. Juni 1985 (6. Tag)

Die Presse wird eingeladen, um die immer noch im Flugzeug gefangen gehaltene Crew zu „besichtigen". An diesem Tag geht ein berühmt gewordenes Foto um die Welt, das Testrake zeigt, wie er aus dem Cockpitfenster lehnt, umarmt von einem der Hijacker, der seine Pistole auf den Piloten richtet. Allerdings hat die Umarmung nichts Versöhnliches, mutet eher wie ein Schwitzkasten an.

AFP und ABC News sprechen mit dem Piloten, bis ein Terrorist die Sache durch Gewehrfeuer beendet. Die Journalisten verlassen fluchtartig die Szene. Später werden Toilettenartikel und Zahnbürsten an Bord geholt. Die Crew hat darum gebeten und großmütig haben die Terroristen eingewilligt.

Mittwoch, 26. Juni 1985 (13. Tag)

Endlose Verhandlungen kennzeichnen die vergangenen sieben Tage, ohne dass es in irgendeiner Hinsicht voranzugehen scheint. Offenbar fühlen sich die Geiselnehmer aber zunehmend unter Druck, denn ein Passagier, der unter Herzattacken leidet, wird freigelassen.

Sonnabend, 29. Juni 1985 (16. Tag)

Etwas braut sich zusammen. Die Geiseln werden aus den verschiedenen Stadtteilen zusammengezogen und gemeinsam in eine Schule verbracht. Vier Passagiere fehlen. Auch die Crew ist nicht dabei. Es ist aber noch unklar, was passieren wird, die Geiseln werden über die Entwicklung nicht informiert, sie sind unruhig.

Sonntag, 30. Juni 1985 (17. Tag)

Die restlichen vier Passagiere und die Crew gesellen sich zu den anderen Geiseln. Alle werden beschenkt und ihnen werden Blumen überreicht. Darauf könnten die Gefangenen vermutlich gern verzichten und würden den Hijackern die Blumen wohl viel lieber um die Ohren hauen. Verständlich jedoch, dass sich niemand traut und kurz darauf werden sie in Begleitung von Amal Kämpfern, Drusen, Rotem Kreuz und syrischen Offizieren durch die Stadt zum Flughafen gebracht. Die Parade wird angeführt von einem Lkw mit einer aufmontierten Flug-Abwehrkanone.

Die Verhandlungen haben lange gedauert, beide Seiten haben sich sehr auf ihre Standpunkte zurückgezogen, aber nun endlich gibt es doch noch das langersehnte Ende der Entführungsgeschichte. Israel hatte eingelenkt und entlässt 735 gefangene Schiiten. Gleichzeitig werden darum auch alle Geiseln jetzt in die Heimat entlassen.

Es ist ein unbeschreibliches Gefühl, nach so langer Zeit des Bangens und der Angst nach und nach die Mitgefangenen wiederzusehen, zum Flughafen gebracht zu werden und die riesige Lockheed C-141 Starlifter der U.S. Air Force zu erblicken. Schon bald haben sie die Transportmaschine über die breite Heckrampe betreten, um schlussendlich doch noch in die langersehnte Freiheit zurückzukehren.

Auch die Boeing 727 N64339 kommt kurz danach wieder frei. Sie fliegt noch viele Jahre, bevor sie im Mai 2002 verschrottet wird.

Montag, 1. Juli 2004 (18. Tag)

Die amerikanischen Geiseln erreichen über Frankfurt den amerikanischen Luftwaffenstützpunkt Andrews Airforce Base in den USA, wo sie von Präsident Ronald Reagan begrüßt werden. Das Drama hat ein vergleichbar moderates Ende gefunden. Dass es nicht mehr Tote gegeben hat, da sind sich alle Kritiker einig, war insbesondere dem mutigen und intelligenten Verhalten der Crew der 727 zu verdanken.

Die IFALPA, der amerikanische Pilotenverband, erwirkte unmittelbar nach Beendigung einen umfassenden Boykott des Beiruter Flughafens, dessen Personal ganz offensichtlich nicht die Sicherheit landender Maschinen und deren Passagiere gewährleisten konnte.

Eineinhalb Jahre später, am 15. Januar 1987 versucht ein gewisser Mohammed Ali Hamadi in Frankfurt hochexplosive Flüssigkeiten nach Deutschland einzuschmuggeln. Er wird verhaftet und gibt später seine Beteiligung an der Entführung der 727 zu. Den Mord an Stethem allerdings habe er nicht verübt. Er wird am 17. Mai 1989 zu einer lebenslangen Haftstrafe verurteilt. Damit ist ein wichtiges Kapitel dieser längsten Flugzeugentführung aller Zeiten beendet.

Was in unseren Köpfen bleibt, ist eine kalte Wut über Menschen, die so etwas tun und darüber, dass die Bösen letztendlich ihr Ziel erreicht haben. Fühlen Sie auch so? Dann genießen Sie doch einfach das nächste Kapitel, denn dort gewinnen die Guten.

Folgende Quellen wurden ausgewertet

- Bordoni, Antonio: Airlife's Register of Aircraft Accidents; S.214
- Choi, Jin-Tai: Aviation Terrorism; S.109ff
- Curtis, Todd: Understanding Aviation Safety Data; S.151
- Gero, David: Flüge des Schreckens; S.85
- Moore, Kenneth C.: Airport, Aircraft and Airline Security, S.392
- Moser, Sepp: Wie sicher ist Fliegen?; S.211
- NN: Flugzeug Katastrophen; S.60ff
- Oster, Clinton: Why Airplanes Crash; S.144
- Roach, J.R.: Jet Airliner Production List; Volume 1; S.107 (4.A.); S.109 (5.A.)
- Srivastava, Bimal: Aviation Terrorism; S.28 + S.36
- Stich, Rodney: Unfriendly Skies; S.370
- Taylor, Laurie: Air Travel - How Safe is it?; SS.227ff + 241
- Winslow, John: Mayday; S.40ff
- Internetsuche mit „TWA, 727, Hijack"; zahllose Berichte

Flugzeugentführung 15
lohnt sich nicht

Flugzeugentführungen sind nur äußerst selten von Erfolg gekrönt, insofern ist der in Kapitel 14 geschilderte Fall eher die Ausnahme. Den älteren Lesern ist sicher noch gut in Erinnerung, wie erfolgreich beispielsweise die Geiseln aus der „Landshut" der Deutschen Lufthansa befreit wurden, ein aufsehenerregender Fall. Aber weit spektakulärer war eine andere Aktion, die am 27. Juni 1976 in Tel Aviv ihren Anfang findet.

Dort startet ein Airbus A300 der Air France mit dem Kennzeichen F-BVGG zu einem normalen Linienflug über Athen nach Paris. Niemand ahnt, dass gerade dieses Flugzeug auserkoren ist für eine Entführung. Diese beginnt – inzwischen wundert uns das nicht mehr – in Athen. Dort mischen sich unter nicht geklärten Umständen vier Terroristen unter die Fluggäste.

Als sich die Maschine kurz nach dem Zwischenstopp wieder in die smoghaltige Luft über der griechischen Hauptstadt erhebt, befinden sich zwölf Crewmitglieder, vier Terroristen und 242 Passagiere an Bord des großen Flugzeugs.

Kurz nach dem Start geben sich zwei Terroristen der deutschen Baader-Meinhof-Gruppe und zwei PLO Terroristen als Hijacker zu erkennen. Schnell steht für den Flugkapitän fest, dass eine Gegenwehr keinerlei Erfolg haben wird und er lässt die Maschine – wie gewünscht – in einer sanften Linkskurve nach Süden abdrehen.

Ziel ist Entebbe, aber so ganz problemlos bzw. nonstop kann diese Stadt nicht erreicht werden, das verstehen die Terroristen auch, nachdem der Flugkapitän die Lage geschildert hat. Nach Paris sind es nur 2.100 Kilometer, während der Flug nach Entebbe in Uganda mehr als doppelt so weit ist.

Zwar könnte ein Airbus A300 die Strecke problemlos in einem Flug ohne Zwischenlan-

Jubelnder Empfang der Befreier auf dem Tel Aviv Airport
Foto: picture alliance

dung bewältigen, der für den „Hopser" nach Paris an Bord genommene Treibstoff ist aber für die zweifache Entfernung zu knapp bemessen. So entschließt man sich, zuerst einmal in das nur 750 Kilometer entfernte Bengasi zu fliegen um dort aufzutanken. Eine hochschwangere Passagierin wird hier frei gelassen, alle anderen Insassen müssen im entführten Flugzeug verbleiben.

Am nächsten Tag geht es dann weiter nach Entebbe, wo zunächst einmal eine alte Dame in das örtliche Krankenhaus eingeliefert wird. Ihr war ein Bissen in die Luftröhre gerutscht und sie war fast an den Folgen erstickt. Dass sie dennoch in Kürze sterben muss, weil man sie ermorden wird, ahnt die bedauernswerte Dame glücklicherweise nicht.

Uganda ist ein wunderschönes Land, das in der damaligen Zeit allerdings nur noch mit negativen Schlagzeilen in der Weltpresse vertreten ist. Uganda leidet in diesen Tagen entsetzlich unter dem tyrannischen Diktator Idi Amin, der jedes Recht mit Füßen tritt und nach vorsichtigen Schätzungen 300.000 seiner Landsleute umbringen ließ, wobei er gern selbst mit Hand anlegte. So ist nicht verwunderlich, dass Amin in Verkennung seiner wirklichen Stärke aktiv mit den Entführern zusammenarbeitet, ist der als „Schlächter von Afrika" bezeichnete Diktator im Herzen doch selbst ein Terrorist.

Die vier Hijacker beginnen nun, die Menschen in der Maschine nach einem einfachen Prinzip zu sortieren: jüdisch oder nicht-jüdisch. Das zieht sich ein wenig hin und so dauert es einige Tage, bis nach und nach 147 der Geiseln entlassen und in die Heimat zurückgebracht worden sind.

Die anhand der israelischen Pässe aussortierten 95 Insassen jedoch müssen weiterhin in Geiselhaft bleiben. Die Besatzung bleibt freiwillig bei den ihnen anvertrauten Passagieren und geht damit ein hohes Risiko ein, bewundernswert.

Die Forderungen der Hijacker liegen bereits seit Längerem auf dem Tisch. Insgesamt 53 „Freiheitskämpfer", die in verschiedenen Ländern in Gefängnissen einsitzen, sollen im Tausch gegen die Geiseln freigepresst werden. Vierzig dieser „Freiheitskämpfer" befinden sich in Israel, die restlichen dreizehn verteilen sich auf insgesamt vier Länder. Ein Ultimatum wird ebenfalls mitgeteilt. Bis zum 4. Juli muss der Handel abgeschlossen sein.

Die Planung der Entführung ist gut vorbereitet worden und auch die Durchführung ist bis jetzt für die Terroristen hervorragend gelaufen. Ein Detail aber haben sie unterschätzt, und zwar gewaltig. Nur einmal war Israel von einer Entführung unvorbereitet getroffen worden, das war am 23. Juli 1968. Israel hatte danach eine Strategie entwickelt, die jedes weitere „Skyjacking" erfolglos machte bzw. von vornherein als aussichtslos erscheinen ließ.

Dies wurde deutlich, als zwischen dem 6. und 12. September 1970 in einer konzertierten Aktion vier große Passagiermaschinen entführt werden sollten. Die drei von TWA, Swissair und BOAC wurden auch erfolgreich gekidnappt, umgeleitet und später in der jordanischen Wüste vollständig zerstört. Die israelische Boeing 707 jedoch entging diesem Schicksal. Ein Terrorist wurde von einem Sicherheitsbeamten erschossen und die später berühmt gewordene Leila Khaled gefangen genommen. Zuvor waren im Dezember 1968 und im Februar 1969 bereits zwei andere Entführungsversuche mit El Al Maschinen gescheitert.

Die vier Entführer in Entebbe jedoch überschätzen sich und wagen es, ihre Kräfte mit Israel zu messen, ein großer Fehler, wie sich bald herausstellen wird. Israel hat bereits unmittelbar nach Bekanntwerden der Entführung mit dem Schmieden von Plänen für die Befreiung der Geiseln begonnen. Die Operation wird unter dem Codenamen „Thunderbolt" vorbereitet, was so viel wie „Donnerschlag" bedeutet.

Informationen über dieses Flugzeug		
Kennzeichen	F-BVGG	
Fluggesellschaft	Air France	
Flugnummer	AF139	
Typ	Airbus A300B4-2C (02.1998 Umbau A300B4-03)	
Seriennummer	19	
Fabrikationsnummer	-	
Erstflug	11.11.1975	
Außenmaße	Länge	53,62 m
	Spannweite	44,84 m
	Höhe	16,53 m
Triebwerke	2 x General Electric CF6-50-C2	
Leistung	2 x 23.814 kp	
Max. Startgewicht	157.500 kg (ab 02.1998: 165.000 kg	
Anzahl Passagiere	292 max. (ab 02.1998: 236)	
Dienstgipfelhöhe	10.060 m	
Max. Reichweite	6.780 km	
Max. Geschwindigkeit	889 km/h	
Anzahl gebaut	569 (A300 insgesamt)	
Dauer der Entführung	27.06.1976 bis 04.07.1976	
Insassen (Unfalltag)	Insgesamt	258
	(davon 12 Crew)	
	Tote Terroristen	4
	Tote Passagiere	3
	Verletzte	42
	Unverletzte	209

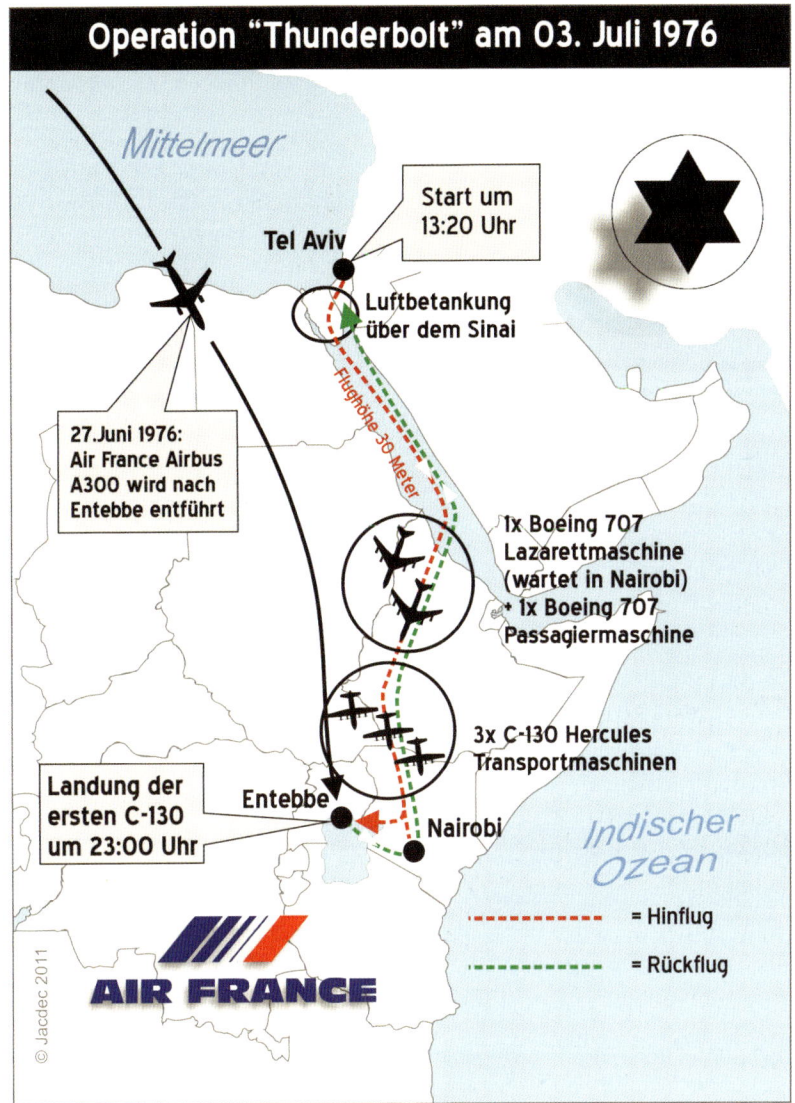

Operation "Thunderbolt" am 03. Juli 1976

Mittelmeer

Start um
13:20 Uhr

Tel Aviv

Luftbetankung
über dem Sinai

Flughöhe 30 Meter

27.Juni 1976:
Air France Airbus
A300 wird nach
Entebbe entführt

1x Boeing 707
Lazarettmaschine
(wartet in Nairobi)
+ 1x Boeing 707
Passagiermaschine

3x C-130 Hercules
Transportmaschinen

Landung der
ersten C-130
um 23:00 Uhr

Entebbe

Nairobi

*Indischer
Ozean*

© Jacdec 2011

AIR FRANCE

------------ = Hinflug

------------ = Rückflug

Am 3. Juli, einen Tag vor Ablauf des Ultimatums, machen sich fünf große Flugzeuge aus Israel auf den Weg nach Süden. Es handelt sich um eine Boeing 707, die als Lazarettflugzeug umgebaut worden ist. Die zweite Boeing ist ebenfalls eine 707, jedoch eine Maschine mit normaler Bestuhlung. Die drei anderen Flugzeuge gehören Israels Luftwaffe. Es handelt sich um Lockheed Hercules C-130, große, viermotorige Transportmaschinen, die in fast jedem Gelände landen können, wendig sind und über eine große Heckrampe verfügen.

Die fünf Maschinen fliegen vorerst gemeinsam durch den offenen Luftraum über dem Golf von Akaba, dann mit entsprechender Freigabe über Äthiopien und schließlich nach Kenia. Dort trennen sich die Wege. Das Lazarettflugzeug landet kurz darauf in Nairobi, die anderen vier Maschinen drehen nach Uganda ab.

Schnell überfliegen diese vier Maschinen den Victoriasee, dessen Luftraum nicht von Uganda überwacht wird und nähern sich Entebbe. Erst im letzten Moment geben sich die Piloten der Flugzeuge als diejenigen zu erkennen, die die ge-

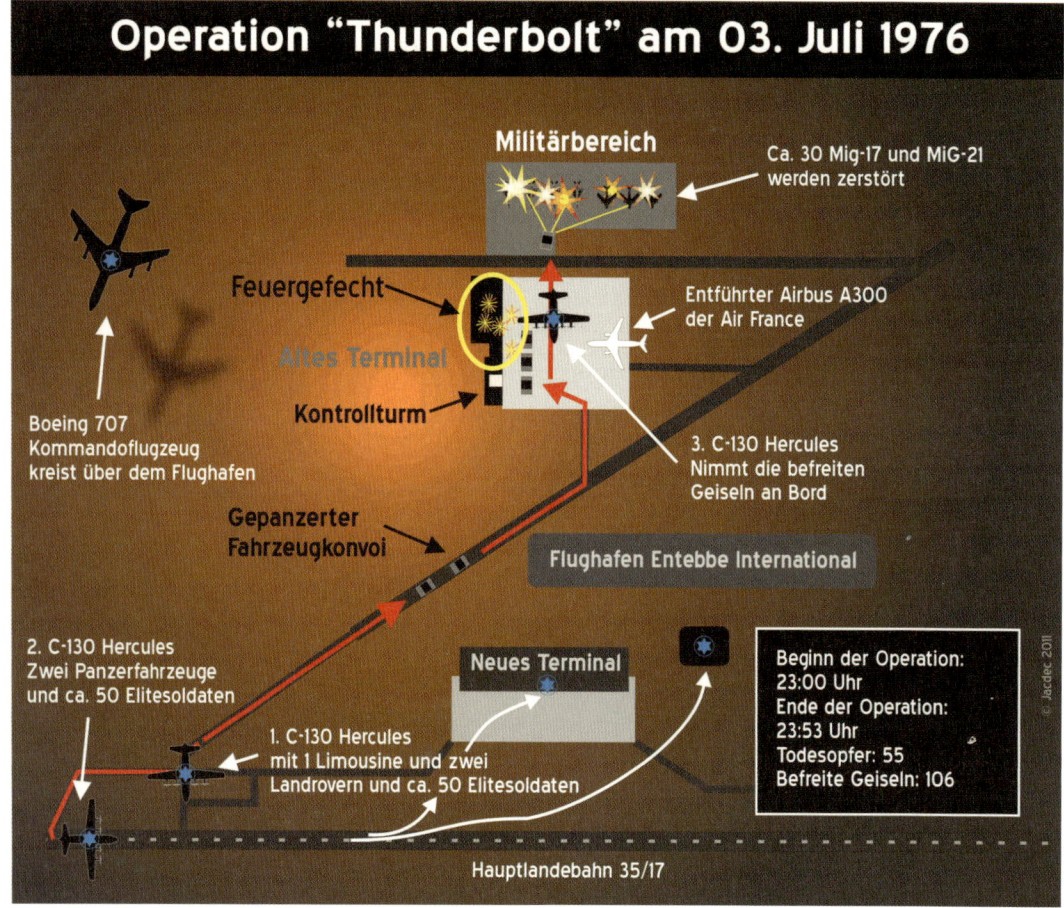

Operation "Thunderbolt" am 03. Juli 1976

Militärbereich

Ca. 30 MiG-17 und MiG-21 werden zerstört

Feuergefecht

Altes Terminal

Entführter Airbus A300 der Air France

Boeing 707 Kommandoflugzeug kreist über dem Flughafen

Kontrollturm

3. C-130 Hercules Nimmt die befreiten Geiseln an Bord

Gepanzerter Fahrzeugkonvoi

Flughafen Entebbe International

2. C-130 Hercules Zwei Panzerfahrzeuge und ca. 50 Elitesoldaten

Neues Terminal

1. C-130 Hercules mit 1 Limousine und zwei Landrovern und ca. 50 Elitesoldaten

Beginn der Operation: 23:00 Uhr
Ende der Operation: 23:53 Uhr
Todesopfer: 55
Befreite Geiseln: 106

Hauptlandebahn 35/17

© Jacdec 2011

---

wünschten „Freiheitskämpfer" mit sich führen. So bleibt den Herrschaften in Uganda wenig Zeit zum Nachdenken.

Dort haben sich bereits mehrere geheime Mitarbeiter des Mossad, des israelischen Geheimdienstes, unauffällig unter die Fluggäste auf dem Flughafen gemischt und die für das Unternehmen „Thunderbolt" erforderlichen Informationen nach draußen gefunkt. Hauptsächlich wollen die Soldaten in den anfliegenden Hercules Maschinen wissen, wo sich die Geiseln befinden und das erfahren sie auch. Die Gekidnappten werden nämlich zusammen im alten Flughafengebäude festgehalten, vor dem auch der entführte Airbus steht.

Gegen Mitternacht landen die vier israelischen Flugzeuge, die zwar tatsächlich Freiheitskämpfer an Bord haben, aber welche von einer ganz anderer Sorte als diejenigen, die die vier Terroristen erwarten. Stattdessen entlassen die drei Hercules Maschinen in Windeseile 150 Elitesoldaten in die Dunkelheit der afrikanischen Nacht.

Eine Hercules hat noch eine besondere Überraschung mitgebracht. Direkt nach dem Aufsetzen wird die Heckrampe heruntergelassen und ein schwarzer Mercedes in Luxusversion verlässt begleitet von Landrovern unauffällig das Flugzeug. Dieser Mercedes ist so präpariert, dass nicht einmal ein Leibwächter des Diktators Idi Amin ihn von dessen Dienstwagen unterscheiden könnte, eine geradezu perfekte Kopie – natürlich einschließlich des Kennzeichens. Die Verwandlung des zuvor elfenbeinfarbenen Wagens zu einem perfekten Ebenbild des tiefschwarzen Präsidentenautos in kürzester Zeit ist für sich betrachtet ebenfalls eine ungemein spannende Geschichte. Sie würde aber den Rahmen dieses Berichts mehr als sprengen.

So salutieren die ugandischen Wachen am Flughafen ehrerbietig, als sich das wohlbekannte Gefährt mit den verdunkelten Scheiben und den bewachenden Landrovern nähert. Sie können nicht mehr entdecken, dass sie einem Irrtum aufgesessen sind, denn Sekunden später liegen sie allesamt tot am Boden, erschossen von den verkleideten Israelis.

Eine andere Gruppe der Elitesoldaten bricht in das alte Flughafengebäude ein und brüllt in den Raum: „Wir sind Israelis, Köpfe runter, auf den Boden!". Dann schießen sie auf die Terroristen, von denen vier im Kugelhagel sterben. Leider gelingt es zwei Geiseln nicht, sich schnell genug in Sicherheit zu bringen, auch sie verlieren bei dieser Aktion ihr Leben.

Eine zweite Einheit der israelischen Soldaten stürmt inzwischen den Tower des Flughafens Entebbe. Dort treffen sie auf wenig Gegenwehr und zerstören die gesamten Funkanlagen, um eine Kommunikation mit Einheiten der Luftwaffe des Landes zu unterbinden. Im Zuge dieser Aktion verlieren sie allerdings den Anführer der Operation „Thunderbolt", den Lt. Colonel Yehonatan Natanyahu, der von einem ugandischen Soldaten getötet wird. Er wird glücklicherweise der einzige tote Befreier bleiben.

Parallel zu diesen beiden Aktionen hat sich eine dritte Kommandoeinheit der zahlreich auf dem Flugplatz abgestellten MIG-21 und MIG-23 Jagdflugzeuge russischer Bauart angenommen. Nach sorgfältig und umfassend getaner Arbeit wird keine der Maschinen jemals wieder fliegen und schon gar nicht die Verfolgung der israelischen Boeing 707 und der drei Hercules aufnehmen können.

Es vergeht nur eine kurze Zeit, dann befinden sich die Geiseln samt und sonders in den israelischen Flugzeugen, die im Sekundenabstand das ungastliche Entebbe verlassen und sich, geführt von der speziell ausgerüsteten Boeing, über den Victoriasee nach Nairobi auf den Weg machen. Gerade mal 90 Minuten sind seit Beginn der Aktion vergangen.

Vier der Hijacker sind getötet worden und mit ihnen viele Ugander. Weitere ca. 100 sind verletzt. Die überlebenden Terroristen und Idi Amin können nun erst einmal nachdenken darüber, was es für Terroristen bedeutet, sich mit Israel anzulegen, während die insgesamt 42 Verletzten bereits in Nairobi in das Lazarettflugzeug gebracht werden.

Die anderen vier Maschinen tanken auf und machen sich über Äthiopien und den Golf von Akaba auf demselben Weg zurück, auf dem sie gekommen sind. Auf dem Ben-Gurion-Flughafen in Tel Aviv wird ihnen ein jubelnder Empfang bereitet, getrübt lediglich durch den Tod von Lt. Colonel Yehonatan Natanyahu, mit dem Israel einer langen Reihe von Helden einen weiteren hinzufügt.

Der Airbus wird später wieder zurückgeholt. Auch dieses Kapitel wird positiv abgeschlossen. „Thunderbolt" war eine der erfolgreichsten Befreiungsaktionen in der Geschichte der Flugzeugentführungen und mit absoluter Sicherheit die spektakulärste.

Aber in die Begeisterung der Befreiung mischt sich bald wieder tiefe Trauer, als bekannt wird, dass die im Krankenhaus von Entebbe zurückgelassene alte Dame brutal ermordet wird.

Der Airbus wird 1998 verkauft und die historische, inzwischen fast dreißig Jahre alte Maschine fliegt seitdem unter dem Kennzeichen TC-MNA für die türkische MNG Airlines Cargo.

Folgende Quellen wurden ausgewertet

- Bordoni, Antonio: Airlife's Register of Aircraft Accidents; S.170
- Choi, Jin-Tai: Aviation Terrorism; S.50
- Gero, David: Flüge des Schreckens; S.77
- Hengi, B.I.: Crash; S.229
- Klee, Ulrich: JP Airline Fleets International 1986; S.110
- Moore, Kenneth C.: Airport, Aircraft and Airline Security, S.388
- Moser, Sepp: Wie sicher ist Fliegen?; S.210
- NN: Flugzeug Katastrophen; S.64f
- Roach, J.R.: Jet Airliner Production List; Volume 2; S.7
- Srivastava, Bimal: Aviation Terrorism; S.5 + 24f
- Stevenson, William: 90 Minuten in Entebbe; S.1ff
- Taylor, Laurie: Air Travel - How Safe is it?; SS.207 + 233
- Waterkeyn, Xavier: Air Disaster; S.72

Absturz auf der Gefängnisinsel

Die am 20.11.1931 als Boston-Maine Airways Inc. gegründete Northeast Airlines Ltd war bereits ein Vierteljahrhundert im Geschäft, als sie am 10. August 1956 eine neue Linie von New York nach Florida eröffnete. 25 Jahre mit einem für die Ära der Propellerflugzeuge bemerkenswerten Sicherheitsrekord übrigens liegen hinter der Gesellschaft, denn sie hat nur einen nennenswerten Unfall zu verzeichnen, bei dem zwei Tote zu beklagen waren.

Northeast Airlines hatte herausgefunden, dass die New Yorker in zunehmendem Maße die Kälte des nördlichen Winters verlassen und im sonnigen Florida ein wenig Wärme auftan-ken wollten. Dem trug man Rechnung durch eine entsprechende Schnellverbindung. Man hatte sich allerdings verschätzt, was die tatsächliche Nachfrage anbetraf.

Man glaubte, die neue Strecke mit dem vorhandenen Flugzeugpark abdecken zu können, bis die bestellten neuen Maschinen eintreffen würden, sah sich aber bald gezwungen, ein zusätzliches Flugzeug anzumieten. Flying Tiger Airlines bot eines an, die zur Verfügung gestellte Maschine war allerdings eine Douglas vom Typ DC-6A, an dem „A" für den Fachmann als Frachtmaschine identifizierbar. Sie musste also erst einmal umgerüstet werden.

95 Sitze wurden installiert und bald schon flog die geliehene Maschine mit dem Kennzeichen N34954 jeweils ohne Zwischenlandung im Direktflug die immer beliebter werdende Strecke nach Miami und zurück. Am späten Vormittag des 1. Februar 1957 hatte Captain Alva Marsh, ein 49-jähriger Pilot mit der breiten Erfahrung von mehr als 15.000 Flugstunden in seinem Flugbuch die Maschine ohne besondere Vorkommnisse aus dem milden Klima Floridas heraufgebracht.

Nach einer entsprechenden Pause, es ist inzwischen 14:45 Uhr, sitzt er bereits wieder hinter dem Steuerknüppel der großen DC-6, denn er soll gemäß Dienstplan auch den nächsten Flug nach Florida übernehmen. Die Maschine ist ausverkauft bis auf den letzten Platz; hauptsächlich sind es Urlauber, die dem grässlichen Wetter in New York ohne Bedauern den Rücken kehren möchten.

Draußen tobt ein Schneesturm, wie ihn New York zwar häufig erlebt, der aber wegen seiner Intensität die Geduld der Fluggesellschaften und ihrer Passagiere auf eine harte Probe stellt. Immer wieder versuchen die Männer der Bodentruppe, den Schnee von den Tragflächen und den lebenswichtigen Klappen und Rudern zu entfernen. Aber kaum sind sie an einer Stelle mit der Arbeit fertig, hat sich am anderen Ende des großen Flugzeuges schon wieder dicker Schnee abgelagert. Es ist zum Verzweifeln.

Nach einiger Zeit fragen einige besorgte Passagiere, denen ein Flug unter diesen Bedingungen immer weniger erstrebenswert erscheint, die Stewardessen, ob sie wohl wieder aussteigen könnten, sie würden einen anderen Reisetag bevorzugen. Aber das muss ihnen die junge Dame ausreden, denn das gesamte Gepäck müsste ausgeladen werden und das sei eigentlich nicht zumutbar. So fügt man sich ins Unvermeidliche und wartet weiterhin mehr oder weniger geduldig auf den Start.

Schließlich wird Walter Peto die Angelegenheit zu dumm. Er ist der Leiter der Bodencrew und sieht keine Möglichkeit, der Schneemassen

Herr zu werden. Also lässt er die Maschine zu einem Hangar ziehen und dort hineinschieben. Hier endlich gelingt es den Männern, den Schnee vollständig abzubürsten und überall das Enteisungsmittel aufzusprühen. Sie beeilen sich, sind dabei aber sehr sorgsam und lassen keinen Quadratzentimeter aus, zu viel steht auf dem Spiel.

Die Stewardessen versuchen inzwischen, die Passagiere aufzumuntern. Bei einigen gelingt dies relativ leicht mit der Mitteilung, man werde nun in Kürze im 29 Grad warmen Florida sein. Miss Sarah Stamm beispielsweise, eine New Yorker Theaterproduzentin, hatte eine lange Viruserkrankung, von der sie sich in Florida zu erholen gedenkt. Bei ihr zaubert die Erinnerung an baldige Wärme bereits ein Lächeln ins Gesicht.

Auch Kenneth Kronen mit Frau und zwei Kindern freut sich nun doch wieder ein wenig mehr, denn schließlich geht es in den Urlaub. Robert Pierce hingegen, der mit seiner Frau in den Sitzen 7C und 7D Platz genommen hatte, lästert ununterbrochen über die Bemühungen zur Enteisung. Alles egal ist Norman Davis, denn der junge Mann flirtet heftig mit einer attraktiven, jungen Dame, die das gelegentlich freundlich gesonnene Schicksal ihm auf den Nebensitz platziert hat. Ihm können die geschenkten Stunden nur recht sein.

So vergeht die Zeit unterschiedlich, je nach Mentalität und es ist dann doch bereits 17:50 Uhr, als endlich ein schwerer Schlepper versucht, die Maschine wieder aus dem Hangar herauszuziehen. Das jedoch ist ebenfalls mit Schwierigkeiten verbunden, denn trotz seines beträchtlichen Gewichts drehen die Räder auf dem glatten Boden durch. Erst als Flugkapitän Marsh die Motoren anwirft und mittels Umkehrschub Hilfestellung gibt, bewegt sich das Gespann mit der Douglas DC-6A am Haken endlich unter großem Getöse rückwärts aus der Halle.

Motor Nr. 2 quittiert die Schwerstarbeit mit lauten, fast unwillig anmutenden Fehlzündungen und im Auspufftrakt entsteht ein kleines Feuer. Das ist bei den damaligen Kolbenmotoren jedoch nicht ungewöhnlich und ein schneller Sichtkontakt durch die Bodencrew bringt umgehend die erlösende Nachricht: alles schon wieder erloschen, kein Problem.

Am 1.8.1957 flog erstmals diese baugleiche DC-6 N6586C der Northeast Airlines.   Foto: Ed Coates Collection

Endlich ist die Maschine draußen, ist völlig ent-eist und kein Schnee liegt mehr auf den Tragflä-chen. Langsam bewegt sie sich auf dem eisglat-ten Taxiway zur Startbahn. Draußen ist es dun-kel, recht früh für diese Jahreszeit, aber die schweren Wolken und das dichte Schneetreiben lassen nur wenig Tageslicht hindurch.

Um 18:02 Uhr, mit mehr als drei Stunden Verspätung, erhält Northeast Airlines Flugnum-mer 823 die Starterlaubnis. Captain Alva Marsh, befielt dem Flugingenieur Angelo Andon volle Startleistung auf die Motoren zu geben und der Funker ist bereit, das Fahrwerk unmittelbar auf Zuruf des Kommandanten einzuziehen. Der letzte Rest Schnee wird durch die immer schnel-ler drehenden Propeller von den Tragflächen geblasen und laut röhrend setzt sich die große Douglas in Bewegung.

Kaum merklich tänzelt das Bugrad im Schneematsch, die Passagiere bekommen da-von nichts mit und diese kurze Phase ist ohne-hin bald vorbei. Immer schneller wird das Flugzeug, erhebt sich an genau der vorher er-rechneten Stelle mit genau der richtigen Ge-schwindigkeit von gut 200 km/h in die Luft. Das Fahrwerk wird eingezogen und nach we-nigen Sekunden, 260 km/h sind bereits er-reicht, werden auch die Klappen eingefahren.

Alles sieht nach einem ganz normalen, gera-dezu bilderbuchmäßigen Start aus, als der beob-achtende Radarlotse Michael McNamara die mächtige Maschine in den tiefhängenden Wolken verschwinden sieht. Bei diesem Wetter kann er nicht einmal das Ende der Startbahn mit den grü-nen Lämpchen ausmachen, aber er beobachtet die Signale der Maschine auf seinem Radar: ein kur-zes Aufleuchten, 2 Sekunden später wieder und ... und … und dann nach weiteren 2 Sekunden be-merkt er etwas, das er bei einem Start auf La Guardia noch nie gesehen hat: der Lichtpunkt weicht vom normalen Flugweg nach links ab.

McNamara dreht sich zu seinem Kontroll-offizier um, um ihn auf dieses merkwürdige Phänomen hinzuweisen, als er mehrere Explo-sionen hört. Er sieht gleichzeitig weit entfernt einen Feuerschein oder etwas, das zumindest einem Feuer zu gleichen scheint. Es kommt un-gefähr aus der Richtung, in die die Douglas DC-6A gerade abgebogen ist.

McNamara überlegt nicht lange, denn für ihn scheint unumstößlich festzustehen, dass da etwas mit der Douglas passiert ist. Er ruft die Rettungs-station der Coastguard an, der US-amerikani-schen Küstenwacht, und bittet um schnellstmög-liche Entsendung eines Helikopters.

Gleichzeitig schickt er einen Helfer zum Ende der Startbahn, um nachzusehen, ob dort Trümmer liegen oder sonst irgendetwas Unvor-hergesehenes feststellbar ist. Zügig erhält er die Nachricht, dass die Startbahn komplett frei sei und erteilt der nächsten wartenden Maschine, einer Eastern Airlines, die Startfreigabe. Deren Insassen haben mehr Glück, sie landen einige Stunden später dort, wo die DC-6 nie mehr hin-kommen wird, in Florida.

Inzwischen tasten sich die Piloten des um-gehend gestarteten Rettungshelikopters in Richtung La Guardia. Vorsichtig hat das zu ge-schehen bei diesem Wetter. Sie können nicht den direkten Weg nehmen, sondern folgen den durch Lampen und Autoscheinwerfer erleuch-teten Straßen, indem sie deren Lage mit ihrem Stadtplan vergleichen.

Bereits 15 Minuten nach dem Verschwinden des Radarsignals landet der erste Rettungsheli-kopter mit Lieutenant Commander Brown ne-ben der brennenden Maschine auf der Gefäng-nisinsel Rikers Island.

Was war geschehen?

Von der Crew unbemerkt fliegt die Maschi-ne nach noch nicht einmal 1.000 Metern eine sanfte Linkskurve und neigt sich dabei dem Boden entgegen. 52 Sekunden nach dem Ab-heben schaut der Copilot aus dem Fenster und ruft im selben Moment seinem Kommandan-ten laut zu: „Al, der Boden!" Aber es ist zu spät. Der Pilot versucht zwar noch, die 250 km/h schnelle Maschine wieder hoch zu zwingen, aber die Tragflächen streifen bereits die ersten Baumwipfel auf der Gefängnisinsel, nichts geht mehr.

Das Flugzeug sackt durch und berührt nacheinander mit den beiden Flügelenden den Boden. Eine der Tragflächen reißt mitsamt den zwei Motoren ab und staucht dabei den Rumpf des Flugzeugs derart, dass die Hauptausgangs-tür verklemmt ist. Einige andere Notausgänge sind ebenfalls verzogen. Gleichzeitig reißen

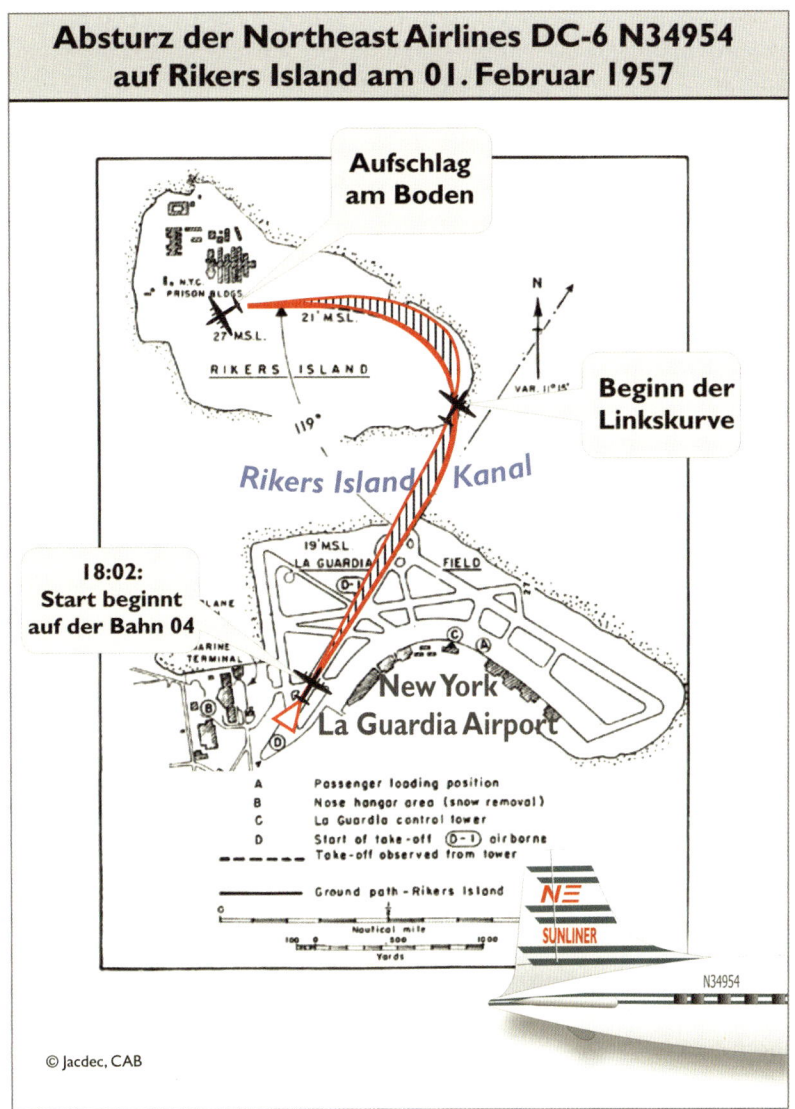

Absturz der Northeast Airlines DC-6 N34954 auf Rikers Island am 01. Februar 1957

Aufschlag am Boden

Beginn der Linkskurve

Rikers Island Kanal

18:02:
Start beginnt
auf der Bahn 04

New York
La Guardia Airport

A   Passenger loading position
B   Nose hangar area (snow removal)
C   La Guardia control tower
D   Start of take-off (D-1) airborne
‒ ‒ ‒ ‒ Take-off observed from tower

——— Ground path - Rikers Island

Nautical mile
Yards

SUNLINER

N34954

© Jacdec, CAB

Tanks auf und ergießen ihren Inhalt über die heißen Motoren, ein heftiges Feuer entsteht.

Gut 450 Meter rutscht das Wrack noch auf dem schneebedeckten Boden der Insel entlang, bevor es zur Ruhe kommt, ebenfalls brennend. Die Piloten lösen ihre Gurte, öffnen die Tür zur Passagierkabine und sehen dort bereits dichten Rauch. Aber alle Insassen sind zu diesem Zeitpunkt noch am Leben, wie eine spätere Untersuchung ergibt.

Der Rumpf ist zwar etwas verbogen, vermutlich jedoch hat der extra verstärkte Boden,

wie ihn die Frachtmaschinen vom Typ „A" aufweisen, Schlimmeres verhindert. Auch die Arbeiter, die die Passagiersitze im ehemaligen Frachtraum befestigt haben, hatten ganze Arbeit geleistet, denn trotz der heftigen Verzögerung hatte sich keiner aus der Verankerung gelöst.

Marsh brüllt einen Befehl zur Evakuierung, der allerdings nur für die schockgeschädigten Insassen erforderlich ist, denn die meisten Passagiere verlassen mit Hilfe der Stewardessen ohnehin bereits das Flugzeug. Marsh springt ebenfalls nach draußen, um von dort aus die verklemmten Notausgänge öffnen zu können, was ihm jedoch nicht gelingt.

Das Feuer breitet sich zwar nur langsam aus, aber ein Problem ist der dichte Rauch, der in Verbindung mit der fehlenden Innenraumbeleuchtung eine Orientierung zu den wenigen intakten Notausgängen erschwert. Schließlich befindet sich aber allen Erschwernissen zum Trotz die Mehrzahl der Insassen im Freien und ist gerettet.

Das Feuer, gefüttert von über 11.000 Litern Benzin, wird nun so stark, dass man sich dem Flugzeug nicht mehr nähern kann. Dann erschüttert eine Explosion den Heckbereich der Maschine und alle dort noch befindlichen 21 Passagiere sind augenblicklich tot. Machtlos muss die Crew mit ansehen, wie die Menschen durch giftigen Rauch und anschließendes Feuer sterben.

Informationen über diesen Flugzeugtyp		
Kennzeichen	N34954	
Fluggesellschaft	Northeast Airlines Inc.	
	Flying Tiger Airlines	
	(Eigentümer)	
Flugnummer	823	
Typ	Douglas DC-6A	
Seriennummer	44678	
Fabrikationsnummer	543	
Erstflug	Januar 1955	
Außenmaße	Länge	32,18 m
	Spannweite	35,81 m
	Höhe	8,92 m
Triebwerke	4x Pratt & Whitney R-2800-CB16	
	„Double Wasp"	
Leistung	4x 1.343 - 1.790 kW	
Max. Startgewicht	48.125 kg	
Anzahl Passagiere	95	
Dienstgipfelhöhe	8.350 m	
Max. Reichweite	7.600 km	
Max. Geschwindigkeit	520 km/h	
Anzahl gebaut	704	
Unfalltag	01.02.1957	
Insassen (Unfalltag)	Insgesamt	101
	(davon 6 Crew)	
	Tote	21
	(davon 0 Crew)	
	Verletzte	78
	(davon 6 Crew)	
	Unverletzt	2
	(davon 0 Crew)	

Nie mehr wird man herausfinden können, warum keiner dieser armen Insassen die völlig intakten Notausstiege über den Fenstern geöffnet und sich und die anderen in Sicherheit gebracht hat. Untersuchungen werden später ergeben, dass dies wegen des sich langsam ausbreitenden Feuers durchaus möglich gewesen wäre. Alle Toten sitzen noch angeschnallt in ihren Sitzen, so als hätten sie nicht einmal den Versuch gemacht, ins Freie zu gelangen, ein Rätsel.

Draußen werden 28 schwer verwundete und 50 leicht verletzte Insassen von den inzwischen herbeigeeilten Gefangenen in Sicherheit gebracht und umsorgt. Die Gefängnisleitung hatte der Situation entsprechend die Zellen geöffnet und um Hilfeleistung gebeten. Und hier zeigt sich, wie so oft in Situationen echter Not, dass in jedem Menschen etwas Gutes steckt. So sind dann auch in den nächsten Tagen alle Zeitungen des Lobes voll über die Hilfe der Gefangenen, die teilweise ihr Leben riskieren, um doch noch einen weiteren Menschen aus den Flammen zu retten.

Keine zwei Stunden vergehen und die ersten Mitarbeiter der FAA, der US-amerikanischen Luftfahrtaufsichtsbehörde stehen neben den rauchenden Resten der Douglas. Für sie ist es eine neue Erfahrung, dass auch ein derart schwerer Crash von den meisten Insassen überlebt werden kann.

Viele Zeugen sind demnach verfügbar und das Umfeld ist nicht zertrampelt, weil es keine Schaulustigen gibt. Der Unfallhergang wird also schnell geklärt werden können, denken sie. Doch da täuschen sich die Experten, denn wir wissen bis heute nicht, was die Maschine zum Absturz brachte.

Der Pilot steht zu diesem Zeitpunkt, neunzig Minuten nach dem Crash, immer noch konsterniert neben seiner einst so stolzen Maschine, als die Experten ihn auszufragen beginnen. „Nichts habe ich bemerkt", antwortet er, „gar nichts. Erst durch den erschreckten Zuruf meines Copiloten Dixwell bin ich gewarnt worden, dass wir uns dem Boden nähern."

In den nächsten zwei Monaten quält sich die Untersuchungskommission mit dem Unglück herum, versucht im Ausschlussverfahren der

Ursache für das schreckliche Unglück auf den Grund zu kommen. Das Wetter kann es nicht gewesen sein, das steht ebenso schnell fest, wie die Tatsache, dass die Piloten tauglich waren und die Instrumente funktionierten.

Einige Insassen wollen ein Feuer in den Motoren beobachtet haben, andere wiederum behaupten, dies sei erst nach dem Absturz entfacht worden. Eine genaue Untersuchung der Motorenreste ergibt bald, dass die Gruppe der Letztgenannten recht hat, ein Feuer während des Fluges scheidet demnach ebenfalls aus.

Das Gewicht der Maschine war ebenfalls in Ordnung, es lag 450 kg unter dem maximal zulässigen Startgewicht, wie der zuständige Lademeister bei einer späteren Prüfung versichert. Zeugen bestätigen sowohl, dass kein Schnee auf den Tragflächen war und auch die Motoren ruhig zu laufen schienen. Ja was zum Donnerwetter war es dann aber, das die stolze DC-6 vom Himmel holte?

Um dieser Frage weiter nachgehen zu können, leiht man sich schließlich eine gleichartige DC-6 und lässt diese mit den beiden besten Piloten des Sicherheitskomitees der ALPA – American Airline Pilots Association – den Startvorgang wiederholen. Alles ist gleich: Gewicht, Leistung, Stellung der Klappen, Steigung etc. Die Maschine reagiert vollkommen normal und steigt. Als beim fünften Versuch die Maschine mutwillig nach links gewendet wird, stürzt sie um Haaresbreite ab und die Versuche werden eingestellt.

Am Schluss der neuntägigen Untersuchung, die ein Reporter mit den trockenen Worten kommentierte: „Nach allem, was wir hier gehört haben, hätte das Flugzeug in Miami landen müssen" gab es nur vier wenig überzeugende Mutmaßungen:

1. Es lag doch noch Schnee auf den Tragflächen und das Startgewicht war dadurch überhöht.
2. Es gab doch ein Motorproblem, worauf die von mehreren Passagieren beobachteten Fehlzündungen schließen ließen.
3. Eine Vergaservereisung hatte die Motorleistung reduziert.
4. Eine Batterieschwäche nach dem stromfressenden Umkehrschub führte zu Fehlern bei den Fluginstrumenten.

Folgende Quellen wurden ausgewertet

- Barley,Stephen: Aircrash Detective; S.115
- Barley,Stephen: The Search for Air Safety; S.115
- Bordoni,Antonio: Airlife's Register of Aircraft Accidents; S.60
- Brookes,Andrew: Katastrophen am Himmel; S.76ff
- Denham,Terry: World Directory of Airline Crashes; S.77
- Eddy,Paul u.a.: Destination Disaster; S.336
- Godson,John: Unsafe at any Height; SS.81ff + 144
- Halacy,D.S.: America's Major Air Disasters; S.97
- Hengi,B.I.: Crash; S.40
- Hubert,Ronan: Les Catastrophes Aeriennes de 1920 a 1996; S.94
- Knight,Clayton & S.: Plane Crash!; S.1ff
- Launay,André: Historic Air Disasters; S.47
- Moscow,Alvin: Tiger on a Leash; S.1ff
- Roach.J.R.: Piston Engine Airliner Production List; S.348
- Serling,Robert J.: Loud and Clear; S.191
- Serling,Robert J.: Piloten, Panik, Passagiere; S.102ff
- Serling,Robert J.: The Probable Cause; S.110ff
- Veronico,Nicholas A.: Wreckchasing Vol.2; S.115
- Unfallbericht: ICAO Accident Digest No.9, Circular 56-AN/51, SS.45-57

Oder hatte die Crew die Instrumente vielleicht nicht richtig beobachtet? Die beiden Piloten versuchten vergeblich, die Untersuchungskommission bei der entsprechenden Anhörung vom Gegenteil zu überzeugen. Es schien jedoch gar keine andere Möglichkeit gegeben zu haben, nachdem man alle sonstigen Ursachen ausgeschlossen hatte, die zum Absturz hätten führen können.

Da hilft es auch nichts, dass eine auf Wunsch der Piloten angestrengte Untersuchung der Eintragungen im Flugbuch der Maschine zutage förderte, dass allein 56 Eintragungen aus den letzten zwei Jahren im Buch vorgefunden werden, die über Fehlfunktionen der Instrumente berichteten.

Die beiden Piloten werden beschuldigt, trotz möglicherweise vorhandener Instrumentenprobleme diese nicht richtig gemanagt zu haben. Sie werden zu einem Schreibtischjob verdonnert. Eine Rolle mag gespielt haben, dass Marsh zuvor bereits zwei Flugzeugunfälle hatte, beide ebenfalls in La Guardia.

Abgelenkt

Nichts deutet an diesem 28. Dezember 1978 bei dem United Airlines Flug UA173 von New York über Denver in Colorado darauf hin, dass die Maschine beim Landeanflug in Portland, Oregon Schwierigkeiten haben wird. Im Cockpit sitzt zudem einer der erfahrensten Piloten, den die amerikanische Zivilluftfahrt aufzuweisen hat. Malburn McBroom hat die stattliche Anzahl von 27.638 Flugstunden in seinem Flugbuch angesammelt! Das schafft man nur, wenn man so nebensächliche Dinge wie Essen, Schlafen und ein Leben neben der Luftfahrt auf ein notwendiges Restminimum reduziert.

Der mit 8.209 Flugstunden ebenfalls versierte Erste Offizier Rodrick Beebe, zurzeit mit der Führung des Flugzeugs betraut, und Flugingenieur Forrest „Frostie" Mendenhall komplettieren das Trio in der Kanzel der McDonnell Douglas DC-8 mit dem Kennzeichen N8082U. Auch Mendenhall ist ein hervorragender Mann und besitzt zudem noch eine zweite Lizenz, die es ihm erlauben würde, die DC-8 als Copilot zu fliegen. Ein mitfliegender Pilot belegt den sogenannten „Jumpseat", den Klappsitz im Cockpit.

Die über einhundert Tonnen schwere Maschine transportiert sechs kleine Kinder sowie 175 erwachsene Passagiere und so hat das nur vier Personen zählende Kabinenpersonal auf der lediglich knapp 1.600 Kilometer kurzen Strecke alle Hände voll zu tun.

Die Dämmerung hat gerade eingesetzt, als die große, viermotorige Maschine sich um 17:07 Uhr Ortszeit in den Sinkflug begibt. Das Wetter ist gut, alles scheint so zu verlaufen, wie die vier Männer im Cockpit dies schon tausendfach erlebt haben. In 3.050 Metern Höhe meldet sich McBroom bei der Anflugkontrolle von Portland und wird auf die Bahn 28 eingewiesen. Der

Flughafen ist bereits in Sicht und McBroom bestätigt die Anweisung.

In dem Moment, in dem Beebe das Ausfahren des Fahrwerks fordert, ist es mit der Routine vorbei. McBroom betätigt den entsprechenden Hebel, aber im selben Augenblick tut es einen dumpfen Schlag und das mächtige Flugzeug schüttelt sich, als wolle es das Fahrwerk nicht ausfahren, sondern abwerfen. Die Maschine rollt zur Seite weg, aber nach wenigen Sekunden liegt sie wieder ruhig in der Hand von Beebe.

Lediglich das grüne Lämpchen für das Bugrad signalisiert „alles o.k.!". Die entsprechenden Kontrolllampen für das Hauptfahrwerk bleiben dunkel, weder zeigen sie „grün" für das ordnungsgemäße Einrasten, noch wird der Vorgang des noch andauernden Übergangs in diese Position mit einer gelben Kontrollleuchte zurückgemeldet.

Später wird man herausfinden, dass eine Strebe des Hauptfahrwerks so stark verrostet war, dass sie während des Ausfahrens brach. Dadurch fiel das Fahrwerk blitzschnell in die Landeposition, was den dumpfen Schlag erklärte, und rastete ordnungsgemäß ein. Kaputte Sensoren im Fahrwerk führten dann zu den ausbleibenden Anzeigen im Cockpit. Der Landeanflug hätte nun eigentlich ganz normal weitergeführt werden können, hätte man dieses im Cockpit gewusst. Das aber konnte man nicht wissen.

Zuerst einmal wird der Tower um 17:12 Uhr über das Fahrwerkproblem informiert und gebeten, die Maschine in einen großen Kreis in etwa 1,5 Kilometern Höhe zu dirigieren, wo man in Ruhe nach der Fehlerquelle suchen will. Man hat in Denver reichlich vorsichtig getankt,

für über eine Stunde ist noch Kerosin an Bord, so muss man nichts überstürzen, sondern kann sich Punkt für Punkt auf der Suche nach einer möglichen Fehlerquelle durch die diversen Handbücher durcharbeiten.

Der Fluglotse lässt die DC-8 zwei Kurven fliegen, bis sie in dem von ihm angewiesenen, großen Kreis angekommen ist und wünscht dem Trio viel Glück bei der Aufspürung des Fehlers. Die nächsten 23 Minuten vergehen mit vielerlei Checks und Überprüfungen.

Mendenhall geht nach hinten, guckt dort an anderer Stelle noch einmal visuell nach der Position des Fahrwerks. Es scheint so, als hätte sich auch das Hauptfahrwerk ordnungsgemäß arretiert. Dennoch wird nun zuerst die Chefstewardess Joan Wheeler nach vorn geholt, über das Problem informiert und angewiesen, entsprechende Vorbereitungen für den Notfall zu treffen, falls das Fahrwerk seine Funktion bei der Landung nicht ordentlich werde ausführen können.

Als Nächstes ruft die Crew um 17:38 Uhr einen Mechaniker in der Luftwerft der United

Spurensuche in den Trümmern der abgestürzten DC-8
Foto: picture alliance

Airlines in San Francisco an, um von dort Assistenz zu erhalten. McBroom teilt mit, dass sie nun noch weitere 20 Minuten kreisen würden, um gegen 18:00 Uhr die Landung zu versuchen. Er berichtet den Technikern in der Werft, was man zwecks Problemlösung unternommen habe und erhält die Bestätigung, dass damit alle denkbaren Handgriffe erledigt seien.

Der auf dem Jumpseat mitfliegende Kollege, auch ein gestandener Flugkapitän, kalauert: „Nur noch drei Wochen bis zum Ruhestand, lasst mich bloß hier raus!" Die Atmosphäre ist derzeit noch relativ entspannt. Niemand macht sich um den Treibstoffverbrauch Sorgen, als würde die große, viermotorige DC-8 den Restbestand nicht locker um jeweils 120 Kilogramm Kerosin in der Minute reduzieren.

Um 17:46 Uhr sind gut dreißig Minuten seit dem Auftreten des Problems vergangen und McBroom diskutiert detailliert noch einmal mit

Joan Wheeler die Maßnahmen, die vor und während der Landung zu treffen sind. Die junge Frau erklärt ihm, dass sie alles vorbereitet und die Situation im Griff habe. Er müsse lediglich kurz vor dem Aufsetzen ein entsprechendes Kommando geben.

Mendenhall gibt dem Copiloten auf dessen routinemäßige Frage die verbleibende Kerosinmenge mit etwa 2.300 Kilogramm an. Wie zur Bestätigung seiner Aussage beginnen just in diesem Moment die Kontrolllampen zu blinken und signalisieren damit, dass die Restmenge 5.000 Pounds (das sind rund 2.300 Kilogramm) unterschritten hat.

McBroom teilt Mendenhall mit, er wolle nunmehr in 15 Minuten landen und bittet ihn um Errechnung der dann verfügbaren, voraussichtlichen Restmenge Kerosins. Deutlich ist auf der später ausgewerteten Aufzeichnung des Cockpit Voice Recorders (CVR) zu hören, wie Mendenhall warnend antwortet: „Nicht genug! Innerhalb von 15 Minuten könnten wir bereits ohne Treibstoff sein."

McBroom schätzt ein wenig später den verbleibenden Rest des Kerosins auf 1.800 Kilogramm und bittet Mendenhall diesen Wert und die Anzahl der Flugzeuginsassen an die Bodenstation der United Airlines in Portland durchzugeben. Nachdem er dies erledigt hat, geht Mendenhall noch einmal durch die Kabine und überprüft die dort für die diffizile Landung getroffenen Vorbereitungen.

Vier Minuten später erstattet er McBroom Bericht, alles scheint gut vorbereitet. Etwa sechs Kilometer vor der Landung will man die entsprechend instruierten Passagiere über die Bordsprechanlage auffordern, die Notposition einzunehmen.

Mendenhall gibt McBroom die verbleibende Kerosinmenge durch, nun sind es noch 1.360 Kilogramm, denn vier Triebwerke verbrauchen in diesen niedrigen Höhen reichlich Treibstoff. McBroom ist gerade intensiv vertieft in eine Diskussion mit Beebe über das Bremsverhalten der Maschine. Er reagiert nicht, die Nachricht ist bei ihm nicht im Kopf angekommen.

Die große Maschine ist bei ihrem „Rundflug" gerade im Süden des Flughafens, 9 Kilometer entfernt von diesem, angelangt, und der

Flugkapitän nimmt Kontakt mit dem Fluglotsen auf. Würde sie jetzt landen, alles würde routinemäßig verlaufen, aber die DC-8 bewegt sich stattdessen von der rettenden Piste fort.

Auf die besorgte Frage des Controllers teilt McBroom mit, dass man sich immer noch nicht im Klaren über die Position des Hauptfahrwerks sei, weil die Kontrolllampen weiterhin im Dunkeln liegen. Aber man würde nun in ungefähr fünf Minuten auf der zugewiesenen Bahn 28 einschweben.

Selbstverständlich fordert der erfahrene Flugkapitän die Bereitstellung von Feuerwehr und Krankenwagen an, denn der Ausgang des Landemanövers ist alles andere als gewiss. Es ist 18:02 Uhr und der Fluglotse braucht nun eigentlich eine genauere Auskunft über den Beginn des Landeanfluges, aber McBroom antwortet ausweichend: „Wir werden in drei, vier, fünf Minuten damit beginnen. Wir haben 178 Insassen an Bord und noch etwa 1.000 Kilogramm Kerosin."

Während sich McBroom und Mendenhall weiterhin völlig gefangen von dem Fahrwerkproblem abstimmen, weist Beebe um 18:06 Uhr plötzlich darauf hin, dass Triebwerk Nummer 4 offenbar ausgefallen sei. Die Maschine fliegt immer noch vom Flughafen weg und befindet sich zurzeit fast 30 Kilometer entfernt von der Landebahn.

Völlig unvorbereitet, als würde er aus einem Traum gerissen, fragt McBroom nach „Warum?" Der Copilot wiederholt, man habe ein Triebwerk verloren, da schreit McBroom ihn noch einmal an: „W a r u m?" Er ist sich zu diesem Zeitpunkt einfach nicht im Klaren darüber, dass die Maschine zu lange im Kreis herumgeflogen ist. Beebe antwortet kurz und knapp „Kerosin" und bittet gleichzeitig den Flugingenieur, die entsprechenden Ventile zu öffnen, die diesem trocken gelaufenen Triebwerk wieder Treibstoff aus anderen Tanks zuführen können.

Mendenhall reagiert blitzschnell und kurz darauf laufen wieder alle vier Motoren. Allerdings ist der Treibstoffpegel inzwischen auf 450 Kilogramm abgesunken und der Anzeiger für Tank Nummer zwei ist auf die Nullstellung zurückgefallen.

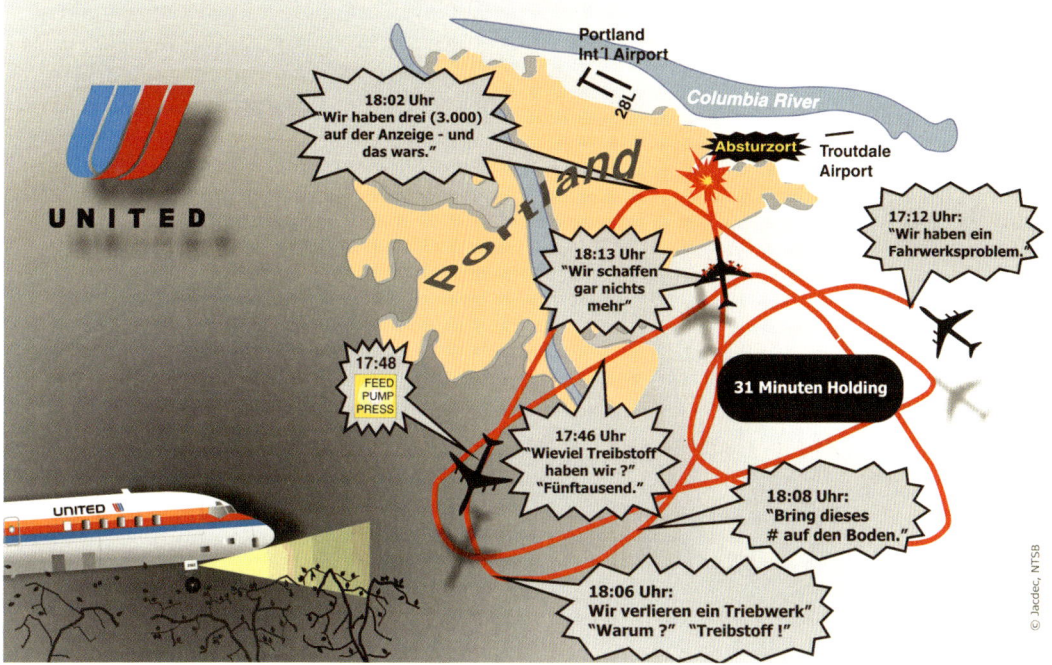

United Airlines Flug UA 173 im Anflug auf Portland am 28 Dezember 1978

Portland
Int'l Airport

Columbia River

18:02 Uhr
"Wir haben drei (3.000)
auf der Anzeige - und
das wars."

Absturzort   Troutdale
Airport

17:12 Uhr:
"Wir haben ein
Fahrwerksproblem."

Portland

18:13 Uhr
"Wir schaffen
gar nichts
mehr"

17:48
FEED
PUMP
PRESS

31 Minuten Holding

17:46 Uhr
"Wieviel Treibstoff
haben wir ?"
"Fünftausend."

18:08 Uhr:
"Bring dieses
auf den Boden."

18:06 Uhr:
"Wir verlieren ein Triebwerk"
"Warum ?"   "Treibstoff !"

© Jacdec, NTSB

McBroom teilt der Anflugkontrolle mit, dass sie nun unmittelbar mit dem Endanflug auf den internationalen Flughafen beginnen würden. Notfalls kann man auch noch den näher gelegenen Flugplatz Portland-Troutdale ansteuern. Als die Maschine noch knapp 20 Kilometer vom Anfang der Landebahn entfernt ist, ruft Mendenhall besorgt: „Freunde, wir haben gerade zwei Motoren verloren! Nummer eins und Nummer zwei sind ausgefallen."

Sofort ist allen die Situation klar, denn McBroom antwortet: „Dann werden die beiden anderen auch gleich ausfallen und wir können den Flughafen nicht mehr erreichen." „So ist es", sagt Beebe ruhig, aber resigniert, „wir können überhaupt nichts mehr machen." Es ist 18:13 Uhr.

Beebe ruft den Tower und erklärt den Notfall. Er fügt hinzu, dass die Triebwerke wegen Treibstoffmangels gerade sukzessive ihren Dienst einstellen würden und man sich nach einem geeigneten Notlandeplatz umschaue, weil man ganz sicher nicht mehr den Flughafen erreichen könne.

Die Menschen in der Kabine werden gewarnt, die beiden letzten Triebwerke stellen ihren Dienst ein und nun ist das Schicksal der knapp hundert Tonnen schweren Maschine abhängig von Glück und Können: Glück bei der Aufspürung eines einigermaßen ebenen Landeplatzes und der Erfahrung der Crew bei der Notlandung.

McBroom hat die Führungsgewalt wieder übernommen. Er kennt den Flughafen und seine Umgebung recht gut, ist er doch viele Male hier gelandet. Er überlegt blitzschnell, ob er die Maschine in den nahe gelegenen Columbia River lenken soll, entscheidet sich aber dagegen, weil dessen schnell fließende Wasser in dieser Jahreszeit eisig kalt sein müssen.

Stattdessen erinnert er sich an ein Wäldchen, das er hier schon des Öfteren gesehen hat. Anhand der Straßenlaternen wird das dunkle Waldstück rechtzeitig lokalisiert und leise segelnd senkt sich die große DC-8 in das Dunkel hinab. Ein Polizist sagt später zu einem Journalisten: „Es ist schon bemerkenswert, dass die Maschine ge-

Informationen über dieses Flugzeug	
Kennzeichen	N8082U
Fluggesellschaft	United Airlines Inc.
Flugnummer	UA173
Typ	McDonnell Douglas DC-8-61
Seriennummer	45972
Fabrikationsnummer	357
Erstflug	27.03.1968
Außenmaße	Länge 57,12 m
	Spannweite 43,41 m
	Höhe 12,92 m
Triebwerke	4x Pratt & Whitney JT3D-1
Leistung	4x 7.945 kp
Max. Startgewicht	147.415 kg
Anzahl Passagiere	251 max.
Dienstgipfelhöhe	9.100 m
Max. Reichweite	11.860 km
Max. Geschwindigkeit	933 km/h
Anzahl gebaut	78 (DC-8-61); 555 (DC-8 insgesamt)
Unfalltag	28.12.1978
Insassen (Unfalltag)	Insgesamt 189
	(davon 8 Crew)
	Tote 10
	(davon 2 Crew)
	Verletzte 56
	(davon 6 Crew)
	Unverletzt 123
	(davon 0 Crew)

nau hier runtergekommen ist. Wenn man schon in dieser Gegend notlanden muss, dann gibt es keinen besseren Platz."

In der Kabine hören die erschreckten Insassen, die sich auf eine Notlandung auf dem Flughafen vorbereitet hatten, wie die ersten Baumwipfel den Rumpf berühren. Dann geht alles rasend schnell. Das Flugzeug pflügt eine Schneise durch den Wald, verliert beim Aufprall auf ein unbewohntes Haus die eine Tragfläche zur Gänze, lässt einen großen Teil der anderen an einem widerstandsfähigen Baum zurück, senkt sich weiter hinab und berührt 350 Meter nach der ersten Baumberührung den Boden.

Um 18:15 Uhr zerschneidet die Maschine beim Überqueren einer Straße Strom- und Telefonleitungen und das Fahrwerk wird abgerissen, bevor sie nur neun Kilometer vom rettenden Flughafen entfernt am Rande eines Vorortes von Portland in der Nähe eines Hauses zum Stillstand kommt.

Wie ein Wunder mutet an, dass 178 Insassen das havarierte Flugzeug relativ ruhig verlassen können, weil kein Feuer ausbricht, insbesondere bedingt durch das fehlende Kerosin und auch der Rumpf übersteht die Höllenfahrt relativ ganz. Ein Absturz in einem Wald geht nur äußerst selten derart glimpflich vonstatten.

Ein Passagier erinnert sich später an die intensive Unterweisung der Chefstewardess, die ihm und sicherlich vielen anderen Passagieren Schlimmeres erspart hatte. „Sie war schon eine verdammt gute Stewardess", sagt er. Dennoch sind 23 Passagiere schwer verletzt, 33 etwas weniger und über 122 weiteren hat das Schicksal die schützende Hand gehalten, sie entkommen dem Desaster vollkommen unverletzt.

Unterstützt werden sie dabei vor allem von einem Gefangenen, der in Handschellen gefesselt in Begleitung eines Polizeibeamten mit an Bord ist. Nach dem Lösen der Fessel steht er dem Polizisten bei der Bergung zahlloser Passagiere zur Seite, die sich nicht allein zu helfen wissen. Als der letzte Insasse schlussendlich in Sicherheit ist, ist auch der Dieb verschwunden, ganz offensichtlich in der Meinung, die noch abzusitzenden 30 Monate durch seine gute Tat egalisiert zu haben. Nachvollziehbar, meine ich.

Am schlimmsten aber trifft es Mendenhall und die Chefstewardess Dorothy sowie acht Passagiere, die vorn in der ersten Klasse sitzen. Ein dicker Baumstamm hat sich dort in den Rumpf gebohrt. Die in den vorderen fünf Reihen rechts Sitzenden überleben den sehr harten Aufprall der Kabinenstruktur mit dem großen Baum nicht.

Eine der Getöteten hatte ihren Platz mit einem Ehepaar getauscht, weil sie so ihr Baby besser in dem größeren Fußraum vor Reihe eins unterbringen konnte. Das Ehepaar überlebt und auch ihr im Frachtraum mitreisender Schäferhund, dessen Käfig beim Aufprall geplatzt war, findet sich kurz darauf schwanzwedelnd bei den beiden ein, offenbar wenig beeindruckt von dem abnormen Ende seiner ersten Flugreise; vielleicht denkt er, Flüge würden immer so beendet werden.

Trotz der Verwüstungen der Bugsektion des Flugzeugs haben die beiden Piloten schwer verletzt überlebt. McBroom trägt einen Knöchelbruch, mehrere Rippenbrüche, schwere Kopf- und Rückenverletzungen davon. Noch schlimmer hat es Beebe getroffen: Er wird in äußerst kritischem Zustand in das nächstgelegene Krankenhaus eingeliefert.

Die anschließenden Untersuchungen ergeben, dass die Maschine mit weit über 6.000 Kilogramm Kerosin den ersten Anflug begonnen hatte. Nach dem Beginn des Fahrwerkproblems hatten die Männer zuerst alles richtig gemacht, waren sauber nach den von United Airlines vorgeschriebenen Prozeduren vorgegangen. Mendenhall hatte die visuelle Überprüfung durchgeführt und festgestellt, dass das Fahrwerk ausgefahren schien, aber er nicht sicher sei. Diese verständliche Unsicher-

heit führte in der Folge dann zu dem Fehlverhalten der Crew.

Erst nach einer halben Stunde wurde die Luftwerft informiert. Nach deren Antwort, alles Erforderliche sei erledigt, hätte die Crew unmittelbar landen müssen, denn was gab es jetzt noch zu untersuchen? Da war nichts mehr zu klären, es wurde immer dunkler und eine weitere visuelle Kontrolle hätte nun überhaupt keine Erkenntnisse mehr gebracht.

Um 17:50 Uhr hatte McBroom ganz offensichtlich den Faden verloren, als er feststellte, dass sie bei der für 18:05 Uhr vorgesehen Landung noch rund 1.800 Kilogramm Kerosin an Bord haben würden, obwohl er gerade einmal zwei Minuten zuvor erfahren hatte, dass sie nur noch über 2.270 Kilogramm verfügen würden. Tatsächlich würde die DC-8 in den zwischen diesen beiden Zeiten liegenden 15 Minuten mindestens 1.500 Kilogramm Kerosin verbrennen, hier also stimmte seine Berechnung bereits nicht mehr.

Als Mendenhall nach dem Kabinencheck zurückkam, hätte spätestens der Anflug beginnen müssen und wäre auch noch problemlos zu einem guten Ende gekommen. Stattdessen begab sich die DC-8 auf einen neuen „Rundflug" und damit war das Schicksal der Maschine und ihrer Insassen besiegelt.

McBroom verwendete seine Zeit intensiv, um dem Fehler mit dem Fahrwerk auf die Spur zu kommen. Er war so konzentriert und hartnäckig mit diesem Problem beschäftigt, dass er das weit schwerwiegender sich anbahnende Treibstoffproblem nicht wahrnahm. Die Suche nach einer Lösung des Fahrwerkproblems lenkte ihn ab von der lebenswichtigen Überwachung seiner Treibstoffreserven.

Beebe war mit dem Fliegen der Maschine vollauf beschäftigt und bemerkte das Problem ebenfalls nicht. Lediglich Mendenhall hatte darauf hingewiesen, dass nun demnächst der Treibstoff zu Ende ginge, es aber versäumt, den nicht adäquat reagierenden McBroom erneut an das wesentlich schwerwiegendere Problem zu erinnern. Der Absturz eines vollkommen intakten Flugzeugs war damit unvermeidbar geworden und McBroom hatte nach langer, hervorragender Arbeit als Pilot seinen Job verloren.

Folgende Quellen wurden ausgewertet

- Barley, Stephen: The Final Call; S.407ff
- Beaty, David: The Naked Pilot; S.58ff
- Bordoni, Antonio: Airlife's Register of Aircraft Accidents; S.184
- Byhan, Inge: In 30 Sekunden Crash; S.143ff
- Chandler, Jerome: Fire and Rain; S.142
- Denham, Terry: World Directory of Airline Crashes; S.146
- Faith, Nicholas: Black Box; S.164f
- Forman, Patrick: Flying into Danger; SS.32ff+175
- Goldstein, Avram: Flying out of Danger; S.4-7f
- Grayson, David: Terror in the Skies; S.62ff
- (dieses Buch enthält den kompletten Ausdruck aus dem CVR)
- Haine, Edgar A.: Disaster in the Air; S.75f
- Heller, William: Airline Safety; S.49
- Hengi, B.I.: Crash; S.144
- Hubert, Ronan: Les Catastrophes Aeriennes de 1920 a 1996; S.336
- Hurst, Ronald: Flug-Unfälle und ihre Ursachen; S.10
- Job, Macarthur: Air Disaster Volume 2; S.36ff
- MacPherson: On a Wing and a Prayer; S.71ff
- Nader, Ralph u.a.: Collision Course; S.351
- Nance, John J.: Blind Trust; S.311ff
- Norris, William: The Unsafe Sky; S.128ff
- Owen, David: Air Accident Investigation; S.107ff
- Richter, Jan-Arwed: Jet-Airliner-Unfälle; S.240ff
- Roach, J.R.: Jet Airliner Production List; Volume 2; S.223
- Stamford Krause, Shari: Aircraft Safety; S.111ff
- Stich, Rodney: Unfriendly Skies; S.198ff
- Veronico, Nicholas A.: Wreckchasing Vol.2; S.106
- Unfallbericht: NTSB AAR-79-07

Fluglotsenstreik 18
mit Folgen

Den meisten von Ihnen wird noch der 1. Juli 2002 in Erinnerung sein, ein schrecklicher Tag für die Luftfahrt. Damals stießen in der Nähe des Bodensees zwei große Düsenmaschinen zusammen. Beide waren wegen der Schwere der Kollision augenblicklich verloren. Das ist aber glücklicherweise seltener, als dass zumindest eine der beiden Maschinen wieder auf einen Flughafen zurückfindet. Von so einem Fall berichtet das folgende Ereignis.

Die Fluglotsen in Frankreich haben seit dem 24. Februar 1973 die Arbeit niedergelegt; man kennt das ja, denn unsere Nachbarn sind erheblich streikfreudiger als die Arbeitnehmer in den meisten anderen europäischen Ländern. Allerdings sollte man nach meiner festen Überzeugung verbieten, dass Fluglotsen streiken dürfen, denn die Folgen können – wie dieser Fall zeigt – für viele Menschen den Tod bedeuten.

Nachdem diese Arbeitsniederlegung zwei turbulente Tage gedauert hatte, ohne dass sich die beiden streitbaren Parteien annähern konnten, platzt der französischen Regierung der Kragen und sie setzt 1.600 militärische Fluglotsen ein, damit wenigstens ein Teil des Flugverkehrs von und nach Frankreich sowie der ungeheuer starke Überflugverkehr über das große Land hinweg in geordnete Bahnen gelenkt werden können.

Bevor wir nun zu der eigentlichen Begebenheit kommen, muss ein wenig Vorarbeit geleistet werden, da sonst das hiesige System der Luftüberwachung kaum zu verstehen ist. Grundsätzlich werden alle Flugzeuge in bestimmte Höhen eingewiesen, sogenannte Flugflächen. Zum nächsten Flugzeug nach oben und unten beträgt der Abstand jeweils 1.000 Fuß (305 Meter). Die Flugflächen werden in einem Hundertstel der Höhe in Fuß angegeben, also bewegt sich z.B. ein Flugzeug, das in 23.000 Fuß fliegt auf Flugfläche 230, kurz FL230 genannt.

In Frankreich sind diese Flugflächen in vier verschiedene Gruppen zusammengefasst, die sich aber völlig unübersichtlich und nicht logisch nachvollziehbar darstellen. Außerdem ist das Land in Sektoren mit unterschiedlichen Kontrollzentren aufgeteilt und wird zudem von einem netzähnlichen Gebilde von kaum überschaubaren Luftstraßen überzogen. Hier durchzublicken, fordert den Militärlotsen alles ab und überfordert am 05. März 1973 einen der Männer am Radarschirm. Man kann sich nicht verkneifen hinzuzufügen: erwartungsgemäß.

Es ist der Fluglotse, der für den sogenannten Marina-Flugsektor im Südwesten des Landes die Verantwortung trägt. Elf Luftstraßen müssen dort kontrolliert und koordiniert werden. Alle Flüge von und nach Spanien werden durch diesen Sektor geleitet.

Wegen der Größe des Sektors ist er noch in Unterabschnitte aufgeteilt, in denen sich jeweils drei Controller die Arbeit teilen: der Radarlotse überwacht den Flugverkehr und wickelt die Gespräche mit den Piloten ab. Ein zweiter Kollege ist für die Schreibtischarbeit eingeteilt. Er kümmert sich um die ausgedruckten Papierstreifen, auf denen die Daten der im Sektor befindlichen Maschinen verzeichnet sind. Beide werden von einem Dritten überwacht, der eingreift, wenn es eng wird oder wenn einer der beiden anderen pausieren muss.

Von Anfang an haben die Militärlotsen ihre liebe Mühe mit diesem ihnen nicht vertrauten

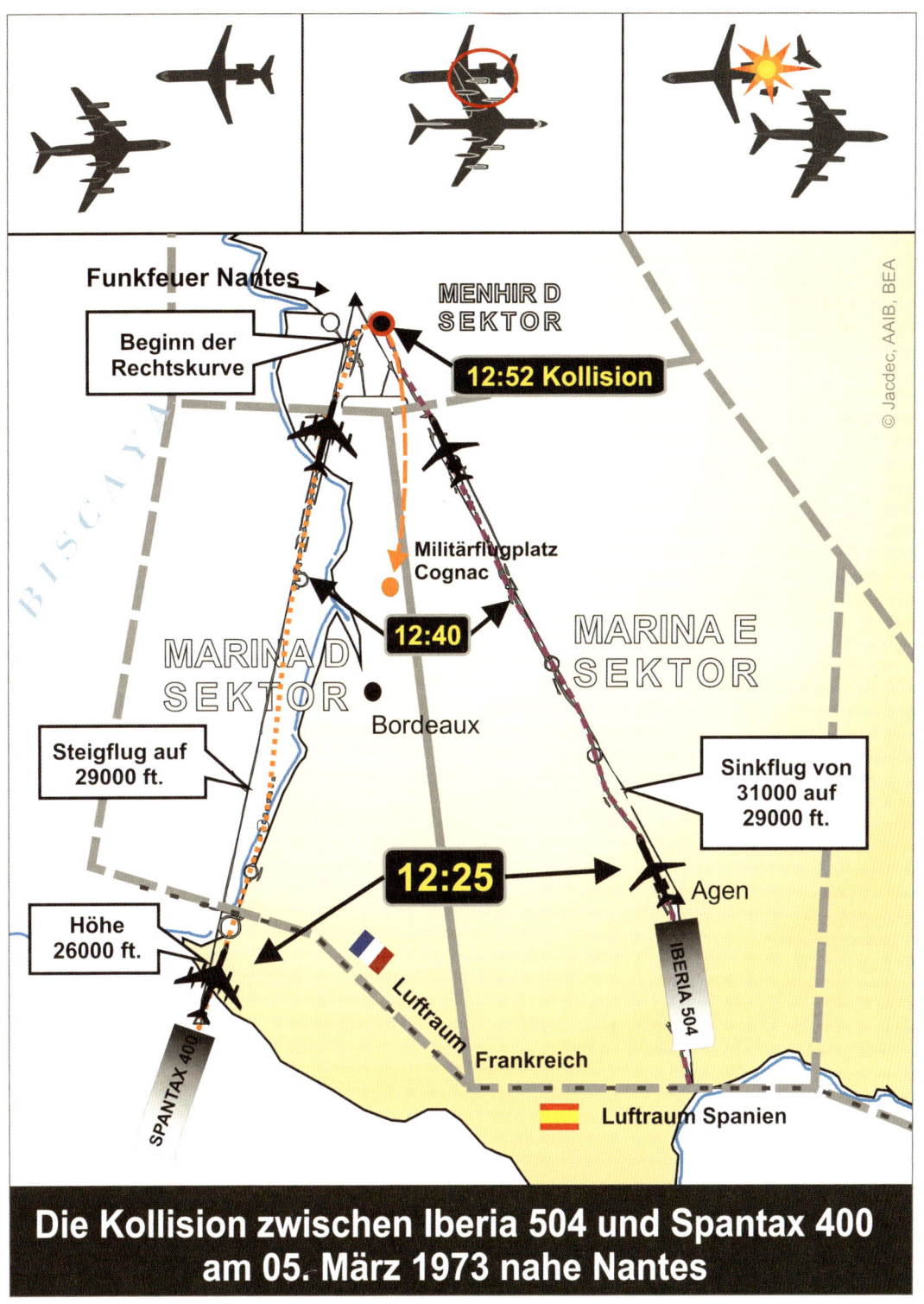

Die Kollision zwischen Iberia 504 und Spantax 400
am 05. März 1973 nahe Nantes

Die Unglücksmaschine EC-BII vor einer Convair Corona-
do der Spantax   Foto: Werner Fischdick

System. So ist nicht verwunderlich, dass es in wenigen Tagen die verhältnismäßig große Zahl von zwanzig Beinahezusammenstößen gibt. Das führt dazu, dass verantwortungsbewusste Luftlinien anderer Länder den Luftraum umfliegen lassen, sofern sie eine alternative Streckenführung ergattern können.

Einige der Verantwortlichen wiederum vertrauen auf ihr Glück und behalten althergebrachte Strecken bei, auch und besonders um durch „unnötige" Umwege nicht mehr Treibstoff und damit mehr Geld zu verpulvern. In jedem Fall müssen sie sich, auch das ist im internationalen Luftverkehr völlig unüblich, mit ihren Flügen 24 Stunden vor dem geplanten Flug bei der Luftüberwachung anmelden.

An diesem 5. März 1973 befinden sich unter anderem zwei Flugzeuge auf dem Weg durch den Marina-Luftraum.

Da ist einmal die Linienmaschine der Iberia, Flugnummer IB504 unter Flugkapitän Cueto, unterwegs von Mallorca nach London. Sie hat mit 61 Passagieren und sieben Crewmitgliedern um 11:24 Uhr in Palma abgehoben und nähert sich auf der zugewiesenen Flugfläche 310 (= 31.000 Fuß) dem Funkfeuer Agen, das rund 100 Kilometer südöstlich von Bordeaux gelegen ist.

Nach Überfliegen der Grenze zwischen Spanien und Frankreich meldet sich der Pilot ordnungsgemäß beim Fluglotsen des Marina-Sektors: „Iberia 504, um 12:16 Uhr über der Grenze auf Flugfläche 310, erreichen Nantes Funkfeuer schätzungsweise um 12:52 Uhr."

Marina-Control bestätigt den Empfang des Funkspruches und gibt dem Flugzeug einen Code, den sogenannten Transpondercode. Damit kann der Lotse kurz darauf jederzeit Geschwindigkeit und Flughöhe der IB504 auf seinem Radarschirm ablesen. Ohne den Transpondercode hätte der Fluglotse lediglich einen kleinen Leuchtpunkt auf seinem Bildschirm.

Agen wird um genau 12:25 Uhr überflogen. Danach geht es in einer leichten Linkskurve zum nächsten „Anlaufpunkt", dem Leuchtfeuer von Cognac, ebenfalls rund 100 Kilometer entfernt von Bordeaux gelegen, jedoch in nordnordöstlicher Richtung. Die Insassen in der Maschine merken von der Richtungsänderung kaum etwas, dafür sorgt die sanfte Steuerung des Autopiloten.

Die andere Maschine ist Charterflug BX400, mit 106 Insassen an Bord um 12:02 Uhr in Madrid gestartet. Auch diese Maschine ist auf dem Weg nach London. Es handelt sich um eine der eleganten, viermotorigen Convair 990 Corona-do, von denen die Spantax eine Handvoll im Einsatz hat. Sie fliegt auf FL260 ebenfalls in den Marina-Sektor ein mit direkter Ausrichtung auf das Funkfeuer von Nantes, der großen Stadt an der Loire.

Flugkapitän Antonio Arenas, Copilot Esteban Saavedra und Flugingenieur José Maria Zarauz sind für die Arbeit im Cockpit eingeteilt. Chefstewardess Maria Pilar Zaragoza Ramos und drei weitere Damen sorgen in der Kabine für die 99 Chartergäste.

Saavedra meldet sich ordnungsgemäß bei Marina-Control und der Radarlotse reicht die Maschine kurz darauf an seinen Kollegen weiter, der den Untersektor D überwacht. Um 12:27 Uhr meldet sich die Convair bei dem nun zuständigen Controller und teilt die Flughöhe mit. Auch die geschätzte Ankunftszeit über dem Funkfeuer Nantes wird durchgegeben: 12:52 Uhr.

Zu diesem Zeitpunkt fliegen die beiden Maschinen im Dreieck aufeinander zu, befinden sich aber durch mehr als einen Kilometer Luft getrennt auf unterschiedlichen Flugflächen, was ganz beruhigend ist. Nicht so angenehm ist die durch die merkwürdige Organisation des französischen Luftraums hervorgerufene Tatsache, dass beide Flugzeuge unterschiedlichen Leitzentralen zugeordnet sind.

Marina-Control ruft inzwischen wieder die DC-9 an und bittet um Kontaktaufnahme mit Menhir-Control, dahinter verbirgt sich die Flugleitzentrale in Brest. Menhir-Control ist für den nordwestlichen Luftraum zuständig. Man telefoniert mit dem Brester Kollegen und teilt ihm die Daten der anfliegenden Iberia Maschine mit. Da sich aber die Gruppen über Brest anders aufteilen als über Bordeaux, wird die IB504 von FL310 auf FL290 heruntergeordert. Ordnung muss sein.

Während die Iberia DC-9 die neue Höhe aufsucht, teilt man dem Fluglotsen mit, dass sich die geplante Ankunftszeit über Nantes leicht verzögere und nun 12:54 Uhr sei. Ein aufmerksamer Beobachter würde jetzt feststellen können, dass zwischen den Überflugzeiten der beiden spanischen Maschinen lediglich 2 Minuten liegen, luftfahrttechnisch gesehen nur ein Hauch.

Auf Veranlassung von Menhir-Control wird der Transponder der DC-9 auf Bereitschaft gestellt, bis die Maschine sich im neuen Luftraum befinden wird. Dadurch sind Geschwindigkeit und Höhe des Flugzeugs nicht mehr auf dem Radarschirm sichtbar. Gleichzeitig lässt Marina-Control die Spantax von FL 260 auf FL 290 steigen, wodurch der Kette der verhängnisvollen Umstände ein weiteres, schwächendes Glied hinzugefügt wird.

Der Lotse in Sektor D von Marina-Control informiert jetzt Brest über die Flugdaten der Span-tax Maschine, erhält von dort aber erst einmal ein negatives Echo: Der Überflug von Nantes sei derzeit nicht möglich, erst ab 13:00 Uhr könne BX400 eingeplant werden. Um 12:40 Uhr wird BX400 von Marina-Control entsprechend instruiert und müsste nun die Geschwindigkeit herabsetzen, um nicht zu früh über Nantes aufzutauchen.

Das unterbleibt jedoch vorerst. Stattdessen fragt der Pilot nach den Gründen, erhält aber nur ein lapidares „Stand-By" („Auf Empfang bleiben") zur Antwort. Die Kette der unglücklichen Umstände wird erneut länger, denn der Pilot in der Convair legt dies so aus, dass er abwarten möge, bis der Controller seine Frage beantworten könne. Das ist auch richtig so, denn nach dem Befehl „Stand-By" kommt international stets kurz darauf eine weitere Meldung. Der Controller ist aber kein internationaler, sondern ein militärischer Lotse und hat den Fall für sich abgeschlossen.

Die Convair ist eine der schnellsten Maschinen ihrer Zeit. 990 Kilometer in der Stunde, also rund 275 Meter in jeder Sekunde, kann dieses aerodynamisch günstig gebaute, stark motori-

Informationen über diese Iberia Maschine		
Kennzeichen	EC-BII „Ciudad de Sevilla"	
Fluggesellschaft	Iberia – Lineas Aereas de Espana S.A.	
Flugnummer	IB504	
Typ	McDonnell Douglas DC-9-32	
Seriennummer	47077	
Fabrikationsnummer	148	
Erstflug	19.06.1967	
Außenmaße	Länge	36,37 m
	Spannweite	28,47 m
	Höhe	8,38 m
Triebwerke	2x Pratt & Whitney JT8D-7	
Leistung	2x 6.350 kp	
Max. Startgewicht	48.988 kg	
Anzahl Passagiere	110	
Dienstgipfelhöhe	11.900 m	
Max. Reichweite	2.600 km	
Max. Geschwindigkeit	907 km/h	
Anzahl gebaut	337 (DC-9-32); 2.286 (DC-9 / MD-80 insgesamt)	
Unfalltag	05.03.1973	
Insassen (Unfalltag)	Insgesamt	68
	(davon 7 Crew)	
	Tote	68
	(davon 7 Crew)	

Ein Trümmerteil der abgestürzten Iberia Maschine
Foto: picture alliance

na-Control-Lotse, dass die beiden Maschinen sich zu nahe kommen würden. Er versucht, die Convair zu erreichen und anzukündigen, dass ein Vollkreis geflogen werden müsse, bevor die Maschine dann mit entsprechender Verzögerung das Funkfeuer Nantes überqueren dürfe. Zweimal erreicht er die Maschine nicht. Die Crew der Convair hat jedoch schließlich verstanden und funkt nun, dass „wir auf FL 290 einen Kreis nach rechts drehen werden".

Wieder erhält BX400 lediglich ein trockenes „Stand-By" zur Antwort, weil der Lotse im Kontrollzentrum nicht mehr Herr der Lage zu sein scheint. Um eine vorzeitige Überquerung des Funkfeuers Nantes zu vermeiden, beschließt der Spantax Pilot nunmehr, kurzfristig mit seinem großen Kreis zu beginnen.

Verzweifelt versuchen die Piloten noch einmal und dann ein weiteres Mal, das Kontrollzentrum zu erreichen. Die ausgelesenen Tonbänder sprechen eine deutliche Sprache. Immer wieder geht die Anfrage ab: „Hier BX400, Marina-Control, bitte kommen." Aber nichts tut sich. Vielen Flugzeugen im selben Gebiet geht es nicht anders, auch sie bekommen keinen Kontakt oder erhalten nur bruchstückhafte Antworten.

Schließlich tut Arenas das, was ihm als das einzig richtige erscheint, indem er die letzte Aufforderung befolgt, die er erhalten hat: Er legt die Maschine in eine Rechtskurve und meldet dies sicherheitshalber auch noch an die Bodenkontrolle, in der Hoffnung, dass diese ihn hören können, obwohl er sie nicht empfängt. Die Rechtskurve hat er sehr bewusst gewählt, weil er diesen Luftraum gut kennt. Mit einer Linkskurve wäre er in den dichten Flugverkehr zwischen den Kanarischen Inseln und dem Festland gekommen. Allerdings hat die Maschine seit Minuten keinen Kontakt zu irgendeiner Kontrollstelle: Aus dem Bereich der vorherigen hat sie sich entfernt, die jetzige hat sie weder korrekt identifiziert noch mit vernünftigen Informationen versorgt.

Das Unheil ist nun nicht mehr aufzuhalten und um genau 12:52 Uhr kommt es zum Zu-

sierte Flugzeug zurücklegen. So ist nicht verwunderlich, dass der Transpondercode schon Augenblicke später auf dem Bildschirm des Lotsen von Menhir-Control aufblinkt. Da sie sich aber in gleichem Maße rasend schnell aus dem Bereich von Marina-Control entfernt, ist die Verständigung schlecht.

Der Fluglotse filtert dennoch aus den Bruchstücken korrekt heraus, dass die Maschine die Verschiebung der Überflugzeit des Funkfeuers Nantes bestätigt. Allerdings bekommt er wegen der schlechten Verbindung nicht mehr mit, dass die Crew nicht sofort ihre Geschwindigkeit verringern wird, sondern etwas später. Erst um 12:47 Uhr reduziert der Flugkapitän auf knapp 750 Stundenkilometer.

Um ebenfalls genau 12:47 Uhr fliegt in nur 45 Kilometern Entfernung die Iberia Maschine in den Kontrollbereich von Menhir-Control ein. Jetzt telefoniert Menhir-Control erneut mit Marina-Control und bittet um die genauen Flugdaten der Spantax-Maschine, weil er unter anderem verschiedene, auch falsche Flugnummern übermittelt bekam, darunter zum Beispiel BX1400.

Wieder unterläuft Marina-Control ein Fehler, denn der Fluglotse wählt nicht nur erneut eine falsche Bezeichnung, indem er von Flugnummer BX6400 spricht, sondern gibt darüber hinaus an, dass die Maschine um 13:00 Uhr Nantes überfliegen werde, eine Auskunft, die er mit Sicherheit so nicht hätte geben dürfen, weil er keine entsprechende Bestätigung der Convair erhalten hatte. Trotz allem merkt der Mari-

sammenstoß mit der um schicksalhafte zwei Minuten verspäteten DC-9, die ahnungslos in die rechtskurvende Convair hineinfliegt. Die Sicht, auch dies wieder ein verhängnisvolles Glied in der Kette, ist durch Wolken auf nahe null reduziert.

Dabei bohrt sich das Ende der Backbordtragfläche der Convair in den Bug der DC-9, die kleinere Maschine wird förmlich in der Luft zerfetzt und fällt in Einzelteilen nahe der Ortschaft La Planche auf die Erde. Die Trümmer bedecken mehrere Quadratkilometer, eine realistische Chance für die 69 Insassen, diesen zerstörerischen Unfall zu überleben, besteht zu keinem Zeitpunkt.

Die Convair hat es ebenfalls hart getroffen, denn rund sechs Meter der Backbordtragfläche sind abgerissen worden. Allerdings haben die Insassen dieser Maschine mehr Glück, denn das große Flugzeug ist noch flugfähig. Sofort wird der Notfall erklärt und das

wiederholte „Mayday" des Flugkapitäns Arenas wird von vielen Flugzeugen ringsum aufgefangen, nur das Kontrollzentrum Marina-Control reagiert wiederum nicht.

Erst einer anderen Iberia Maschine, Flugnummer IB103, gelingt es, das Kontrollzentrum davon zu informieren, dass es soeben einen Luftzwischenfall gegeben habe und ein havariertes Großraumflugzeug um Hilfe nachsucht.

Die Crew der Spantax meldet, dass die Maschine permanent an Höhe verliere und man versuchen wolle, Bordeaux zu erreichen. Sofort hebt eine Militärmaschine vom Boden ab, man will die Convair lieber nach Tours geleiten. Da kein Kontakt zustande kommt, gelingt es jedoch nicht, die schwer havarierte Maschine umzudirigieren.

Das Flugzeug verliert inzwischen mächtig Treibstoff, der aus der geborstenen Tragfläche ausläuft, sich aber glücklicherweise nicht entzündet. Auch die Hydraulik ist beschädigt und vorn auf dem Instrumentenbrett signalisieren ganze Lichterketten in roter Farbe, dass da so einiges nicht stimmt mit BX400.

Um 13:18 Uhr gelingt es schließlich die Verbindung mit der Anflugkontrolle in Bordeaux herzustellen. Jetzt endlich erhält die havarierte Maschine in kurzen Abständen Instruktionen, um sie sicher nach Bordeaux herunterzulotsen. Plötzlich jedoch sehen die Piloten der Spantax Maschine unter sich den Militärflughafen von Cognac und entschließen sich spontan, diesen wesentlich näher liegenden Platz anzufliegen. Zum Teufel mit den Lotsen, die diesen Platz nicht angeboten haben.

In Cognac weiß man von dem Unglück und errät sofort das Vorhaben der Convair-Besatzung. Grüne Raketen signalisieren dem in engen Kehren absteigenden Flugzeug, dass alles bereit für eine Notlandung ist. Endlich schwebt BX400 mit der verkürzten Tragfläche relativ schnell ein und der erste Aufprall ist erwartungsgemäß hammerhart.

Die Maschine hüpft wieder in die Höhe, kommt erneut auf den Boden, springt noch einmal hoch, um dann endgültig auf dem Beton aufzusetzen. Nun steht nicht mehr viel Bahn zur Verfügung, aber mit vereinten Kräften schaffen es die beiden im Cockpit, die Maschine nur Meter

Informationen über diese Spantax Maschine		
Kennzeichen	EC-BJC	
Fluggesellschaft	Spantax S.A. Transportes Aereos	
Flugnummer	BX400	
Typ	Convair 990-30A-5 Coronado	
Seriennummer	30-10-22	
Fabrikationsnummer	-	
Erstflug	03.1962	
Außenmaße	Länge	42,43 m
	Spannweite	36,58 m
	Höhe	12,04 m
Triebwerke	4x General Electric CJ-805-23B	
Leistung	4x 7.280 kp	
Max. Startgewicht	114.761 kg	
Anzahl Passagiere	149	
Dienstgipfelhöhe	12.500 m	
Max. Reichweite	8.765 km	
Max. Geschwindigkeit	990 km/h	
Anzahl gebaut	36 (990-30 A); 102 (880 / 990 gesamt)	
Unfalltag	05.03.1973	
Insassen (Unfalltag)	Insgesamt (davon 7 Crew)	106
	Tote	0
	Verletzte	0
	Unverletzt (davon 7 Crew)	106

vor dem Ende der Bahn zum Halt zu bringen. Einige Reifenplatzer hat es gegeben, aber wen schert das schon? Die Kabinencrew hat die Passagiere gut instruiert für die zu erwartende Notlandung. Niemand ist verletzt, die Insassen können ihr Glück kaum fassen und liegen sich freudig weinend in den Armen.

Die französischen Behörden wollen sich möglichst rasch reinwaschen von aller Schuld und stecken Flugkapitän Arenas, kaum dass er sein havariertes Flugzeug mit einem Seufzer der Erleichterung verlassen hat, erst einmal ins Gefängnis. Sofort wird ein Kommuniqué herausgegeben, in dem die Militärlotsen von aller Schuld freigesprochen und dieselbe stattdessen ausschließlich dem Flugkapitän der Spantax Maschine angelastet wird.

Alles wird in den nächsten Monaten versucht, um nur nicht den Eindruck zu erwecken, die militärischen Lückenbüßer hätten etwa Dreck am Stecken. Ein unsauberes, verwerfliches, aber in solchen Fällen gar nicht so seltenes Vorgehen nationaler Behörden. Erpressung ist später im Spiel und es dauert viele Jahre, bis der Unfall halbwegs sachlich aufgearbeitet ist.

Parallel angestrengte, neutrale Untersuchungen, insbesondere die Initiative der Londo-

ner „Sunday Times", die schon eine Woche nach dem Unfall mit zweifelnden Fragen beginnt, führten bald zu der Erkenntnis, dass das äußerst komplizierte und schwer durchschaubare System der französischen Luftraumüberwachung die Lotsen überfordert hatte. Sie waren nach einem Crashkurs einfach vor den Bildschirmen platziert worden und hatten dort in Kürze – und eigentlich vorhersehbar – großes Unheil angerichtet.

Am schlimmsten, ja geradezu nicht nachvollziehbar jedoch schien den Journalisten, dass zwei Flugzeuge, die gleichzeitig in ein und demselben Luftraum einfliegen, von zwei verschiedenen Controllern beaufsichtigt werden, die zudem noch in zwei voneinander unabhängigen Kontrollzentren sitzen.

Bald schlossen sich die französischen Zeitungen ihren englischen Kollegen an, allen voran „Le Canard". Die Journalisten dieses Blattes forderten unmissverständlich den Rücktritt des zuständigen Transportministers Robert Galley, den man bei einer Lüge im Zusammenhang mit dem Unfall ertappt hatte. Die Hauptschuldigen, da war man sich inzwischen sicher, waren ganz oben zu suchen, während den Lotsen nur ein Teil der Schuld zugeordnet werden konnte.

Hätten diese zum Beispiel keinen unüblichen und komplizierten Vollkreis von der Spantax Maschine verlangt, sondern das Flugzeug einfach in eine andere Höhe einsortiert, nichts wäre passiert und 69 Menschen hätten nicht unnötig ihr Leben lassen müssen.

Des weiteren hatte man die Spantax Maschine über weite Strecken allein gelassen, sie nach den „Stand-By"-Meldungen gefährlich lange nicht mit neuen Informationen versorgt und in Kauf genommen, dass das Flugzeug die ganze Zeit über nicht eindeutig identifiziert war. Von einer präzisen Überwachung konnte hier gewiss nicht die Rede sein.

Die schöne Convair 990 der Spantax konnte repariert werden, wurde aber bereits kurz darauf im Oktober 1979 auf Mallorca vorübergehend eingelagert, um einem neuen Zweck zugeführt zu werden. Da sich aber kein Käufer fand, wurde das Flugzeug im Jahre 1991 dem Schrotthändler übergeben.

Folgende Quellen wurden ausgewertet

- Bordoni, Antonio: Airlife's Register of Aircraft Accidents; S.152
- Byhan, Inge: In 30 Sekunden Crash; S.108ff
- Denham, Terry: World Directory of Airline Crashes; S.124
- Eddy, Paul u.a.: Destination Disaster; S.355
- Faith, Nicholas: Black Box; S.49
- Forman, Patrick: Flying into Danger; S.91ff
- Gero, David: Luftfahrt-Katastrophen; S.112
- Godson, John: The Rise and Fall of the DC-10; S.329f
- Hengi, B.I.: Crash; S.121
- Hubert, Ronan: Les Catastrophes Aeriennes de 1920 a 1996; S.264
- Moser, Sepp: Wie sicher ist Fliegen?; S.181
- Richter, Jan-Arwed: Jet-Airliner-Unfälle; S.151
- Richter, Jan-Arwed: Mayday; S.96
- Roach, J.R.: Jet Airliner Production List; Volume 2; SS.187+252
- Veronico, Nicholas A.: Wreckchasing Vol.2; S.107

19

Der Chef hat es so gewollt

Dies ist eine kleine Geschichte über eine kleine Fluggesellschaft mit kleinen Flugzeugen. Dennoch sollte sie nicht einfach abgetan werden, denn es gibt ein Detail bei dem nachstehend beschriebenen Unfall, das uns allen im Berufsleben schon einmal passiert ist, das auch in der Luftfahrt nicht selten ist, dort aber tödlich sein kann: Ich meine die unsinnige Anweisung des Chefs. Man weiß, jetzt müsste man eigentlich aufstehen und sich weigern. Aber dann tut man doch, was der Vorgesetzte angeordnet hat, weil man die Konsequenzen einer Weigerung scheut.

Es ist Donnerstag, der 19. August 1971. Downeast Airlines, planmäßiger Flug Nr. 88 von Boston, Massachusetts nach Rockland wird heute nicht in Rockland landen, denn das Wetter ist dort einfach zu schlecht. Stattdessen wird die kleine Maschine in das nur 65 Kilometer entfernte Augusta umgeleitet, wo die Verhältnisse ein wenig besser sind.

Aber eben nur „ein wenig besser", nicht „viel besser", denn für die geplante Ankunftszeit haben die Wetterfrösche eine geschlossene, tiefhängende Wolkendecke in rund 200 Metern Höhe und eine Sicht von nur 1.500 Metern vorhergesagt, dazu Nebel und Dunst. „Hört sich nicht toll an", denkt Flugkapitän Dwight French, der die neunsitzige Piper PA-31 Navajo dort in einem Stück herunterbringen soll. Er hat nur die kleine Fluglizenz, ist nicht übermäßig erfahren und fühlt sich stets unsicher bei derartigen Wetterverhältnissen.

French hat seine Passagiere bereits darüber informiert, dass sie nach Augusta müssen. Sieben Fluggäste sind es heute, und sie sind ebenfalls nicht begeistert, denn nach der für etwa 21:30 Uhr geplanten Landung in Augusta müssen sie nun noch mit einer mehr als einstündi-

Die abgebildete Piper ist derselbe Flugzeugtyp wie die verunglückte Downeast Maschine   Foto: MilborneOne

gen Busfahrt zum eigentlichen Zielort Rockland rechnen.

Missstimmung allerdings macht sich nicht breit an Bord der Piper, dazu kennt man seine Heimat zu genau und hat oft genug im Leben erfahren müssen, dass das launische Wetter hier an der Ostküste die Pläne für den Sonntagsausflug, die Grillparty oder das Tennismatch mit den Freunden zunichte gemacht hat.

Bedingt durch die Planung der Ausweichroute startet das zweimotorige Flugzeug mit dreizehn Minuten Verspätung um 20:28 Uhr, nachdem der Pilot eine Freigabe für einen Instrumentenflug in 2.150 Metern Höhe nach Augusta erhalten hat. Das bedeutet: Er soll nicht nach Sicht fliegen, sondern wegen des Wetters die Instrumente im Flugzeug für einen sicheren Flug benutzen. Das liebt French nicht, er fliegt mit Vorliebe nach Sicht, aber so sind nun einmal die Vorschriften.

Da das Flugzeug heute mit nur einem Piloten geflogen wird, nimmt einer der Passagiere nur zu gern auf dem Copilotensitz Platz, denn ein Flug in niedriger Höhe mit dem Blick nach vorn aus der Pilotenkanzel heraus ist für die meisten Fluggäste ein besonders erstrebenswertes Erlebnis. Er bekommt ebenfalls einen Kopfhörer aufgesetzt und fühlt sich fast ein wenig mit verantwortlich für das Wohlergehen der kleinen Zweimotorigen. Er ahnt nicht, dass er den letzten Flug seines Lebens angetreten hat.

Ab geht es nun auf der Flugstraße V-3, immer an der Küste entlang. Zuerst ist das Wetter noch ganz manierlich, aber je näher sie sich an Augusta heranbewegen, umso dichter wird die Bewölkung. Bald gibt es kaum mehr eine Stelle, an der man durch die dichte Wolkensuppe einen Blick auf den Boden erhaschen kann.

Die Passagiere haben sich nach einer guten halben Flugstunde schon auf die Landung vorbereitet, ihre Zeitungen zusammengefaltet und schauen aus dem Fenster heraus, wo sie im Allgemeinen nur diese hässlichen Wolkenberge erblicken können. Ab und zu sehen sie auch

Informationen über diese Maschine		
Kennzeichen	N595DE	
Fluggesellschaft	Downeast Airlines Inc.	
Flugnummer	88	
Typ	Piper PA-31 Navajo	
Seriennummer	31-422	
Fabrikationsnummer	-	
Erstflug	1969	
Außenmaße	Länge	9,94 m
	Spannweite	12,39 m
	Höhe	3,96 m
Triebwerke	2x Avco Lycoming TIO-540-A2B	
Leistung	2x 231 kW	
Max. Startgewicht	2.948 kg	
Anzahl Passagiere	8 (plus ein Pilot); oder 7 (plus 2 Piloten)	
Dienstgipfelhöhe	8.015 m	
Max. Reichweite	2.450 km	
Max. Geschwindigkeit	420 km/h	
Anzahl gebaut	3.942	
Unfalltag	19.08.1971	
Insassen (Unfalltag)	Insgesamt (davon 1 Crew)	8
	Tote (davon 1 Crew)	3
	Verletzt (davon 0 Crew)	5

plötzlich kurz die Spitze eines Berges, bereits beleuchtete Häuser oder einige Baumwipfel, dann wieder ist nichts mehr zu erkennen.

Um 21:07 Uhr meldet sich der Pilot bei der Flugleitzentrale an und teilt mit, dass er über dem Augusta Funkfeuer angekommen sei. Er erhält um 21:14 Uhr die Freigabe zur Landung und die Passagiere hören erleichtert, wie das Fahrwerk aus den Schächten rumpelt. Nun werden sie gleich wieder auf der sicheren Erde sein, die an derartig wolkenverhangenen Tagen einem Flug durchaus vorzuziehen ist.

Allerdings wird es mit der ersten Landung nichts, denn kurz darauf hören die Passagiere, wie die Motoren der Maschine wieder mehr Leistung abgeben und das Fahrwerk in die Schächte eingefahren wird. Gleichzeitig dreht sich die kleine Piper von vereinzelt auszumachenden Lichterketten der Stadt weg und den frustrierten Passagieren ist klar, dass der erste Anflug nicht gelungen ist. Der Passagier neben French kommentiert das Geschehen grummelnd mit den treffenden Worten: „Ich kann verdammt noch mal überhaupt nichts sehen."

Um 21:27 Uhr meldet sich der Flugkapitän bei der Anflugkontrolle und gibt bekannt, dass er aus Sichtgründen durchgestartet sei und einen weiteren Anflug durchführen möchte. Der Fluglotse erteilt ihm Freigabe und die Maschine wird von French in einem Kreis um die Stadt herumgeführt, um sie dann erneut in die Einflugschneise zu fliegen.

Um 21:40 Uhr meldet sich der Pilot noch ein letztes Mal beim Tower mit der Angabe, er sei etwa noch sieben Kilometer entfernt und im Begriff, den zweiten Anflug durchzuführen.

Das Fahrwerk wird erneut herabgelassen und Sekunden später verschwindet die Piper in 160 Metern Höhe mit lauten Splitter-, Berst- und Reißgeräuschen in den Bäumen des in dieser Gegend sehr bekannten „Allen Hill", einem Hügel, der sich etwa 195 Meter hoch über die Landschaft erhebt, dort, wo nach den Anflugvorschriften eine Höhe von 600 Metern nicht hätte unterschritten werden dürfen.

Der Absturz muss auch für den Piloten völlig überraschend gekommen sein, denn es gibt nicht einmal einen kurzen Hinweis auf den bevorstehenden Crash, der alle Insassen deshalb

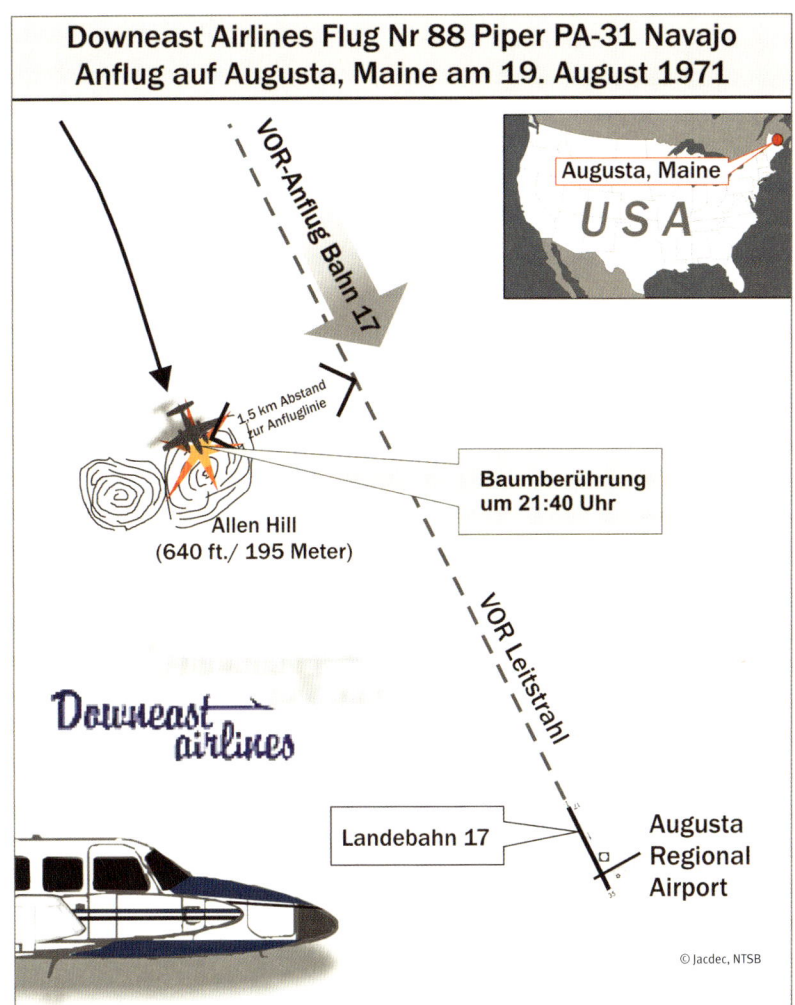

**Downeast Airlines Flug Nr 88 Piper PA-31 Navajo
Anflug auf Augusta, Maine am 19. August 1971**

VOR-Anflug Bahn 17

Augusta, Maine

USA

1,5 km Abstand zur Anfluglinie

Baumberührung
um 21:40 Uhr

Allen Hill
(640 ft./ 195 Meter)

VOR Leitstrahl

Downeast airlines

Landebahn 17

Augusta
Regional
Airport

© Jacdec, NTSB

auch ohne Vorwarnung erwischt. Weder hören sie eine Veränderung des Triebwerkgeräusches noch ist dem Piloten etwas anzumerken, im Gegenteil, er wirkt auf die Passagiere äußerlich vollkommen ruhig und entspannt.

Ein überlebender Passagier allerdings erinnert sich später, dass er ziemlich nervös war, weil er durch vereinzelte Wolkenlöcher immer wieder sehen konnte, dass die Erde näher war, als er dies sonst bei Landungen in dieser Gegend gewohnt war.

Nur rund einhundert Meter lang ist die Schneise, die das relativ leichte Flugzeug in die bewaldete Flanke des Hügels schlägt, dann kracht sie auf den Boden und wird beim Auf-

prall total zerstört. Danach herrscht erst einmal Stille.

Der Pilot und der neben ihm sitzende Passagier sowie ein weiterer Insasse sind sofort tot. Die anderen fünf haben das Unglück auf wundersame Weise überlebt. Drei von ihnen sind nur leicht verletzt. Sie kümmern sich um die Bergung der beiden Mitinsassen, die nicht so viel Glück hatten und später mit schweren Verletzungen in das Krankenhaus von Augusta transportiert werden. Aber vorerst ist noch keine Hilfe in Sicht.

Nachdem die kleine Maschine nicht mehr antwortet, gibt der Controller Alarm und die Suche nach dem verschwundenen Flugzeug beginnt. Ein wenig dauert es schon, bis die Maschine sieben Kilometer vom Flugplatz entfernt und mit einer Abweichung von 1,5 Kilometer vom normalen Anflugweg aufgespürt wird.

Die Untersuchung ergab zweifelsfrei einen offensichtlichen Grund für den Absturz: Die Maschine war um mehrere hundert Meter niedriger geflogen, als die Vorschrift dies zugelassen hatte. Aber warum war dies geschehen? Im Flugzeugwrack wurden keine Hinweise entdeckt, vielmehr ermittelte der Untersuchungsbeamte des NTSB nach dem Ausschlussverfahren zuerst einmal folgende Ergebnisse:

- Die Piper hatte keine Teile vor dem Aufprall verloren.
- Die beiden Triebwerke zeigten keinerlei Fehlfunktion.
- Alle Steuerseile waren in Ordnung.
- Auch die Hydraulik war fehlerfrei.
- Alle Klappen funktionierten einwandfrei.
- Der Geschwindigkeitsmesser war fehlerfrei.
- Alle Schalter und Hebel befanden sich in der richtigen Position.
- Der Entfernungsmesser funktionierte einwandfrei.
- Die Anflugkarte neben dem Piloten entsprach den Gegebenheiten.

Zwei Tage nach dem Unfall testete ein Mitarbeiter der FAA dann noch die Anflughilfen. Auch hier wurde eine einwandfreie Funktion bestätigt. Damit waren einige wichtige, in derartigen Fällen normalerweise vorhandene Gründe definitiv nicht für den Absturz ursächlich.

Viel Zeit haben die Ermittler in solchen „kleinen" Fällen nicht. Man darf schon einmal unterstellen, dass sie froh sind, wenn sie zügig eine offensichtliche Erklärung finden. In diesem Fall schien dem Untersuchungsbeamten nur eine Erklärung passend: das Wetter in Verbindung mit einem Pilotenfehler.

Folgende Quellen wurden ausgewertet

- Hubert, Ronan: Les Catastrophes Aeriennes de 1920 a 1996; S. 236
- Nader, Ralph u.a.: Collision Course; S. 349
- Nance, John J.: Blind Trust; S. 19ff
- Unfallbericht: NTSB AAR-72-06

So lautete die abschließende Begründung im Unfallbericht dann auch: „Das NTSB ermittelte, dass der wahrscheinliche Grund für den Unfall eine falsche Aktion des Piloten war, als er einen Instrumentenanflug unterbrach und versuchte, nach Sichtflugregeln weiterzufliegen, während er unter Instrumentenflugbedingungen in einer Höhe flog, die von dem umgebenden Gelände überragt wird."

Das klingt zwar richtig und hat zu dem tödlichen Unfall beigetragen, aber den wahren Grund hätte der Mann nur finden können, wenn er sich ausführlich mit dem Gebaren der Gesellschaft und insbesondere des Inhabers beschäftigt hätte. So fand man das erste und stärkste Glied in der unseligen Kette des Piper-Absturzes erst acht Jahre später, als siebzehn Menschen in einer Twin-Otter der Downeast Airlines sterben mussten: Es war der Inhaber der kleinen Fluggesellschaft, Bob Stenger.

Ein ganzes Kapitel wird in dem entsprechenden Untersuchungsbericht (NTSB AAR-80-05) den fehlerhaften Managementpraktiken gewidmet. So hatte Stenger nicht nur das Training seiner Piloten vernachlässigt (es wurde nicht einmal das wichtige Durchstartverfahren geprobt), sondern auch gegen diverse gesetzliche Sicherheitsbestimmungen verstoßen. Vor dem Unfall der Twin-Otter und übrigens auch noch danach.

Ihn hatte Dwight French von Boston aus angerufen, und ihn darum gebeten, nach Portland in Maine ausweichen zu dürfen. Er fühlte sich aufgrund mangelnder Erfahrung einfach nicht sicher genug, bei diesen Wetterverhältnissen in Augusta zu landen, einem kleinen Flugplatz ohne Instrumenten-Landesystem (ILS). Stenger hatte das abgelehnt, weil Augusta näher am geplanten Zielort Rockland liegt und damit weniger Folgekosten verursachen würde.

Dies war nach Meinung von John Nance die wahre Ursache, warum drei Menschen sterben mussten. Ein übermächtiger Chef hatte seinen Piloten trotz dessen Unsicherheit zu einem Flug mit einem zu erwartenden schwierigen Endanflug gezwungen. Sie können die abschreckende Geschichte der kleinen Fluggesellschaft, deren despotischer Inhaber erst nach dem Tod weiterer Menschen am Tun gehindert wurde, in dem Buch „Blind Trust" ausführlich nachlesen.

Zu schwer, zu niedrig
und ohne Erlaubnis

So kann das Ende eines Fluges aussehen, wenn die Crew gegen viele Vorschriften verstößt.   Foto: picture alliance

Indien ist zweifellos ein Land, in das man gern einmal reisen möchte. In meinem Arbeitszimmer hängen zwei großformatige, betörend schöne Fotos, die eine meiner Schwestern, die mutige, einst dort schoss. Mutig deshalb, weil man in diesem großen Land nicht so sicher reisen kann, wie ich dies für erforderlich halte.

Deshalb war ich auch noch nicht dort. Da meine Schwester aber auch nachts allein mit einem wildfremden Fellachen in verbotene ägyptische Gräber hinabsteigt und mangels Teleob-

jektiv afrikanischen Elefantenbullen bis auf wenige Meter auf die dicke Pelle rückt, war der Flug nach Indien für sie wohl eher eine der leichteren Übungen.

Immer wieder berichten die Zeitungen von indischen Lkw, die mit zig Menschen in Schluchten stürzen, von grauenhaften Verkehrsunfällen, überladenen Fähren und nicht zuletzt vom unsicheren Flugverkehr. Die für dieses schöne Land Verantwortlichen haben schwer zu kämpfen mit einer über die Jahrhunderte sehr zur Tradition gewordenen Korruption und mit einem noch schwerwiegenderen Problem: Eelche Löcher im Haushalt stopft man zuerst mit dem wenigen verfügbaren Geld?

So ist nicht verwunderlich, dass in Indien auch vergleichsweise viele Unglücke die Zivilluftfahrt beuteln. Mehr als 2.600 Menschen ließen hier in den letzten sechzig Jahren bei kommerziellen Flugunfällen ihr Leben. In jeden 109. Fall meiner Statistik ist eine indische Maschine involviert. Nimmt man nur die großen Flugzeuge, ist sogar an jedem 63. Unfall ein indisches Flugzeug beteiligt.

Ich bin sicher, es gibt kein Land, in dem die Verantwortlichen nicht alles Mögliche unternehmen, um den Luftverkehr sicherer zu machen. Schließlich sind diese Leute dort oben an der Spitze ihrer Staaten diejenigen, die am häufigsten fliegen müssen. Auch in Indien wird das nicht anders sein, doch die Umstände in diesem relativ armen Land machen es den Behörden nicht gerade leicht. Lassen Sie uns ein typisches Beispiel aus den etwa 300 „indischen Fällen" meiner Statistik etwas näher betrachten.

Genau 100 indische Passagiere befinden sich an Bord der Boeing 737-200 der Indian Airlines Corporation mit dem Kennzeichen VT-ECQ. Außerdem hat sich noch ein rundes Dutzend Ausländer zu den Einheimischen gesellt, darunter auch ein deutscher Tourist. Mit der sechsköpfigen Crew befinden sich also 118 Menschen an Bord der Maschine, nur 14 Sitze bleiben leer.

Dennoch ist die Maschine heute, am 26. April 1993, schwer beladen. Spätere Berechnungen ergaben, dass das Flugzeug beim Start zwei Tonnen mehr gewogen hatte, als zulässig gewesen wären.

Hier muss ein klein wenig in die Technik eingestiegen werden. Vergleicht man frühe Serien eines Flugzeugtyps mit den späteren oder letzten gebauten Flugzeugen, so ist festzustellen, dass im Laufe der Produktion grundsätzlich eine Erhöhung des zulässigen Startgewichts mit der Verfügbarkeit immer stärkerer Triebwerke einhergeht.

Die Boeing 737-200 Advanced wurde von 1971 bis 1988 gebaut. Die VT-ECQ ist bereits 18 Jahre alt, stammt aus dem dritten von achtzehn Produktionsjahren, es handelt sich also um eine Maschine der ersten Serie. Sie verfügt noch über die schwächsten Triebwerke und ist damit auch im möglichen maximalen Startgewicht auf 49,4 Tonnen beschränkt.

Die neueren Boeing 727-200 Advanced der letzten Serie haben ein um nahezu 20% höheres Startgewicht zur Verfügung, bedingt durch die ebenfalls um fast 20% leistungsfähigeren Triebwerke. Der Unfall, von dem heute die Rede ist, hätte mit einem Flugzeugtyp der letzten Serie höchstwahrscheinlich gar nicht passieren können. Zum Vergleich:

- 1974er VT-ECQ mit 13.157 kp Schub und 49.442 kg max. Startgewicht
- 1988er 737-200A mit 15.422 kp Schub und 58.740 kg max. Startgewicht

Informationen über diese Maschine

Kennzeichen	VT-ECQ
Fluggesellschaft	Indian Airlines Corporation - IAC
Flugnummer	IC491
Typ	Boeing 737-200 Advanced (737-2A8A)
Seriennummer	20961
Fabrikationsnummer	375
Erstflug	18.09.1974
Außenmaße	Länge 30,48 m
	Spannweite 28,35 m
	Höhe 11.28 m
Triebwerke	2x Pratt & Whitney JT8D-9A
Leistung	2x 6.577 kp
Max. Startgewicht	49.442 kg
Anzahl Passagiere	126
Dienstgipfelhöhe	12.500 m
Max. Reichweite	4.075 km
Max. Geschwindigkeit	943 km/h
Anzahl gebaut	895 (737-200 Advanced); › 6.300 (737 gesamt)
Unfalltag	26.04.1993
Insassen (Unfalltag)	Insgesamt 118
	(davon 6 Crew)
	Tote 55
	(davon 2 Crew)
	Schwer Verletzte 11
	(davon 1 Crew)
	Leicht Verletzte 52
	(davon 3 Crew)

Zurück zu VT-ECQ. Die Boeing hat bereits die
Teilstrecken von Delhi über Jaipur und Udai-
pur nach Aurangabad hinter sich. Nun macht
sich die Crew mit der Maschine auf den Weg
zur Startbahn, um den letzten Teilabschnitt
von Aurangabad nach Bombay in Angriff zu
nehmen. Dies ist ein lediglich 280 Kilometer
kurzer Hüpfer auf der mit 1.400 Kilometern
auch nicht gerade langen Gesamtstrecke. Viel
Kerosin bedarf es hierfür nicht, insofern ist
nicht nachvollziehbar, warum die Maschine so
überladen sein muss.

Es ist Mittagszeit, die Hitze auf dem Flughafen nähert sich mit bis zu 41 Grad derjenigen in
dem vielzitierten Backofen, ein Umstand, der
ebenfalls nicht gerade förderlich ist, wenn es
gilt, ein Flugzeug auf einer relativ kurzen Startbahn rechtzeitig in sichere Höhen zu bringen. Je
heißer die Luft ist, umso weniger Leistung geben Triebwerke nämlich ab. An diesem Tag
stimmt einfach nichts!

Die Piloten wissen das natürlich, aber sie
würden selbstverständlich nicht starten, wenn
sie nicht das Gefühl hätten, ohne Probleme einen sicheren Steigflug erreichen zu können. Sie
hängen schließlich auch am Leben. Vielleicht
denken sie vornehmlich daran, dass der Flughafen der 2.200 Jahre alten Stadt in nur 500 Metern Höhe liegt; die Luft hier unten ist also noch
vergleichsweise „dick".

Schwerfällig setzt sich die Maschine nach
dem Lösen der Bremsen in Bewegung. Die
Triebwerke lassen unter Volleistung ein don-
nerndes Grollen hören, fast könnte man mei-

nen, die Anstrengung herauszuhören, mit der
sie zu Werke gehen müssen, um das behäbig
dahinrollende Flugzeug rechtzeitig in die Höhe
zu wuchten.

Direkt am Ende der Startbahn verläuft eine
autobahnähnliche Straße, die lebhaften Verkehr zu bieten hat. Die Bahn selbst ist nur
1.829 Meter lang. Fasst man diese Informationen zusammen, so leuchtet ein, dass die topografischen und klimatischen Umstände des
Flugplatzes nur den Start bestimmter Flugzeugtypen mit entsprechend starken Triebwerken erlauben. Unsere VT-ECQ gehört
nicht zu den für diesen Flugplatz freigegebenen Typen. Sie darf hier gar nicht starten, versucht es aber im Moment allen Gesetzen und
Vorschriften zum Trotz.

Bis auf den sprichwörtlich letzten Meter
muss die Crew das Flugzeug voranpeitschen.
Ein Wimpernschlag nur vor der Schwelle hebt
die Boeing sich in die Luft, steigt aber trotz immer noch bis zum Anschlag geschobener
Schubhebel und damit einhergehendem, mörderischen Getöse der mit Höchstleistung drehenden Triebwerke vergleichsweise langsam in
den sonnigen Mittagshimmel der Stadt.

Wie gesagt, heute ist nicht der Glückstag der
Maschine und ihrer Insassen, denn dies wird
der letzte Startversuch der alten Boeing sein.
Das Schicksal hat es so gewollt, dass sich exakt

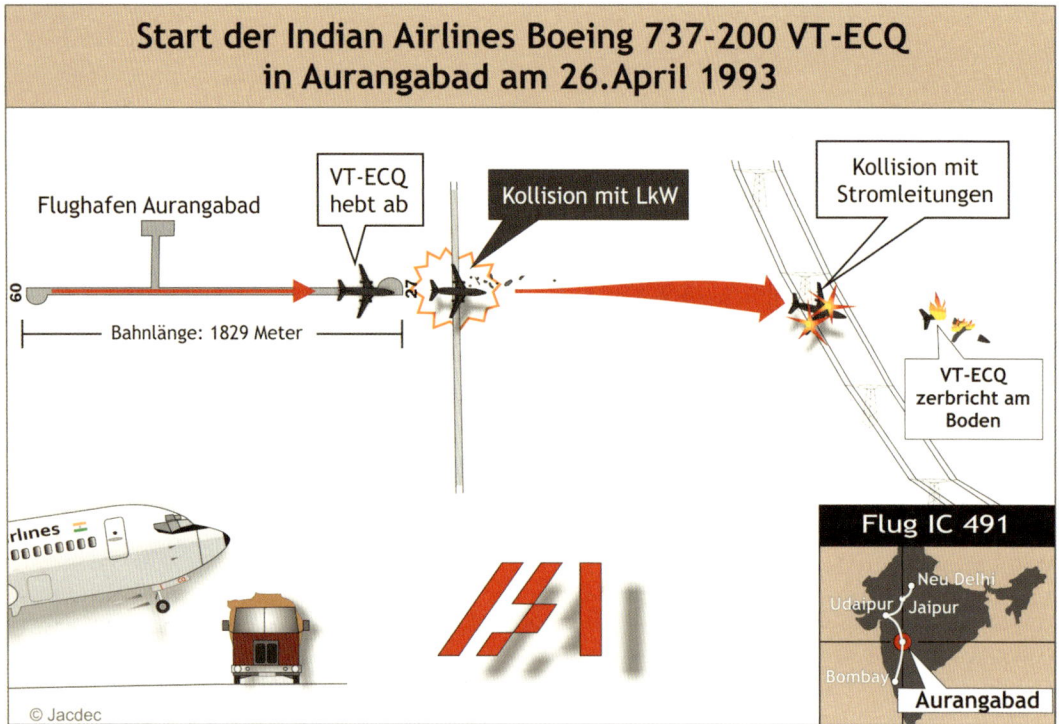

in diesem Moment ein landestypisch bis an die Grenzen, besser gesagt: über dieselben hinaus, mit Baumwollballen beladener Lkw ächzend über den genau an dieser Stelle vorbeiführenden Highway quält.

Da aber der Highway lediglich 125 Meter nach der Schwelle des Flugplatzes gebaut worden ist, hat die Boeing sich gerade mal rund zwei Meter über den Asphalt der Straße in die Lüfte gequält. Das würde einigermaßen reichen, um einen Pkw heftig zu beuteln und mit verstörten Insassen unter sich zurückzulassen, ein hochbeladener Lkw aber wird bei einem derartig knappen Startvorgang sozusagen schwer mitgenommen.

Mit voller Wucht knallen das linke Fahrwerk, die Backbordunterseite des Triebwerks sowie Teile der Schubumkehrbleche gegen den Lkw-Aufbau. Das linke Fahrwerk wird durch den Aufprall weggerissen und die Maschine neigt sich gefährlich mit der Spitze ihrer Backbordtragfläche dem Boden entgegen.

Bedingt durch die immer noch mit Höchstleistung laufenden Triebwerke und die ge-

meinsamen Anstrengungen der Crew bleibt die Boeing noch etwas über dreißig Sekunden flugfähig. Ihr Schicksal ist aber nicht aufzuhalten, denn es gelingt den Männern im Cockpit nicht mehr, die Kontrolle voll zurückzugewinnen und das Flugzeug weiter in die Höhe zu bringen.

Nach drei Kilometern ist die havarierte Maschine immer noch in Bodennähe, als sich eine Hochspannungsleitung als sozusagen letztes Verhängnis in den Weg stellt. Direkt nach Durchschneiden der Stromkabel sackt die 737 endgültig zu Boden, als wolle sie demonstrieren, dass sie nun wirklich nicht mehr könne.

In einer Entfernung von knapp vier Kilometern nach der Landebahn kracht das Flugzeug südöstlich des Flughafens auf einem Feld zu Boden. Der Aufprall ist wegen der hohen Geschwindigkeit ziemlich hart und folglich zerreißt es die Boeing in drei Teile. Mittlerer und hinterer Teil fangen unmittelbar an zu brennen, hier finden die Retter später dann auch die meisten der fünfundfünfzig Toten.

Erstaunlicherweise – betrachtet man die Schwere des Unfalls – hat aber die Mehrzahl der Insassen die schwere Katastrophe überlebt. Viele sind sogar nur leicht verletzt und können sich aus eigener Kraft aus dem Blechhaufen befreien. So auch die beiden Piloten, die verletzt aus dem zerstörten Cockpit entkommen können.

Die betagte Boeing 737 allerdings brennt noch eine ganze Weile, bis die Feuerwehr endlich mit dem Löschen beginnen kann. Nach getaner Arbeit ist das Flugzeug ausgebrannt und lediglich die Cockpitsektion ist noch als Teil eines Flugzeugs auszumachen.

Natürlich erhebt sich kurz nach dem Unfall die Presse mit großem Geschrei. Natürlich haben die Journalisten auch recht, aber genauso natürlich wird sich auch künftig nur schwerlich etwas ändern lassen. Das ist überall auf der Welt so, da befindet sich Indien in guter, nein: schlechter Gesellschaft.

Schließlich hatte man ja auch vor dem Unfall schon einige Vorschriften erlassen beziehungsweise auf Missstände am Flugplatz von Aurangabad hingewiesen, die das furchtbare Unglück eigentlich hätten unmöglich machen müssen.

Da gab es einmal die schon erwähnte Beschränkung auf stärker motorisierte Flugzeugtypen. Das mag nicht besonders schlüssig klingen, aber da zum Überfliegen des Lkw nur rund drei Meter fehlten, wäre eine Boeing 737-200 Advanced, die mit entsprechend stärkeren Triebwerken ausgerüstet gewesen wäre, gut über das Hindernis hinweggekommen.

Zum Zweiten gab und gibt es Bestimmungen, die das Höchstgewicht von Flugzeugen beim Start und bei der Landung festlegen. Auch in diesem Fall hatte die Crew der 737 ganz offensichtlich „Fünfe gerade sein lassen" und wesentlich mehr Ladung mit an Bord genommen, als erlaubt war.

Drittens hätte dies alles nicht um die Mittagszeit mit ihren hohen Temperaturen stattfinden dürfen. Mit derart ausgereizter Beladung wäre ein Flug in den frühen Morgenstunden wesentlich weniger kritisch gewesen, hätte vermutlich keine Probleme bereitet.

Und schließlich hätte der Lkw nicht dort sein dürfen, wo er sich befand. Nicht dass dem Fahrer ein Vorwurf zu machen war. Der hatte sich auf einem für Lkw freigegebenen Highway befunden. Aber die Flugplatzverwaltung war schon wiederholt von der Pilotenvereinigung auf das Risiko eines Startunfalls mit Lkw hingewiesen worden.

Teilweise hatten diese Einwände auch Wirkung gezeigt, denn die Straße war eine Zeit lang stets gesperrt worden, wenn der Startverkehr in dieser Richtung abgewickelt wurde. Daraufhin hatte sich allerdings die Lobby der Stadt zusammengetan und vehement eine Aufhebung der – nach ihrer Ansicht – „unsinnigen" Beschränkung verlangt.

Sie fühlte sich durch diese Maßnahmen in der zügigen Abwicklung des Verkehrsflusses von und zu einem Industriegebiet behindert, das mit der Straße verbunden war. Mit dem typischen Argument „Es ist doch noch nie was passiert" wurde schließlich durchgesetzt, dass die Sperrungen aufgehoben wurden. Mit fataler Wirkung, wie sich zeigte!

Der abschließende Untersuchungsbericht rügt dann auch folgerichtig die Fluggesellschaft und die Flughafenbehörde. Der Vorsitzende der indischen Pilotenvereinigung schließlich trifft mit seinem Resümee den Nagel auf den Kopf: „Auf einer kritisch kurzen Startbahn, wie Aurangabad sie besitzt, ist kein Platz für Fehler vorhanden." Vier Fehler waren ganz offensichtlich vier zu viel.

Folgende Quellen wurden ausgewertet

- Air International, Volume 44, S.272
- Bordoni, Antonio: Airlife's Register of Aircraft Accidents; S.258
- Denham, Terry: World Directory of Airliner Crashes; S.209
- Hengi, B.I.: Crash - Flugzeugunfälle 1945 bis heute; S.207
- Hubert, Ronan: Les Catastrophes Aeriennes de 1920 a 1996; S.604
- Richter, Jan-Arwed: Jet-Airliner-Unfälle; S.447
- Roach, J.R.: Jet Airliner Production List; Volume 1; S.170 (4.A.); S.172 (5.A.)
- Hamburger Abendblatt vom 27.04.1993
- Unfallbericht: Civil Aircraft Accident Summary for the Year 1993
- DGAC India

Motorexplosion 21
beim Start

Die nachfolgende Geschichte ist nicht leicht zu erzählen, auch nicht leicht zu lesen. Sie hat so gar nichts Erfreuliches, sieht man einmal davon ab, dass die meisten Insassen der verunfallten Maschine überlebt haben. Die Umstände jedoch, unter denen die weniger Glücklichen ihr Leben ließen, sind schwer zu ertragen. Das sollten Sie wissen und diese Unfallschilderung möglicherweise überspringen.

Es ist fünf Uhr morgens an diesem Donnerstag, dem 22. August 1985. Die sechsköpfige Crew von Flug KT28M, einem Charterflug der British Airtours Ltd nach Korfu, der schönen grünen Insel im Mittelmeer, hat sich bereits bei ihrem Flugzeug eingefunden, um die vorgeschriebenen Überprüfungen und Vorbereitungen für diesen Ferienflug durchzuführen.

Der Pilot der Boeing 737-200 Advanced, Peter Terrington, befindet sich gerade außerhalb der Maschine, wo er mit geschultem Auge nach Unregelmäßigkeiten am Flugzeug Ausschau hält. Die Sichtprüfung ergibt keine Beanstandungen. Die Außenhaut der Maschine ist makellos, alles befindet sich dort, wo es sein sollte und so begibt sich der Flugkapitän bald darauf zufrieden wieder zurück in das Cockpit, um seinen Copiloten Brian Love bei dessen vorbereitenden Arbeiten zu unterstützen.

Dieser soll heute die G-BGJL auf dem ersten Teilstück fliegen, der Pilot hat ihm bereits die Führung der Maschine mit dem Namen „River Orrin" übergeben. Eine ganze Weile ist der Erste Offizier schon mit der Flugvorbereitung beschäftigt, sodass nun lediglich noch das Log-

buch der Maschine durchgesehen werden muss. Hier finden sich alle Details zu den 5.907 Flügen, die die „River Orrin" bereits hinter sich hat. Von besonderem Interesse für die Crew sind dabei die Eintragungen über Störungen und Unregelmäßigkeiten im Betrieb.

Am vorhergehenden Tag hatte es Beanstandungen wegen des linken Triebwerks gegeben, es war nicht so zügig „hochgelaufen", also auf Umdrehungen gekommen, wie dies normalerweise der Fall sein müsste. Die beiden Männer diskutieren ausführlich über das Problem, weil der Copilot zufällig auch bei jenem gestrigen Flug mit im Cockpit saß.

Beide sind allerdings der Meinung, dass das Problem aller Wahrscheinlichkeit nach behoben sein dürfte und keine Überraschungen zu erwarten seien. Basis ihres Urteils sind weitere Eintragungen. Ein Mechaniker hat sich der Sache angenommen und für Abhilfe gesorgt, so steht es im Logbuch. Nach der Durchsicht hatten am gestrigen Tag bereits zwei weitere Flüge ohne Beanstandungen stattgefunden, das liest sich wirklich sehr beruhigend.

Die Piloten können beim besten Willen nicht ahnen, dass die Brennkammer Nr. 9 des Backbordtriebwerks, in der Kerosin und Luft verwirbelt werden, bevor die Zündung einsetzt, schon zweimal geschweißt worden ist. Erschwerend kommt hinzu, dass beim letzten Arbeitsgang unsachgemäß vorgegangen wurde, die Schweißnaht ist nicht perfekt.

Routinemäßig besprechen die beiden Piloten dann die Maßnahmen, die bei Problemen zu treffen sind, falls beispielsweise ein Startabbruch erforderlich wird. Schließlich legen sie die in Abhängigkeit vom Gewicht der Maschine erforderlichen Geschwindigkeiten zum Abheben und zum Steigflug sowie diejenige fest, bei der spätestens ein Abbruch des Startlaufes erfolgen kann, ohne über das Bahnende hinauszuschießen. „V1", so wird diese Geschwindigkeit bezeichnet, wird bei ca. 270 km/h liegen und heute von großer Bedeutung sein, was zum jetzigen Zeitpunkt aber natürlich noch niemand ahnen kann.

Das vergleichsweise gute Aussehen der 737 täuscht, es gab viele Todesopfer.   Foto: picture alliance

Gleichzeitig sind hinten im Kabinenteil ein Purser und drei Stewardessen damit beschäftigt, den Aufenthaltsraum für die Passagiere vorzubereiten. Alles muss sorgsam überprüft werden. Sauberkeit ist sehr wichtig, aber besonders intensiv kümmern sich die Vier um die Sicherheitsausrüstung, wie sie das stets zu tun pflegen. Es geht heute auch über Wasser und da ist beispielsweise nachzuschauen, ob alle Schwimmwesten am vorgeschriebenen Platz liegen.

Die British Airtours Maschine ist bis auf den letzten Platz belegt, denn 131 Passagiere sind heute gebucht. Eigentlich hat das Flugzeug nur 130 Sitze, aber zwei kleine Kinder sollen abwechselnd auf dem Schoß der Mütter oder Väter mitfliegen, sodass die Überzahl nicht ins Gewicht fällt.

Ins Gewicht im engeren Sinne aber fällt die gute Auslastung der Maschine, denn 137 Menschen wiegen nun einmal rechnerisch rund zehn Tonnen. Dazu kommen heute 12.370 Kilogramm Treibstoff, und Gepäck schleppen Urlauber ebenfalls mit und zwar in einer Menge, die den unvorbereiteten Betrachter aufs Höchste erstaunt und ihn eher an einen Auswanderungsflug denken lässt. Rund zweieinhalb Tonnen werden dies ungefähr sein.

Das Flugzeug selbst wiegt leer ungefähr 27,5 Tonnen. Die Piloten haben längst eine Überschlagsrechnung angefertigt und festgestellt, dass man heute zwar ziemlich schwer sein wird, aber mit 1,5 Tonnen unter dem zulässigen Höchstgewicht der Boeing 737-200 Advanced vorschriftsmäßig und beruhigt an den Start gehen kann.

Die Startvorbereitungen der Cockpitcrew sind schon beendet, als die Passagiere verstaut und festgezurrt in den Polstersitzen der Maschine Platz genommen haben. Kurz darauf begibt sich das Flugzeug zum Start und beginnt um Punkt 6:12 Uhr den 5.908. Startlauf, der einerseits ganz normal damit anfängt, dass der kommandierende Brian Love von Peter Terrington volle Beschleunigung verlangt, der andererseits jedoch völlig anders enden wird als die 5.907 davor.

Zuerst läuft noch alles nach Plan. Terrington beobachtet mit Argusaugen die Instrumente, insbesondere die des linken Triebwerks und stellt kurz darauf zufrieden fest, dass es ganz normal hochdreht. Auch der Copilot meint, das ließe sich heute besser an als am Tag zuvor.

Achtzehn Sekunden nach Beginn des Startlaufes meldet der Pilot die Geschwindigkeit mit 150 km/h, Copilot Brian Love bestätigt. Weitere zwölf Sekunden später bei einer Geschwindigkeit von 230 km/h explodiert plötzlich und ohne jede Vorwarnung die Brennkammer Nummer neun im Backbordmotor. Die unsachgemäß gearbeitete Schweißnaht ist geplatzt.

Die Triebwerke arbeiten zu diesem Zeitpunkt unter Vollast und so fliegen Teile des linken Motors mit ungeheurer Fliehkraft und Wucht durch die Luft. Eines sucht sich seinen Weg nach oben genau an der Stelle, wo die Zugangsklappe zu dem darüberliegenden Tragflächentank untergebracht ist. Die Tragflächen eines Flugzeugs müssen, wie auch ihr Name schon deutlich sagt, das Flugzeug in der Luft tragen. Aus diesem Grund müssen sie aus hochfestem Material sein, während der Zugang zu den Tanks keine tragende Funktion besitzt.

Der Zufall will es, dass das Teil exakt hier einschlägt und nicht im Umkreis, wo die Tragflächenhaut viermal so dick ist. Wie das bekannte heiße Messer in die Butter, so schneidet das abgesprengte Teil ein ein Meter großes Loch in die Unterseite des Flächentanks.

Das ist der Beginn eines schicksalhaften Unfallverlaufs, denn jetzt sprudelt aus der durchschlagenen Zugangsklappe der Boeing ein armdicker Strahl von auslaufendem Kerosin, das sich im Bruchteil einer Sekunde entzündet und wie der Schweif eines Kometen die rasch dahinrollende Boeing begleitet.

Die Piloten im Cockpit haben die Explosion natürlich sofort mitbekommen. Ein lauter Knall verbunden mit einem Ruck, der sich durch die Maschine zieht, lässt keinen Zweifel darüber, dass da soeben etwas Unvorhergesehenes und vor allem Unangenehmes vorgefallen ist. Terrington und Love sind sich nicht einig, ob es sich um Vogelschlag oder einen Reifenplatzer handelt, aber selbstverständlich brechen sie instinktiv und synchron den Startlauf ab, Umkehrschub wird eingeleitet und der Copilot geht voll in die Bremsen.

Die Vollbremsung ist nicht im Sinne des Piloten, der einen Reifenplatzer vermutet und seinen Copiloten anweist, den Bremsdruck zu lockern. Schließlich hat man ausreichend Bahnlänge zur Verfügung und eine Vollbremsung kann bei einem geplatzten Reifen die Situation durchaus noch verschlimmern. Vom Feuer ahnen sie noch nichts. So können sie auch nicht wissen, dass sie den Brand mit dem geballten Sauerstoff aus dem Umkehrschub heftig anfachen.

Da das Feuer anfangs nur außerhalb des Triebwerks brennt und sich in diesem erst allmählich zu großer Hitze aufbaut, signalisieren die Anzeigen für das linke Triebwerk erst neun Sekunden nach dem Knall „Feuer". Das geschieht genau im selben Moment, in dem Terrington den Startabbruch an den Tower meldet und bekannt gibt, dass sie an der Abzweigung „D" nach rechts von der Bahn auf den nächstgelegenen Rollweg abbiegen werden.

Neunzehn Sekunden nach dem Knall übermittelt Fluglotse Brendan Kelly ihnen eine schlechte Nachricht: Man kann den Brand von dort oben aus mit bloßem Auge sehen, die Boeing zieht das entzündete Kerosin wie eine feurige Schleppe hinter sich her. Den Piloten, die sich noch fragen, ob und wo sie evakuieren sollen, wird 25 Sekunden nach der Explosion vom Tower dringend die sofortige Evakuierung über die Steuerbordseite empfohlen. Bis zum Halt des Flugzeugs werden aber leider noch 20 kostbare Sekunden verstreichen.

Direkt nach dem Gespräch mit dem Towerlotsen nimmt Terrington das Mikrofon zur Hand und gibt 14 Sekunden vor dem Stillstand der Boeing über die Kabinensprechanlage den Befehl zur unmittelbaren Evakuierung über die Steuerbordseite nach erfolgtem Halt.

Seit Sekunden schon sehen die an der Backbordseite am Fenster Sitzenden die Flammen auf den Rumpf schlagen. Die Fenster beginnen bereits zu schmelzen und Risse zu zeigen, auch spürt man die sich ausbreitende Hitze. Wen wundert es, dass diese Menschen aufspringen, noch bevor die Maschine hält und auch durch die erbosten Rufe einiger noch ahnungsloser Passagiere auf der rechten Seite nicht dazu zu bewegen sind, sich wieder hinzusetzen.

Start der British Airtours Boeing 737-200 in Manchester am 22. August 1985

Flughafen Manchester
Ringway International

Flughafenfeuerwehr

06:12Uhr
Beginn des Startlaufes

Explosion des linken Triebwerks

Startabbruch

Flz. biegt in Abrollweg ein

© Jacdec, AAIB

**British
airtours**

Auch der Purser Arthur Bradbury, der zwar vom Feuer draußen Kenntnis erhalten hat, es aber im Innenraum der Kabine noch nicht sehen kann, versucht über die Bordsprechanlage, die Passagiere zum Hinsetzen und Anschnallen zu bewegen. Vergeblich, denn denen sitzt die Angst im Nacken, weil sie mehr wissen als die anderen Insassen.

Draußen auf dem Flugfeld werden immer mehr Menschen Zeugen des Feuerinfernos, das die Maschine zeitweilig komplett in ein Flammenmeer einzuhüllen scheint. Zehn Sekunden vor dem Stillstand bemerken sie, wie sich beim Abbiegen der Maschine auf die Zufahrt „D" bereits die hintere rechte Tür öffnet und die Notrutsche sich entfaltet. Kurz darauf ist durch den dicken, schwarzen Qualm eine Stewardess in der Tür zu sehen.

Sekunden später zieht sie sich wegen des Feuers und des beißenden Rauchs zurück und kein Insasse wird die brennende Boeing aus diesem Ausgang verlassen. Auch die beiden im Heckbereich eingesetzten Stewardessen Sharon

Ford und Jacqueline Urbanski können nicht mehr rechtzeitig aus der Maschine entfliehen.

Endlich kommt das Flugzeug zum Stehen und die Crew beginnt fieberhaft mit den Evakuierungsbemühungen. Obwohl der Wind nur schwach mit ungefähr 13 km/h weht, werden die Flammen auf den Rumpf und über die Boeing hinweggetrieben. Man hätte das Flugzeug andersherum parken sollen und alles wäre viel besser gelaufen. Aber das konnte die Crew zu diesem Zeitpunkt nun wirklich nicht wissen.

Der Purser fragt noch einmal nach und erhält erneut den Befehl, die Maschine über die Steuerbordseite zu räumen. Die Piloten haben schon während des Stops das Triebwerk abgeschaltet, damit die dort aussteigenden Fluggäste nicht in den Sog der Turbine geraten.

Noch während die beiden Männer im Cockpit mit den abschließenden Notmaßnahmen beschäftigt sind, sieht Terrington das Feuer um die Maschine herumzüngeln und befiehlt sofortiges Verlassen des Cockpits. Nacheinender hangeln sich die beiden Piloten am Notseil aus dem Cockpitfenster herunter und gehören somit zu den glücklichen Überlebenden.

Bradbury, der Purser, hat sich direkt nach dem erneuten Evakuierungsbefehl zur vorderen rechten Tür begeben und diese geöffnet. Sie geht auch einen Spalt breit auf, aber der Deckel des Behälters für die Notrutsche ist aufgesprungen und hat sich so unglücklich verklemmt, dass die Tür nicht mehr ohne Weiteres zu öffnen ist. Wertvolle Sekunden verstreichen mit Bradburys vergeblichen Bemühungen.

Dann wendet er sich der Tür auf der Backbordseite zu, bekommt diese auch leicht geöffnet und sieht, dass das Feuer noch weit genug entfernt ist, um gefahrlos die Notrutsche herunterzulassen. Er betätigt den manuellen Nothebel, fünfundzwanzig Sekunden nach dem Nothalt ist die Rutsche aufgeblasen und die ersten Insassen können hier die Maschine verlassen.

Informationen über diese British Airtours Maschine		
Kennzeichen	G-BGJL „River Orrin"	
Fluggesellschaft	British Airtours Ltd	
Flugnummer	KT28M	
Typ	Boeing 737-200 Advanced (737-236A)	
Seriennummer	22033	
Fabrikationsnummer	743	
Erstflug	26.02.1981	
Außenmaße	Länge	30,48 m
	Spannweite	28,35 m
	Höhe	11.28 m
Triebwerke	2x Pratt & Whitney JT8D-15	
Leistung max.	2x 7.031 kp	
Startgewicht max.	54.204 kg	
Anzahl Passagiere	130	
Dienstgipfelhöhe	12.500 m	
Reichweite max.	4.262 km	
Geschwindigkeit max.	943 km/h	
Anzahl gebaut	895 (737-200 Advanced); > 6.300 (737 gesamt)	
Unfalltag	22.08.1985	
Insassen (Unfalltag)	Insgesamt	137
	(davon 6 Crew)	
	Tote	55
	(davon 2 Crew)	
	Verletzte	26
	(davon 0 Crew)	
	Unverletzt	56
	(davon 4 Crew)	
	Tote außerhalb	1

Sie werden Zeugen einer beispielhaft funktionierenden Feuerwehr, denn während der erste Insasse auf die Rutsche springt, fängt ein Feuerwehrauto bereits an, eine Mischung aus Schaum und Wasser zwischen Rutsche und Feuer zu verteilen. Besser kann man das eigentlich nicht hinbekommen. Da können die Rutschenden auch verschmerzen, dass der eine oder andere von dem harten Strahl des Wasserwerfers fast Knockout geschlagen wird.

Die Leute sind so schnell vor Ort, weil sie selbst in ihrer Wache mit zu den ersten gehörten, die den Brand am Flugzeug beobachteten und noch vor dem Alarm in das kleine Feuerwehrauto gesprungen sind. Das hat zwar nur 1.000 Liter Schaum-Wasser-Gemisch an Bord, aber diese Menge genügt, um siebzehn Menschen das Entkommen über den linken Notausgang vorn zu ermöglichen.

Die Rettungsaktion der Passagiere auf dieser Seite wird von der Stewardess Joanna Toff koordiniert, der es gelingt, in Panik und Chaos den Überblick zu behalten und die es sogar erstaunlicherweise schafft, die Leute einigermaßen zur Ordnung zu bringen, damit sie auf diese Weise viel effektiver den Notausgang nutzen können.

Schließlich kommt der Rauch bis zu ihr, sie atmet ihn ein und verspürt direkt nach dem ersten Atemzug ein heftiges Brennen, muss husten und würgen und will nur noch raus aus dem verqualmten Flieger. Da spürt sie plötzlich, wie sich im dichten Qualm etwas Weiches unter ihr bewegt und bemerkt eine bewusstlose junge Frau, die am Boden liegt. Ihr Gesicht ist völlig von Ruß überzogen, sie atmet nicht mehr.

Joanna Toff ist schon einer Ohnmacht nahe. Nur so ist zu verstehen, dass sie gerade mit der Mund-zu-Mund-Beatmung beginnen will, da ruft ein Feuerwehrmann ihr zu, die Frau lieber auf die Rutsche zu ziehen. Mit letzter Anstrengung gelingt es ihr, der Feuerwehrmann fängt die Frau auf, die Stewardess springt hinterher und beide werden gerettet.

Währenddessen ist Purser Bradbury wieder zur rechten Tür hinübergeeilt und versucht erneut, diese zu öffnen, indem er den Deckel der Box mit aller ihm zur Verfügung stehender Kraft herunterdrückt. Das gelingt ihm ungefähr

70 Sekunden nach dem Halt, er lässt die Notrutsche herab und nach und nach können auch hier 34 Menschen das brennende Flugzeug verlassen.

Er herrscht die Leute ebenfalls an, wenn sie in Panik geraten, das bewirkt Wunder. So geht es hier einigermaßen ordentlich zu, weshalb aus diesem Ausgang auch die meisten Insassen entfliehen können. Unter ihnen ist Royston Metcalf, der mit seiner Verlobten den Ferienflug gebucht hatte. Die fragt nach ihrer Handtasche, was er mit „Lass doch das verdammte Ding" kommentiert. Dann verliert er die junge Frau aus den Augen. Er sieht sie nie mehr wieder.

Einer der letzten Passagiere, der vorn auf den Sprung nach draußen wartet, hört hinter sich Rufe und lautes Jammern. Den Blick zurück vor seinem Sprung wird er niemals in seinem Leben wieder loswerden: er sieht ein Knäuel von wild um sich schlagenden Menschen, die sich derart im nur 56 Zentimeter schmalen Gang verkeilt haben, dass sie nicht vor und nicht zurück können. Dann wälzt sich der dicke Qualm von der Decke herunter, versperrt die Sicht und er muss springen.

Inzwischen kommen immer dickere Qualmwolken nach vorn gezogen und Bradbury ringt sekundenlang mit sich, ob er zurücklaufen und helfen soll. Er hat schon Rauch eingeatmet und würgt und kann die brennenden Schmerzen im Hals und in der Lunge kaum ertragen. Die Angst zu sterben, gewinnt Oberhand, er entscheidet sich für das Leben und springt als Letzter vorn aus der Maschine.

Die auf Platz 10F neben dem rechten Notausstieg über der Tragfläche sitzende Frau versucht kurz nach dem Stillstand der Maschine das Fenster zu öffnen. Es wiegt über zwanzig Kilo, das schafft die junge Frau trotz aller Angst nicht, zumindest nicht aus der sitzenden Haltung heraus. Ihrer Freundin auf 10E, die sich besser positionieren kann, gelingt dies schließlich, aber das überraschend schwere Fenster kann sie auch nicht halten, es fällt nach unten und klemmt die unglückliche Freundin in ihrem Sitz ein.

Mit Hilfe eines in der Reihe dahinter sitzenden Mannes gelingt es der Frau, die Freundin zu befreien, und 45 Sekunden nach dem Stop

Zum Zeitpunkt der Aufnahme dieses Fotos ahnte noch kein Mensch, dass G-BGJL bald zerstört sein würde.
Foto: Werner Fischdick

schlüpft das Trio schnellstmöglich durch die Öffnung nach draußen. Insgesamt 27 Menschen einschließlich der beiden kleinen Kinder können hier entkommen und über die Fläche auf den Boden springen. Die junge Frau, die das Fenster öffnen konnte, bricht sich zwar beim Sprung den Knöchel, aber das ist im Nachhinein ein durchaus klein zu nennender Schaden, sie gehört immerhin zu den Glücklichen, zu den Überlebenden.

Das unter dem Flugzeug brennende Kerosin entwickelt eine unglaubliche Hitze und im Nu steht der Gepäckraum des Flugzeugs in Flammen. Kurz darauf ist die Struktur des Flugzeugs so stark geschwächt, dass das Heck in sich zusammenkracht. Nach Aussagen von Zeugen geschieht dies bereits noch nicht einmal zwei Minuten nach dem Stillstand! Man kann sich nur schwer vorstellen, dass ein Brand so schnell und so heftig angefacht wurde, dass die Struktur des Flugzeugs in derart kurzer Zeit durch die Hitze buchstäblich zerschmolzen wird.

Ein Bus der British Airways hat gerade die Crew einer Tristar vom Zoll abgeholt, als der Fahrer das Feuer am Ende der Startbahn bemerkt. Er denkt überhaupt nicht nach, sondern wendet sofort den Bus und rast auf das brennende Flugzeug zu. Bereits vier Minuten später ist somit eine bestens ausgebildete Mannschaft um die Verletzten und Verstörten bemüht. Diese Profis helfen, trösten, sorgen für Linderung allenthalben und bringen rasch Ordnung in das Chaos. Nach und nach werden ungefähr vierzig Passagiere, die man bereits allein lassen kann, in den Bus geladen.

Nur fünf Minuten sind vergangen, da kommt bereits das nächste Feuerwehrauto angerast, ein großes Spezialfahrzeug, das über 10.000 Liter Wasser-Schaum-Gemisch verfügt. Eigentlich war der Wagen gerade in der Lackierhalle, um einen frischen Anstrich zu bekommen. Das hinderte die Feuerwehrleute nicht daran, das halbfertige Fahrzeug unverzüglich zum Einsatz zu bringen. Der Lackiermeister wird sich später die Haare raufen, er kann getrost von vorn beginnen mit seiner Arbeit. Aber auch das ist nicht wirklich wichtig.

Als der Wagen anhält und die Feuerwehrleute abspringen, sieht einer der Männer den Bruchteil einer Sekunde durch den Qualm hindurch eine kleine Hand aus dem Notausstieg über der Fläche winken. Niemand scheint sie bislang entdeckt zu haben. Der Feuerwehrmann hangelt sich mit Hilfe seiner Kollegen in Windeseile auf die Fläche hoch und rennt durch den Rauch zum Fenster. Der Notausstieg ist durch einen Mann versperrt, der in genau dem Moment zusammengebrochen ist, in dem er zur Hälfte draußen war.

Dahinter steht ein Junge im Gang und kann ohne Hilfe nicht heraus. Diese Hilfe bekommt er nun von dem Feuerwehrmann. Der zieht erst den Toten beiseite und dann den Jungen aus dem Flugzeug. Der Fünfzehnjährige ist der letzte gerettete Passagier und kaum noch in der Lage, zu gehen, er hustet und wankt und muss sofort behandelt werden.

Der Junge wird zum Bus getragen und dieser fährt mit den Verletzten und Verstörten zum Flughafengebäude, wo eine weitere Versorgung stattfindet. Einige jedoch müssen professionelle Hilfe in Anspruch nehmen, so zum Beispiel der Junge, dem es sichtlich schlecht geht. Darum fährt der Bus nach sehr kurzem Halt weiter zum Krankenhaus.

Dort wird der Junge kurz darauf von seinem Vater gefunden und sicher hat auch das Wiedersehen und die Betreuung eines nahestehenden Verwandten dazu geführt, dass er sich bereits am Abend des Tages wieder in stabilem Zustand befand. Unbestritten ist, dass es einige Tote mehr gegeben hätte, wenn der Bus mit den Helfern nicht so schnell vor Ort gewesen wäre.

Aber auch so ist die Todesrate erschreckend hoch. Als Feuerwehrleute mit schwerem Atemgerät sieben Minuten nach dem Stop der Boeing erstmals in die Kabine eindringen können, finden sie nach und nach vierundfünfzig Tote. Insbesondere der in den Polstern eingearbeitete Schaumstoff – so wird man später feststellen – hat beim Brand einen dichten, hochgiftigen Qualm verursacht, der es den Passagieren einerseits unmöglich machte, sich zu orientieren und sie andererseits schnell bewusstlos werden ließ.

Nur sechs der Opfer waren verbrannt, alle anderen erstickt. Das ist die wahre Tragik dieses Unfalls, denn alle hätten nach übereinstimmenden Gutachten der Fachleute überleben können, es war trotz des heftigen Brandes genügend Zeit, das Flugzeug über die drei funktionstüchtigen Notausgänge zu verlassen. Aber die Menschen waren schon tot, gestorben am Giftqualm, bevor sie auch nur in die Nähe der Notausgänge gelangen konnten.

Dieser Qualm und das aus der brennenden Kabinendecke freigesetzte PVC hatten eine furchterregende Wirkung. Ein Atemzug genügte, so erzählt später ein Geretteter, und man bekam bereits schlimmste Schmerzen in der Luftröhre und der Lunge. Ein zweiter, und der Verlust der Kontrolle begann. Kurz danach sackten die Menschen bewusstlos zusammen, atmeten den Rauch weiter ein und starben schließlich an Vergiftung oder erstickten.

Während immer mehr Feuerwehrmänner ihr Atemgerät anlegen und die Maschine betreten, ereignet sich im Inneren urplötzlich eine heftige Explosion. Ein Feuerwehrmann steht so unglücklich in einem der Notausgänge, dass er herausgeschleudert wird, mit dem Kopf auf den Beton prallt und noch an Ort und Stelle verstirbt. So haben auch die Helfer ihr Opfer zu beklagen.

Kurzzeitig wird die Rettungsaktion im Innenraum abgeblasen, weil sich der Einsatzleiter besorgt zeigt, dass das Löschwasser zur Neige geht und er so die Sicherheit der ihm zugeordneten Feuerwehrmänner nicht gewährleistet sieht. Er schickt einen Wagen zum nächsten Hydranten, zum Wasserholen. Dieser aber und auch alle weiteren in der Nähe befindlichen Hydranten sind trocken.

Eine Erneuerung der Leitungen ist gerade im Gange. Es gibt zwar eine klare Anweisung, dass während des Verbindens der alten mit den neuen Rohren keine Ventile eigenmächtig abgestellt werden dürfen. Die Arbeiter hätten die Feuerwehr informieren müssen und diese hätte das Abschalten durchführen sollen.

Aber wie das in solchen Situationen nun mal alltäglich ist, man hatte sich in den letzten Tagen eine Eigendynamik angewöhnt. Die Arbeiter schlossen und öffneten die Ventile ohne Benachrichtigung selbst. Das ging viel schneller und die neue Leitung sollte ja auch möglichst rasch den Betrieb aufnehmen, um mit ihrem höheren Durchsatz mehr Sicherheit geben zu können. Mit zehnmiütiger Verspätung rast der Feuerwehrwagen zur Wache, um dort eine neue Wasserfüllung zu tanken.

33 Minuten nach dem Stop finden die Feuerwehrmänner einen Mann ganz vorn im Gang auf dem Boden der Maschine, der noch atmet. Schnellstmöglich wird er ins Krankenhaus gebracht, aber dort verstirbt er nach sechs Tagen. Die Verbrennungen und Verätzungen in der Luftröhre und der Lunge waren nicht überlebbar.

Einige Hauptgründe für den Tod unverhältnismäßig vieler Menschen haben die Untersuchungsbeamten zusammengetragen:

- Das Flugzeug hätte 20 Sekunden vorher gestoppt werden müssen.
- Das Flugzeug wurde (unwissend) zur falschen Seite gelenkt.
- Die Verwundbarkeit des Verkleidungsblechs über dem Tank.
- Die Verwundbarkeit der Außenhaut des Flugzeugs gegen Feuer.
- Die giftigen Dämpfe des Materials, das innen brannte.
- Das nicht autorisierte Abstellen der Hydranten.

Zur Verbesserung der Situation in einem möglicherweise zu erwartenden ähnlichen Fall sprach die Kommission nicht weniger als 31 Empfehlungen aus, nachzulesen im Untersu-

Folgende Quellen wurden ausgewertet

- Barley,Stephen: The Final Call; SS.24 + 149ff + 435
- Beaty,David: The Naked Pilot; S.240ff
- Bordoni,Antonio: Airlife's Register of Aircraft Accidents; S.216
- Brookes,Andrew: Katastrophen am Himmel; S.8off
- Chandler,Jerome: Fire and Rain; S.142
- Chiles,JR: Inviting Disaster; S.128f
- Denham,Terry: World Directory of Airliner Crashes; S.175
- Edwards,Allan: Flights to Hell; S.56ff
- Faith,Nicholas: Black Box; S.70ff
- Forman,Patrick: Flying into Danger; S.188ff
- Gero,David: Luftfahrt-Katastrophen; S.186
- Haine,Edgar A.: Disaster in the Air; S.57ff
- Hawkins,F.H.: Human Factors in Flight; S.274
- Hengi,B.I.: Crash - Flugzeugunfälle 1945 bis heute; S.173
- Hubert,Ronan: Les Catastrophes Aeriennes de 1920 a 1996; S.438
- Klee,Ulrich: JP Airline Fleets International 1985
- Moser,Sepp: Wie sicher ist Fliegen?; S.140
- Nader,Ralph u.a.: Collision Course; S.181f
- NN: Flugzeug Katastrophen; S.20
- Owen,David: Air Accident Investigation; S.156ff
- Prince,Michael: Crash Course; S.832ff
- Richter,Jan-Arwed: Jet-Airliner-Unfälle; S.329f
- Roach.J.R.: Jet Airliner Production List; Volume 1; S.181 (4.A.); S.183 (5.A.)
- Sharpe,Mike: Air Disasters; S.86
- Stich,Rodney: Unfriendly Skies; S.275
- Taylor,Laurie: Air Travel - How Safe is it; S.73
- Weir,Andrew: The Tombstone Imperative; SS.70 + 79ff
- Wells,Alexander: Commercial Aviation Safety; S.222
- Unfallbericht: AIR 8/88; 259 Seiten!!

chungsbericht. Den finden Sie im Internet mit einer Suchmaschine wie folgt: „G-BGJL", „Main Document".

Eine dieser Empfehlungen, eine Verstärkung der Zugangsklappe zum Tragflächentank, hat Boeing unmittelbar nach dem Unfall bereits in die Tat umgesetzt. Eine andere wurde ebenfalls kurzfristig realisiert. Seit Mitte 1987 halten in Flugzeugen eingebaute Sitze Temperaturen von mehr als 1.000 Grad Celsius stand. Ebenfalls 1987 wurden im Boden eingelassene Leuchtanzeigen Pflicht, deren Verlauf man auch noch im Qualm erkennen kann.

Ein Pilot 22 wagt zu viel

Es ist Flugtag in Habsheim, einem kleinen Ort im Elsass, keine dreißig Kilometer entfernt vom Flughafen Basel-Mühlhausen. Ein schöner Frühsommertag ist es, ein erfreulicher zudem, zumindest jetzt noch, denn später wird der 26. Juni 1988 nur noch im Zusammenhang mit einem Unglück in der Erinnerung bleiben, einem Unglück, das nie hätte passieren dürfen.

Zurzeit aber noch ist alle Welt froh gelaunt, die 30.000 Menschen auf dem kleinen Sportflughafen des Mulhouse Flying Club warten auf den Höhepunkt der Vorführungen, einen Überflug des erst vor wenigen Monaten herausgebrachten Airbus A320. Das brandneue Modell soll eindrucksvoll demonstriert werden, so hat es der Chefpilot der Air France angeordnet.

Er hat volles Vertrauen in die revolutionäre Technologie der jüngsten Airbus-Entwicklung. Alle vom Piloten gegebenen Steuerbefehle überwacht der Computer daraufhin, ob sie das Flugzeug in eine „Notlage" bringen. Entscheidet der Computer, dass dies der Fall ist, verweigert er die Ausführung des Befehls. Damit sollen Fehler der Crew so gut wie unmöglich wer-

den. Der A320 soll dadurch eines der sichersten Flugzeuge der Welt werden.

Die Piloten fliegen die Maschine mit dem Kennzeichen F-GFKC am Morgen zuerst von Paris nach Basel-Mühlhausen. Dort nehmen sie kurz nach 13:00 Uhr teil an einer Pressekonferenz, in der sie nicht müde werden, die Vorzüge und die Sicherheit des neuen Typs zu loben. Dann geht's wieder zum Airbus zurück, in dem sich nach und nach bereits auch die Passagiere einfinden.

Als die Türen endlich geschlossen werden, befinden sich an Bord der Maschine außer der sechsköpfigen Crew noch 130 Personen. Viele davon haben ein Preisausschreiben des Mulhouse Flying Club gewonnen. Nach einem langsamen Überflug in dreißig und einem weiteren in neunzig Metern Höhe – letzterer jedoch mit hoher Geschwindigkeit – soll noch ein kleiner Rundflug mit Blick auf den Mont Blanc geboten werden, danach geht es wieder in das nur wenige Kilometer entfernte Basel zurück.

Die Cockpitcrew gilt als über jeden Zweifel erfahren. Der 44-jährige Pilot Michel Asseline

Am 26. Juni 1988 starben beim Absturz dieses A320 Airbus 3 von 136 Passagieren. 120 wurden verletzt. Das Foto entstand am folgenden Tag. Foto: picture alliance

hat ebenso wie sein Copilot Pierre Mazieres, 45 Jahre alt, mehr als 10.000 Flugstunden hinter sich und ist sogar Ausbilder für den neuen Flugzeugtyp A320. Beide hatten noch nie einen Unfall. Asseline allerdings ist nicht unumstritten, gilt als arrogant und hin und wieder zu wagemutig, weshalb er bei Kollegen den Spitznamen „Rambo" trägt.

Nach einem kurzen Briefing, zu kurz eigentlich, wenn man bedenkt, dass beide Piloten nur wenige Stunden mit dem neuen Typ geflogen sind, noch nie an einer Flugschau mitgewirkt haben und auch den Sportflughafen Habsheim nicht kennen, also nach diesem kurzen Briefing rollt die Maschine zur Startbahn.

Dort müssen Crew und Passagiere sich noch einige Minuten gedulden, denn eine anfliegende Fokker 50 der Lufthansa muss zuerst hereingeholt werden. Asseline und Mazieres amüsieren sich lästernd über „das antiquierte Flugzeug", das in ihren Augen im Gegensatz zu dem neuen, hypermodernen A320 alt auszusehen scheint. Dann bekommt man um 14:41 Uhr die Freigabe und ist nur Sekunden später bereits in der Luft.

Die Air France hat zuvor schon an mehreren Flugtagen in Habsheim teilgenommen. Bei der Gesellschaft ist eine gewisse Routine zu spüren, die aber auch gleichzeitig Nachlässigkeit der in der Zentrale für diesen Überflug Verantwortlichen nach sich zieht. Die Piloten erhalten nur wenige Informationen. Für eines allerdings haben die Kollegen in der Zentrale gesorgt: Sobald die Maschine in Basel gestartet ist, wird der Luftraum um Habsheim herum für alles, was sich in die Luft erheben kann, komplett gesperrt.

Der erfahrene Kommandant weiß, dass der von ihm geplante, spektakulär langsame Überflug in niedriger Höhe mit hohem Anstellwinkel vom schlauen Computer als zu gefährlich nicht akzeptiert werden wird. Der würde ihnen einen Strich durch die Rechnung machen und die Schubleistung erhöhen. Aber Michel Asseline hat ja bei der Entwicklung der Maschine mitgewirkt und wird zu einem späteren Zeitpunkt ganz einfach eine entsprechende Sicherung unterbrechen. So wird diese Automatik ausgetrickst.

Das Wetter ist prima, so haben die beiden Piloten keine Probleme, um 14:43 Uhr zuerst die Autobahn A36 auszumachen, an dieser entlang zu fliegen und dann nach dem Flughafen Habsheim zu suchen, der direkt neben der Schnellstraße liegt. Langsam wird die derzeitige Höhe (300 Meter) verlassen und das Flugzeug in eine niedrigere Höhe überführt.

In diesem Moment meldet sich der Computer zum ersten Mal mit einem laut vernehmlichen „Gong". Asseline beruhigt seinen Copiloten und weist daraufhin, dass dies nur die Warnung für ein nicht ausgefahrenes Fahrwerk in niedriger Höhe sei. „Sollen wir es ausfahren?" fragt der Copilot. Der Pilot verneint und lässt den Copiloten das lästige Signal ausschalten. Der Gong verstummt.

Um 14.44 Uhr erblicken sie den kleinen, lokalen Flugplatz, auf dem sich so ungeheuer viele Luftfahrtbegeisterte eingefunden haben. Unter ihnen ist auch ein Amateurfilmer mit seiner neuen Kamera. Er weiß es noch nicht, aber er wird den Tag seines Lebens haben. Man muss nur im richtigen Moment an der richtigen Stelle sein, einen Film in der Kamera haben und Ruhe bewahren. Das ist alles.

Die Klappen werden ausgefahren, zusammen mit dem Fahrwerk, die Triebwerke werden gedrosselt und der Höhenmesser wird eingestellt. Da die Maschine etwas zu hoch reinzukommen droht, wird die Sinkrate auf knapp 3 Meter pro Sekunde erhöht, nun geht es flott abwärts. In rund 60 Metern Höhe wird die Umzäunung des Flughafens überflogen, die Maschine sinkt weiter.

Das Flugzeug liegt etwas außerhalb der Mittellinie der 800 Meter kurzen Graslandebahn des Kleinflugplatzes, Flugkapitän Asseline kurvt die Maschine darum ein wenig nach links, denn er will genau über der Start- und Landebahn hinwegfliegen. Er ändert dabei die hohe Sinkrate noch nicht.

Dem Copiloten wird das Ganze nun zunehmend unheimlich. Er weist den Piloten mit den Worten: „30 Meter, guck, guck!" nervös darauf hin, dass man nun die 30 Meter zu unterschreiten drohe. Aber inzwischen hat der Pilot begonnen, den Airbus abzufangen. Der sackt noch auf 15 Meter durch, fliegt dann aber stabil geradeaus.

Das Abfangen jedoch wird, so kann man im Nachhinein feststellen, teuer erkauft durch ein

Anstellen des Flugzeugs, das nun zwar ziemlich schräg und spektakulär niedrig, aber doch in erschreckend gefährlicher Fluglage schwebt. Jetzt würde normalerweise die Automatik ansprechen und Schub auf die fast im Leerlauf drehenden Triebwerke geben, um den Airbus vor dem Abschmieren zu retten. Die aber, wir erinnern uns, hat Asseline durch das Ziehen der Sicherung stillgelegt.

Das Anstellen des Flugzeuges hat zudem weitere, unerwünschte Folgen: Die Geschwindigkeit hat auf 240 km/h abgenommen und das Flugzeug befindet sich nun nur noch marginal entfernt von einem Strömungsabriss und dem damit verbunden Absturz.

Der zweite Nachteil des schräg fliegenden Flugzeugs: Die Sicht nach vorn ist verdeckt. Die Piloten sehen die Oberkante des Waldes nicht mehr, auf den sie zufliegen und damit nicht die schnell näherkommende Gefahr. Mit nur noch

Informationen über diese Maschine			
Kennzeichen	F-GFKC		
	„Ville de Amsterdam"		
Fluggesellschaft	Air France		
Flugnummer	AF296		
Typ	Airbus A320-100 (A320-111)		
Seriennummer	009		
Fabrikationsnummer	-		
Erstflug	06.01.1988		
Außenmaße	Länge	37,57 m	
	Spannweite	33,91 m	
	Höhe	11,76 m	
Triebwerke	2 x CFM International		
	CFM56-5A1		
Leistung	2 x 10.669-12.247		
Max. Startgewicht	66.000 kg		
Anzahl Passagiere	153		
Dienstgipfelhöhe	13.572 m		
Max. Reichweite	5.430 km		
Max. Geschwindigkeit	903 km/h		
Anzahl gebaut	21 (320-100);		
	> 2.600 (A320 gesamt)		
Unfalltag	26.06.1988		
Insassen (Unfalltag)	Insgesamt	136	
	(davon 6 Crew)		
	Tote	3	
	(davon 0 Crew)		
	Verletzte	36	
	(davon 2 Crew)		
	Unverletzt	97	
	(davon 4 Crew)		

223 km/h, also 40 km/h unter der vorgeschriebenen Mindestgeschwindigkeit für ein derartiges Manöver, schwebt die Maschine nun an den Zuschauern vorbei, als der automatische Höhenmesser mit seiner quäkigen Computerstimme „zehn" (Meter) ausruft.

Jetzt endlich, rund 400 Meter vor dem Ende der kleinen Grasrollbahn angekommen, sehen die Piloten den Wald sozusagen über sich auf sie zukommen. Der Copilot schreit „Durchstartleistung", weiß im selben Moment aber instinktiv, dass das Schicksal der hinter ihm sitzenden Passagiere sowie der nagelneuen Maschine besiegelt ist.

Bis zu diesem Augenblick zeigen die gleich darauf spektakulär werdenden Aufnahmen des Filmamateurs ein majestätisch und geradeswegs unheimlich langsam fliegendes, großes Flugzeug. Die Bewunderung dieser Aufnahme wechselt beim unvorbereiteten Betrachter jedoch unmittelbar darauf in Entsetzen, denn die Kamera hält jede Sekunde des nun folgenden Desasters im Bild fest.

„Kein Problem", hatte Asseline auf den besorgten Ausruf des Copiloten erwidert, als er den denkwürdigen Anflug begann, der Computer würde schon aufpassen. Nur hatte er dabei außer Acht gelassen, dass der Computer ja die Bäume des angrenzenden Foret de la Hardt Sud nicht sehen kann, die da in Windeseile auf den Airbus zuzukommen scheinen. Schließlich darf nicht vergessen werden, dass sich die Maschine nach den eingegebenen Parametern im Landemodus befindet, der zuvorderst keinen Steigflug vorsieht.

Als Flugkapitän Asseline instinktiv die Nase der Maschine anstellen will, verweigert der Computer folgerichtig die Ausführung des für ihn unsinnig scheinenden Befehls, der zudem bei der niedrigen Geschwindigkeit einen gefährlichen Strömungsabriss herbeiführen könnte.

Hier zeigt sich denn auch deutlich, dass ein Flugzeugcomputer in der Lage sein kann, eine Situation besser einzuschätzen als der Mann am Steuerknüppel. Hätte die Maschine nämlich die Nase angehoben, die Strömung wäre abgerissen und das Flugzeug wäre mit höchstwahrscheinlich fatalen Folgen direkt vor dem Wald abgestürzt.

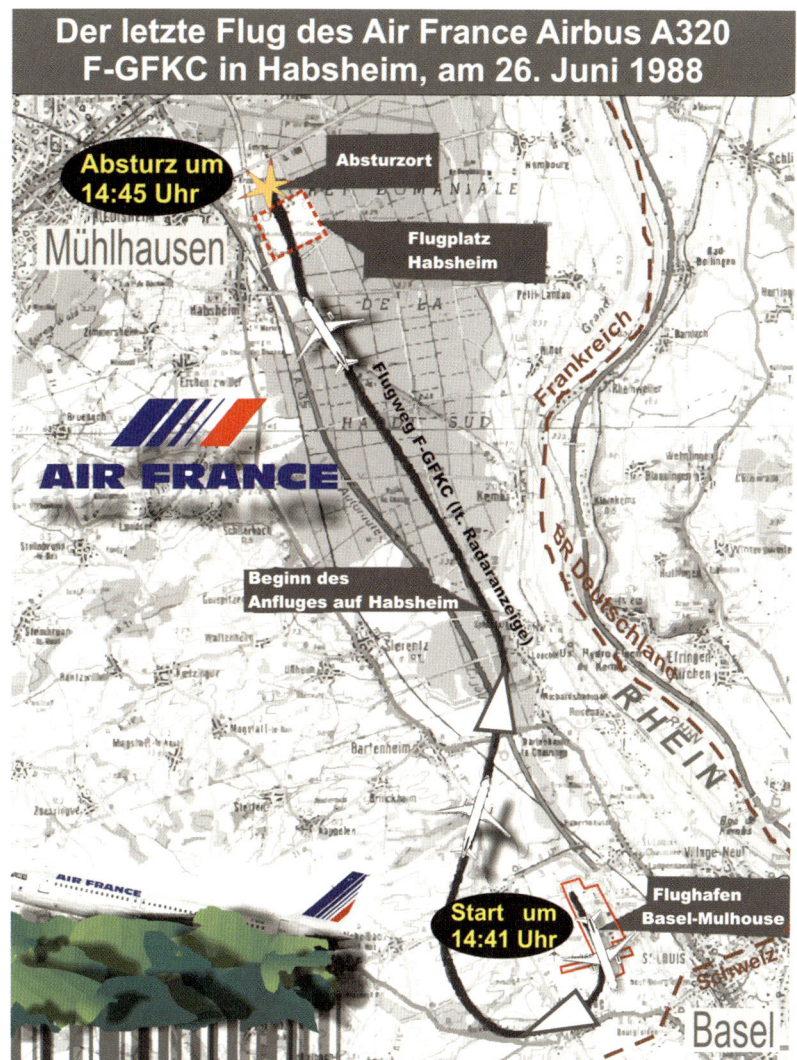

Der letzte Flug des Air France Airbus A320 F-GFKC in Habsheim, am 26. Juni 1988

Absturz um 14:45 Uhr

Absturzort

Mühlhausen

Flugplatz Habsheim

AIR FRANCE

Flugweg F-GFKC (lt. Radaranzeige)

Beginn des Anfluges auf Habsheim

Frankreich

BR Deutschland

RHEIN

AIR FRANCE

Start um 14:41 Uhr

Flughafen Basel-Mulhouse

Schweiz

Basel

Flugkapitän Asseline stößt die Schubhebel jetzt blitzschnell nach vorn auf Vollschub. Mit zunehmender Geschwindigkeit hebt nun auch der Computer die Nase des Airbus ein wenig an, aber sie sind schon zu nahe am Wald. Derart schrecklich langsam, mit nur 29% der Höchstdrehzahl laufende Turbinen, wie die des „dahin schleichenden" Airbus, brauchen bis zu acht Sekunden, um vollen Schub bereitzustellen, so steht es im Handbuch. Die Katastrophe ist unabwendbar.

Als das Heck vier Sekunden später die ersten Baumwipfel am Flugplatzrand streift, ent-

fährt dem Kommandanten ein unterdrücktes „Scheiße", was die Situation hinreichend umschreibt und gleichzeitig dafür steht, was er gebaut hat. Schon bei einem normalen Anflug gilt, dass die Drehzahl immer hoch genug gehalten werden muss, um schnell reagieren zu können. Wie viel mehr hätte dies heute der Fall sein müssen!

Eindrucksvoll sieht man auf dem Film, wie der Airbus sich langsam tiefer senkt und durch den gemischten Laubwald pflügt, der noch relativ jung ist und dessen biegsame Stämme daher glücklicherweise auch noch nicht so mächtig sind. Dann ist er für den am Boden stehenden Betrachter verschwunden.

Die Kamera aber läuft weiter und fängt kurz darauf die Bestätigung dafür ein, dass es einen Absturz gab: Ein orangefarbiger Feuerball, eingebettet in einen öligen, schwarzen Rauchpilz erhebt sich aus dem Wald in den blauen Himmel.

Vergleichsweise erstaunlich glimpflich jedoch geht die Höllenfahrt zu Ende, denn der Wald bremst den Abstieg des Airbus zuerst in den weicheren Kronen ab, bevor das Flugzeug auf die Höhe dickerer Stämme durchsackt. Dort reißen das Fahrwerk und die Steuerbordtragfläche ab, Kerosin tritt aus den Öffnungen aus und schon auf den letzten Metern brennt das große Flugzeug.

Dann kommt der endgültige Aufschlag, der Rumpf bricht in der Mitte entzwei und das Feuer beginnt, sich des Innenraums zu bemächtigen. Asseline legt den Hauptschalter für die elektrische Anlage um und die Evakuierung des zerstörten Flugzeugs beginnt. Das Heck ist schnell geräumt, hier gibt es keine Probleme.

Anders sieht es im vorderen Teil der Maschine aus. Die linke Tür klemmt, aber bevor sie ganz geöffnet werden kann, löst ein zu hektischer Steward die aufblasbare Notrutsche aus. Hier geht danach erst einmal gar nichts mehr, denn die Notrutsche entfaltet sich innerhalb der Kabine und blockiert den Notausgang damit komplett.

Ein Passagier und eine Stewardess quetschen sich an der Notrutsche vorbei, bearbeiten die Tür mit dem Mut der Verzweiflung und so vehement, dass sie endlich nachgibt. Beide fallen einträchtig nach draußen, die Gummirutsche ploppt hinterher und die beiden Retter der Situation sind erst einmal unter ihr begraben, denn nun drängen die Passagiere in Panik und wie wild hinterher.

Trotz des dichten Qualms, der sich inzwischen beißend in den Lungen der Insassen bemerkbar macht, gelingt es einer anderen Stewardess, die Nachdrängenden für kurze Zeit zurückzuhalten. Diese winzige Pause ermöglicht zwei hinausgesprungenen Passagieren, umgestürzte Bäumchen zu beseitigen und die beiden unter der Notrutsche eingeklemmten Menschen zu befreien.

Danach geht alles viel besser und vor allem schneller, die Panik legt sich ein wenig und der

Kommandant gibt der Kabinencrew den Befehl, das Flugzeug jetzt sofort zu verlassen. Er hat inzwischen eine mittlere Rauchvergiftung und muss auf die normalerweise nun fällige Schlussinspektion in der Kabine verzichten.

So wird niemand mehr Zeuge eines Dramas, bei dem doch noch drei Insassen des Airbus den Tod finden. Eine Frau, so berichten mehrere Passagiere später übereinstimmend, war schon halb auf dem Weg nach draußen, als sie auf zwei Kinder aufmerksam wurde und zurückdrängte, um zu helfen.

Ein kleines Mädchen war unter Sitz 8C eingeklemmt worden und mühte sich vergeblich, den Sicherheitsgurt zu öffnen. Vor ihr befand sich ein gehbehinderter Junge in Sitz 4F, auch er erfolglos bemüht, das Flugzeug zu verlassen. Alle drei Menschen sterben sehr schnell an Rauchvergiftung. Die Stewardess, die am vorderen Eingang hilft, erhält dann auf ihr Rufen aus dem dichten Qualm auch keine Antwort mehr und verlässt als Letzte die brennende Maschine.

Kurz darauf sind die Feuerwehrleute des Habsheimer Flugplatzes zur Stelle und mit ihnen ein Arzt sowie zahllose in Erster Hilfe ausgebildete Sanitäter, die für eventuelle Problemsituationen zur Flugschau abkommandiert waren, ein Glücksfall, denn so können die Verwundeten rasch und vor allem fachgerecht umsorgt werden.

Eine eindrucksvolle Demonstration des neuen Airbus sollte es werden, die die Luftfahrtbegeisterten in Habsheim nicht vergessen würden. Aufgrund bodenlosen Leichtsinns in Verbindung mit einer Missachtung gültiger Sicherheitsvorschriften wurde es eine Demonstration menschlicher Überheblichkeit. Aber das zweite Ziel hat die Air France erreicht, denn vergessen wird keiner der Anwesenden, was er an diesem Tag mit eigenen Augen gesehen hat.

Flugkapitän Asseline wurde umgehend suspendiert, ohne viel nachzufragen, obwohl man wusste, dass es Probleme mit der Gewöhnung an den neuen Airbus gegeben hatte. Seine Lizenz wurde eingezogen. Die französische Pilotenvereinigung erhob ebenso heftig und unsachlich wie vergeblich Einspruch. Es blieb bis zur Verhandlung bei dieser Vorverurteilung des Piloten.

Zu recht, wie das Ergebnis des Untersuchungsberichtes vom 29. November 1989 klarstellt. Die Crew im Cockpit war leichtsinnig vorgegangen, war zu tief, zu langsam und mit zu wenig Drehzahl der Turbinen geflogen. Der Vollschub sei zu spät gekommen und diese Fehler alle zusammen hätten den Absturz verursacht.

Die Piloten wiesen den Vorwurf zurück. Sie behaupteten, dass sie rechtzeitig Vollschub gegeben hätten, die Triebwerke jedoch erst nach zweimaligem „Schluckauf" reagiert hätten. Die aus dem Flugdatenschreiber ausgelesenen Daten, so das Gericht, hätten zudem keinen Hinweis auf eine Manipulation des im CVR beschriebenen Bandes ergeben.

Dies nämlich hatte Asseline behauptet. Er selbst habe das Band gehört, man habe den Schluckauf deutlich hören können, das Band müsse nachträglich durch wen-auch-immer manipuliert worden sein. Ein Gutachten, das 1994 vom Gericht in Auftrag gegeben worden war, besagt jedoch, dass das Band nicht verändert wurde. Aber wir wissen, dass Menschen zu so etwas fähig sind, ein Restverdacht wird bleiben.

Auch die Air France kam nicht ungeschoren davon. Das Gericht sah sich außer Stande nachzuvollziehen, wie die Gesellschaft die Teilnahme von Passagieren bei einem derart außerhalb der Norm durchgeführten Flug erlauben konnte. Des Weiteren wurde bemängelt, dass für einen Extremflug dieser Art die Cockpitcrew nicht erfahren genug war.

Knapp zehn Jahre nach dem Unfall wurde Asseline, der in einem weiteren Gutachten als Mann mit ungewöhnlichem Geltungsbedürfnis bezeichnet wurde, zu einem halben Jahr Gefängnis verurteilt. Inzwischen fliegt er wieder, hat eine US-amerikanische Lizenz. Mit ihr darf er kleinere Jets und Privatflugzeuge bewegen.

In einem Interview hat er gesagt: „Nie wieder werde ich mit einem Airbus fliegen, lieber benutze ich die Eisenbahn." Er hatte seine Meinung also drastisch geändert, denn vier Wochen vor dem Unfall hatte er einem Reporter von Radio Hamburg auf dessen Frage nach seinem Lieblingsflugzeug noch schwärmerisch geantwortet: „Am liebsten A320, sicher. Ich bin sehr stolz, diese Maschine zu fliegen."

Fasst man das Geschehen in zwei Sätzen zusammen, so kommt man zu folgendem Ergebnis: „Dieser Airbus ... ist zu langsam und zu tief geflogen. Als der Pilot Schub gab, hat der Antrieb normal funktioniert, aber er war zu tief und der Wald war zu nah." (Daniel Tenenbaum, Generaldirektor der französischen Luftfahrt)

Nachzutragen bleibt noch, dass die Presse sich in diesem Fall ähnlich präjudizierend und damit verantwortungslos verhalten hat wie schon bei vielen, vielen Unglücken zuvor und leider auch danach. Den Schuldigen – aus der Sicht der Presse diesmal der Airbus A320 – hatten die Reporter nämlich schnell ausgemacht. Viel Schaden für den Hersteller Airbus Industrie wurde angerichtet, wohl nur deshalb, weil die meisten Menschen allem Neuen zuerst einmal ablehnend gegenüberstehen.

Folgende Quellen wurden ausgewertet

- Barley,Stephen: The Final Call; S.395
- Beaty,David: The Naked Pilot; S.129
- Beveren,Tim van: Runter kommen sie immer; S.102f
- Bordoni,Antonio: Airlife's Register of Aircraft Accidents; S.230
- Denham,Terry: World Directory of Airline Crashes; S.185
- Edwards,Allan: Flights to Hell; S.193
- Faith,Nicholas: Black Box; S.88
- Hengi,B.I.: Crash; S.184
- Hubert,Ronan: Les Catastrophes Aeriennes de 1920 a 1996; S.501
- Job,Macarthur: Air Disaster Volume 3; S.11ff
- Klee,Ulrich: JP Airline Fleets International 1988/89; S.123
- MacPherson,Malcolm: The Black Box; S.70ff
- Morgenstern,Karl: Airbus A320 / A321; S.73ff
- Roach.J.R.: Jet Airliner Production List; Volume 2; S.45
- Richter,Jan-Arwed: Feuer an Bord; S.93
- Richter,Jan-Arwed: Jet-Airliner-Unfälle; S.359ff
- Veronico,Nicholas A.: Wreckchasing Vol.2; S.103
- Weir,Andrew: The Tombstone Imperative; S.180
- Air International; Volume 68-4, S.19
- Frankfurter Rundschau vom 23.07.1988
- Hamburger Abendblatt vom 15.03.1997 und 20.01.1998
- AFP Meldungen vom 19.01.98, 09.04.98 und 08.06.98
- dpa Meldungen vom 19.01.1998 und 09.04.1998
- Untersuchungsbericht f-ck880626

Literaturverzeichnis

1. Einige Literatur über Flugzeugunfälle und -entführungen
Barley,Stephen: Aircrash Detective; London 1969
Barley,Stephen: The Final Call; New York 1990
Barley,Stephen: The Search for Air Safety; New York 1969
Beaty,David: The Human Factor in Aircraft Accidents; London 1969
Beaty,David: The Naked Pilot; London 1991
Beveren,Tim van: Runter kommen sie immer; 5.A.; Frankfurt 1997
Bibel,George: Beyond the Black Box, Baltimore 2008
Bordoni,Antonio: Airlife's Register of Aircraft Accidents; Shrewsbury 1997
Brookes,Andrew: Flights to Disaster; Addlestone 1996
Brookes,Andrew: Katastrophen am Himmel; Bonn 1994
Byhan,Inge: In 30 Sekunden Crash; München 1980
Chandler,Jerome Greer: Fire & Rain; Austin 1986
Chiles,JR: Inviting Disaster; New York 2001
Choi,Jin-Tai: Aviation Terrorism; New York 1994
Cobb,Roger W. + Primo,David M.: The Plane Truth; Washington 2003
Collins,Richard L.: Air Crashes; 2.A.; Charlottsville 1995
Coombs,Charles: Survival in the Sky; Bristol 1957
Curtis,Todd: Understanding Aviation Safety; Warrendale 2000
Cushing,Steven: Fatal Words – Communication Clashes and Aircraft Crashes; Chicago und London 1994
Denham,Terry: World Directory of Airliner Crashes; Somerset 1996
Eddy,Paul u.a.: Destination Disaster; London 1976
Edwards,Allan: Flights to Hell; Nairn 1993
Faith,Nicholas: Black Box; 6.A.; London 1996
Forman,Patrick: Flying into Danger; London 1990
Gero,David: Flüge des Schreckens; Stuttgart 1999
Gero,David: Luftfahrt-Katastrophen; Stuttgart 1994
Godson,John: Clipper 806; Chicago 1978
Godson,John: The Rise and Fall of the DC-10; New York 1975
Godson,John: Unsafe at any Height; London 1970
Goldstein,Ayram: Flying out of Danger; Long Beach 1984
Grayson,David: Terror in the Skies; Secaurus 1988
Haine,Edgar A.: Disaster in the Air; New York 2000
Halacy,D.S.: America's Major Air Disasters; Derby 1961
Hardwick,John Michael D.: The Worlds Greatest Air Mysteries; London 1970
Hawkins,F.H.: Human Factors in Flight; Aldershot 1987
Heller,William: Airline Safety; 2.A. Half Moon Bay 1986
Hengi,B.I.: Crash – Flugzeugunfälle 1945 bis heute; Allershausen 1993
Hubert,Ronan: Les catastrophes aeriennes de 1920 a 1996; Genf 1997
Hurst,Ronald und Leslie: Flug-Unfälle und ihre Ursachen, 2.A.; Stuttgart 1991
Job,Macarthur: Air Disaster Volume 1 bis 4; Fyshwick und Weston Creek 1994-2001
Knight,Clayton & S.: Plane Crash! – The Mysteries of Major Air Disasters, 2.A.; Philadelphia 1958
Kreuzer,Helmut: Absturz; Erding 2002
Launay,André: Historic Air Disasters; London 1967
MacPherson,Malcolm: On a Wing and a Prayer; New York 2002
MacPherson,Malcolm: The Black Box - Cockpit Voice Recorder Accounts, 6.A.; London 1998
McClement,Fred: It Doesn't Matter Where You Sit; Toronto 1969
McClement,Fred: Jet Roulette; Garden City 1978
Moore,Kenneth C.: Airport, Aircraft and Airline Security, 2.A.; Stoneham 1991
Moscow,Alwin: Tiger and a Leash; New York 1961
Moser,Sepp: Wie sicher ist Fliegen?; Zürich 1986
Nader,Ralph u.a.: Collision Course – The Truth About Airline Safety, 2.A.; Blue Ridge Summit 1994

Nance,John J.: Blind Trust; New York 1986
NN: Flugzeug Katastrophen; Bindlach 1996
Norris,William: The Unsafe Sky; London 1981
Oster,Clinton: Why Airplanes Crash; Oxford 1992
Owen,David: Air Accident Investigation – How science is making flying safer; Sparkford 1998
Power-Waters,Brian: Safety Last; 2.A.; New York 1972
Prince,Michael: Crash Course; London 1990
Ramsden,J.M.: The Safe Airline; London 1976
Richter,Jan-Arwed und Wolf,Christian: Jet-Airliner-Unfälle; Karlsruhe 1997
Richter,Jan-Arwed und Wolf,Christian.: Feuer an Bord; München 2004
Richter,Jan-Arwed und Wolf,Christian.: Mayday – Flug ins Unglück; München 2006
Richter,Jan-Arwed und Wolf,Christian.: Notlandung; München 2010
Serling,Robert J.: Loud and Clear; New York 1969
Serling,Robert J.: Piloten, Panik, Passagiere; 2.A.; Stuttgart 1965
Serling,Robert J.: The Probable Cause; 3.A.; New York 1964
Sharpe,Mike: Air Disasters – The Truth Behind the Tragedies, 2.A.; London 1999
Srivastava,Bimal K: Aviation Terrorism; New Delhi 2002
Stewart,Oliver: Danger in the Air; London 1958
Stewart,Stanley: Flugkatastrophen, die die Welt bewegten; Koblenz 1989
Stich,Rodney: The Real Unfriendly Skies – Saga of Corruption; 3.A.; Reno 1990
Taylor,Laurie: Air Travel – How Safe is it?; Oxford 1988
Tench,William H.: Safety is no Accident; London 1985
Veronico,Nicholas A.: Wreckchasing Volume 1 und 2, 1. und 3.A.; Castro Valley 1996-97
Villaire,Nathaniel E.: Aviation Safety – More Than Common Sense; Casper 1994
Waterkeyn,Xavier: Air Disaster; München 2009
Weir,Andrew: The Tombstone Imperative – The Truth About Air Safety; London 1999
Wells,Alexander T.: Commercial Aviation Safety; Blue Ridge Summit 1999
Winslow,John: Mayday; Fyshwick 2002

2. Sonstige Literatur
Alles-Fernandez,Peter: Flugzeuge von A bis Z, 3 Bde; Koblenz 1987–89
Ege,Lennart: Ballons und Luftschiffe; Zürich 1973
Klee,Ulrich: JP Airline Fleets International 1974 – 2009/10; Zürich 1974-2009
Meyer,Peter: Das große Luftschiffbuch; Mönchengladbach 1976
Morgenstern,Karl: Airbus A320 / A321, 3.A.; Stuttgart 1993
NN: Enzyklopädie der Flugzeuge; Augsburg 1995
Nobile,Umberto: Flüge über den Pol; Leipzig 1980
Roach,J.R. + Eastwood,Tony: Jet Airliner Production List, Volume 1: Boeing; 3. bis 7.A.; West Drayton; 1995–2008
Roach,J.R. + Eastwood,Tony: Jet Airliner Production List, Volume 2; 3. bis 6.A.); West Drayton; 1995–2006
Roach,J.R. + Eastwood,Tony: Piston Engine Airliner Production List; 1. bis 4.A.; West Drayton 1991–2007
Schmidt,Heinz A.F.: Historische Flugzeuge, Bde 1 bis 2; Stuttgart 1968–70
Supf,Dr.Peter (Hrsg): Fliegergeschichten, Hefte 1–206; München 1953–61
Winchester,Jim: Lockheed Constellation; Shrewsbury 2001

3. Fachzeitschriften
Aero International: Hamburg 2006 - 2010
Air International: Stamford 1971-2010

Glossar

Agrarflugzeuge: Hochspezialisierte kleine Maschinen, fast ausnahmslos einsitzig und einmotorig, mit denen im Allgemeinen Schädlingsbekämpfung durchgeführt wird. Das Fliegen in diesen Maschinen ist außerordentlich gefährlich, weil sie meist sehr niedrig über dem Boden operieren.

APU: APU (Auxiliary Power Unit) bezeichnet. Mit diesem kleineren Triebwerk, meist im Heck der Maschine angebracht, kann Energie erzeugt werden, ohne die großen Triebwerke anwerfen zu müssen. Typisch beispielsweise ist der Einsatz am Boden, wo wenig Strom benötigt wird. Alle größeren und auch die meisten kleinen Passagiermaschinen verfügen darüber. Zudem liefert die APU Pressluft zum Anlassen der Triebwerke.

Autopilot: Eine Vorrichtung, die während des Fluges einmal gewählte Parameter, wie z.B. Geschwindigkeit und Richtung, automatisch beibehält. Das Flugzeug fliegt sich sozusagen selbst, die Piloten können andere Tätigkeiten vornehmen oder ein wenig ausruhen.

Backbord: die linke Seite des Flugzeugs in Fahrt- oder Flugrichtung.

Bahn: Start- und Landebahnen werden nach ihrer Ausrichtung benannt. Gibt es zwei parallele Bahnen, fügt man „L" (für left / links) und „R" (für right / rechts) hinzu. Landebahn 34L bedeutet in diesem Sinne, dass es sich um eine Bahn in geografischer Richtung 340° handelt und dass es die linke (von zwei verfügbaren) ist.

Bordsprechanlage: auch Kabinentelefon genannt. Hierüber verständigen sich Cockpitcrew und Kabinencrew untereinander. Auch kann mit seiner Hilfe eine Lautsprecherdurchsage erfolgen. So werden Sie z.B. über das Kabinentelefon an Bord begrüßt. Das Flugpersonal verwendet hierfür meist die englische Bezeichnung Intercom.

Bodencontroller: siehe Fluglotse

Bodeneffekt: bei Start und Landung fliegt ein Flugzeug nahe über der Erde. In diesen Fällen bildet sich ein Luftpolster zwischen den Tragflächen und dem Boden, das eine tragende Wirkung hat. Das kann man sich ein wenig so vorstellen, wie Surfen auf einer Welle. Sobald das Flugzeug jedoch etwas höher fliegt, ist der Bodeneffekt beendet und damit auch dessen Hilfe beim Auftrieb.

Briefing: dies ist ein in der Sprache der Luftfahrt gern verwendeter Ausdruck, hinter dem sich die Flugvorbereitungen der Cockpitcrew in all ihrer Vielfalt verstecken.

Bugrad: siehe Fahrwerk

Cockpit Voice Recorder (CVR): siehe Flugdatenschreiber

Copilot: auch erster Offizier genannt. Ist stets der zweite Mann in der Hierarchie, dem Piloten unterstellt. Kann aber vom Piloten Wohl und Wehe für die Maschine übertragen bekommen. Dann steuert er sie allein verantwortlich als sogenannter „flying pilot", bis die „Verantwortung für die Flugzeugführung" wieder auf den Piloten übergeht. Die Wortwahl ist wichtig, denn das „Kommando" hingegen behält der Pilot während des gesamten Fluges.

Crew: die Crew ist die Mannschaft eines Fluggerätes. Die Kabinencrew, das sind Purser bzw. Purserinnen und Stewards oder Stewardessen, kümmert sich um Wohl und Wehe der Passagiere. Die Cockpitcrew ist für die Steuerung und die Technik des Flugzeugs zuständig. Zusammen sind sie die Crew, Besatzung oder Mannschaft.

CVR: Cockpit Voice Recorder: siehe Flugdatenschreiber

Dienstgipfelhöhe: siehe Höhe

Dispatcher: englische Bezeichnung für den Flugdienstberater. Dies ist ein Mitarbeiter der Fluggesellschaft, der die Piloten vor ihrem Flug mit allen notwendigen Informationen versorgt. Er trägt insofern Mitverantwortung dafür, dass der Flug reibungslos verläuft.

Durchstarten: ein im Englischen als Go-Around bezeichneter Flugvorgang. Ausgelöst wird dieser durch eine unklare Situation beim Endanflug, die eine Landung nicht angeraten erscheinen lässt. Der Endanflug wird abgebrochen und die Maschine stattdessen in eine Fluglage gebracht, die einem Startvorgang entspricht. Danach wird eine Platzrunde gedreht, während derer versucht wird, die Probleme zu lösen. Ist die Situation bereinigt, wird der Anflug erneut durchgeführt. Moderne Flugzeuge besitzen einen TOGA Schalter, den der Pilot nur zu drücken braucht und das Flugzeug übernimmt sämtliche Maßnahmen, die erforderlich zum Durchstarten sind: Triebwerke, Klappen, Ruder usw. werden passend zueinander konfiguriert. TOGA ist eine Abkürzung für „Take Off and Go Around".

Enteisung: muss man sich ähnlich vorstellen wie beim Auto, denn das ist auch erst verkehrssicher, nachdem man Eis gekratzt und damit gute Sicht geschaffen hat. Beim Flugzeug kommt ein weit wichtigerer Punkt hinzu: Die Tragflächen können durch Schnee oder Eisbildung ihre Form so stark verändern, dass das Flugzeug nicht erwartungsgemäß fliegt, und / oder enormes sowie unerwünschtes Zusatzgewicht bilden. Also wird das Flugzeug enteist. Dazu benutzt man meist eine Mischung aus heißem Wasser und Alkohol oder Glykol, die mittels weittragender Ausleger von Spezialfahrzeugen aus über die gesamte Maschine gesprüht werden kann.

Erster Offizier: siehe Copilot

FAA, Federal Aviation Association: US-amerikanische Luftfahrtbehörde. Ist für alles rund ums Fliegen verantwortlich und gibt entsprechende Richtlinien und Vorschriften heraus.

Fahrwerk: braucht ein Landflugzeug am Boden. Besteht im Allgemeinen aus dem vorn befindlichen Bugfahrwerk oder Bugrad und den meist unter den Tragflächen angebrachten beiden Hauptfahrwerken rechts und links, auch als Steuerbordfahrwerk und Backbordfahrwerk bezeichnet. Große Flugzeuge, wie die Boeing 747 zum Beispiel, haben zusätzlich Rumpffahrwerke (direkt unter dem Rumpf der Flugzeugs angebracht), um die schweren Massen besser tragen und verteilen zu können.

Fasten Seatbelts: heißt wörtlich übersetzt: Sicherheitsgurte anlegen. Dies ist eine Anzeige, die international in Passagierflugzeugen aufleuchtet, wenn die Cockpitcrew dies zur Sicherheit der Passagiere anordnet.

Feuerlöschanlage: Jedes Passagierflugzeug verfügt heutzutage über eine ganze Anzahl hiervon. Besonders wichtig sind die Feuerlöschanlagen in den Triebwerken, die bei einem Motorbrand dafür Sorge tragen, dass das Feuer gelöscht wird und sich somit nicht über die Benzin- und / oder Hydraulikleitungen ausbreiten kann. Dies nämlich war in früheren Zeiten häufig der Grund dafür, dass Flugzeuge abstürzten. Irgendwann hatte sich das Feuer so weit durchgefressen, dass die Struktur der Maschine beschädigt wurde und dann war es mit den Flugeigenschaften oft am Ende.

Flugboot: siehe Wasserflugzeug

Flugdatenschreiber: auch FDR (Flight Data Recorder) oder Black Box genannt. Zeichnet die Flugdaten eines Flugzeuges auf. Soll selbst die schwersten Abstürze, Brände und Absinken in mehrere tausend Meter Tiefe meist ohne nennenswerte innere Schäden überstehen. Die Flugschreiber werden nach Unfällen von Experten gelesen und geben oft wertvolle Hinweise für Ursachen, die zum Unfall führten. Ein zweites, ähnlich wichtiges Gerät, der sogenannte Cockpit Voice Recorder (CVR) zeichnet die Gespräche im Cockpit auf.

Flugfläche: siehe Flughöhe

Flughafenbefeuerung: Nachts benötigen Flugzeuge Hilfen, um sich auf den dunklen Flugplätzen zurechtfinden zu können. Die Start- und Landebahnen sind mit unterschiedlich eingefärbten, normalerweise mittig in den Boden eingelassenen Lampen versehen. Am Rand dieser Bahnen sowie der Rollwege (Taxiways) befinden sich ebenfalls Leuchten. Aber besonders wichtig sind die schon weit vor der Landebahn angebrachten Gerüste, auf denen die sogenannten Landebefeuerungen angebracht sind. Diese weisen den einfliegenden Maschinen schon von Weitem optisch den richtigen Weg.

Flughöhe: Flugzeuge erhalten eine Flughöhe zugewiesen, die im Fachjargon als Flugfläche bezeichnet wird, damit sie nicht aneinandergeraten. Die Flugfläche wird mit „FL" (Flight Level) abgekürzt und bis auf wenige Ausnahmen weltweit in Fuß angegeben. FL 300 würde bedeuten: Flugfläche in 30.000 Fuß, also ca. 9.144 Meter.

Flugingenieur: der dritte Mann im Cockpit ist für die technische Überwachung der Maschine vor, während und nach dem Flug zuständig. Hatte früher fast jedes größere Flugzeug, ist heute weitgehend wegrationalisiert worden.

Flugkapitän: siehe Pilot

Flugkontrolle: siehe Fluglotse

Flugleitzentrale: siehe Fluglotse

Fluglotse: Angestellter einer für die Überwachung des Luftraumes zuständigen Gesellschaft, meist staatlich. Seine wichtigste Aufgabe ist es, die Flugzeuge auseinanderzuhalten. Er hat die Flugkontrolle. Dieses Wort wird manchmal aber auch für den Raum oder das Gebäude benutzt, in dem der Fluglotse arbeitet, obwohl dieser im engeren Sinne als Flugleitzentrale bezeichnet werden sollte. Auf größeren Flughäfen gibt es eine Trennung zwischen dem Fluglotsen im „Tower", der den reinen Flugverkehr überwacht und dem Fluglotsen, der die rollenden Fluggeräte am Boden einweist und auseinanderhält. Letzterer wird auch als Vorfeldlotse oder Bodencontroller bezeichnet.

Flugnummer: dies ist die einer bestimmten Flugstrecke zugeteilte Flugnummer. Im Allgemeinen besteht sie aus einer Buchstaben-/Zahlenkombination, wobei die Buchstaben oft ein Kürzel der Fluggesellschaft sind. Beispiel: LH108, hier bedeutet LH „Lufthansa".

Flugverlauf: den Verlauf eines Fluges teilt man in verschiedene Abschnitte ein: 1. den Startlauf oder Start bis zum Abheben (siehe auch Startlauf); 2. den Steigflug, der bis zum Erreichen des 3. Horizontalfluges dauert, bei dem das Flugzeug zu steigen aufgehört hat. Verlässt es die Höhe wieder, um zum Boden zurückzukehren, beginnt dies mit dem 4. Sinkflug, der in der Nähe des Flughafens in den 5. Endanflug übergeht, das ist die letzte Phase in der Luft vor der endgültigen 6. Landung, wobei das Flugzeug aufsetzt, abgebremst wird und ausrollt.

Funkfeuer: es gibt zwei Arten, gerichtete und ungerichtete. Mit einem gerichteten (VOR ILS) kann man sehr genaue Anflüge erreichen, da es eine Führung in Höhe und Seitenabweichung ermöglicht. Ungerichtete Funkfeuer (engl. „beacon" oder NDB) haben nur eine Führung der Seitenabweichung, die zudem meistens sehr ungenau ist. Beide Verfahren sind für „Blindanflüge" zugelassen.

Geschwindigkeit: wird in der Luftfahrt meist in Knoten gemessen. Es gibt eine Höchstgeschwindigkeit (schneller geht es nicht), eine Reisegeschwindigkeit (mit der das Flugzeug normalerweise von A nach B fliegt), eine minimale Fluggeschwindigkeit oder auch Mindestgeschwindigkeit (die nicht unterschritten werden darf, weil das Flugzeug sonst den Auftrieb verliert), die Schallgeschwindigkeit (auch als Mach Eins bezeichnet, knapp 1.200 km/h). Zusätzlich gibt es noch die sogenannte „Geschwindigkeit über Grund", das ist die in Relation zum Boden geflogene Geschwindigkeit. Sie kann durch Gegen- oder Rückenwind erheblich abweichen von der tatsächlich geflogenen Geschwindigkeit, die man als Eigengeschwindigkeit bezeichnet.

Gewichte: das Startgewicht wird vor Flugbeginn ausgerechnet. Es hängt von der mitgenommenen Fracht, der Anzahl der belegten Sitze, an Bord genommenen Treibstoffmenge und anderen Faktoren ab. Das maximale Startgewicht ist vom Hersteller des Flugzeugs vorgeschrieben und darf nicht überschritten werden. Es liegt meist deutlich über dem maximalen Landegewicht. Aus diesem Grund müssen Flugzeuge, die kurz nach dem Start in eine Notlage geraten sind, Treibstoff über eine Notvorrichtung im Heck oder in den Tragflächen ablassen, wenn die Situation dies erlaubt. Bis zu 2,5 Tonnen Treibstoff in der Minute können derart abgelassen werden. Landungen mit dem maximalen Startgewicht enden oft tragisch.

Gleitpfad: siehe ILS Instrument Landing System

GPWS: Ground Proximity Warning System. Dieses System warnt die Piloten elektronisch durch Anschalten einer Kontrolllampe und kurz danach mit einer Durchsage, wenn sich das Flugzeug dem Erdboden zu sehr nähert.

Großraumflugzeug: siehe Jumbo

Handbuch: jedes Flugzeug verfügt über so ein Buch, in dem alles erklärt ist, was die Cockpitcrew wissen muss oder eventuell wissen möchte. Dort sind z.B. auch Verhaltensmaßnahmen für Notfälle oder besondere Situationen beschrieben. Also im engeren Sinne eine Bedienungsanleitung, nur erheblich umfangreicher, als man sich das gemeinhin vorstellen kann.

Höhe: im Wesentlichen unterscheidet man:

• die **Dienstgipfelhöhe**, das ist die während eines normalen Dienstfluges mit Passagieren maximal zulässige Flughöhe. Das Flugzeug kann zwar höher steigen, soll dies aus unterschiedlichsten Gründen jedoch nicht. Für Technikfreaks die Definition: es ist die Höhe, in der die beste erreichbare Steigrate mit allen Triebwerken 0,5 Meter/Sekunde beträgt.

- Theoretisch maximal erreichbar ist die **absolute Gipfelhöhe**. Diese ist von verschiedenen Faktoren abhängig, wie z.B. dem Gewicht oder der Lufttemperatur.
- Die **optimale Flughöhe** ist die, in der das Flugzeug die beste spezifische Reichweite erzielt.

Höhenruder: siehe Ruder.

Holding: kommt ein Flugzeug zu seinem Bestimmungsflughafen und dort herrschen hohe Verkehrsdichte oder ungünstige Wetterbedingungen bzw. die Bahn ist blockiert, dann kann es sein, dass die Maschine erst einmal im „Holding" warten muss, ehe sie in den Endanflug übergehen kann. Dies geschieht in unterschiedlichen, fein gestaffelten Höhen, in denen die wartenden Flugzeuge um den Flughafen herumkreisen. Immer wenn eine Maschine die nächst niedrigere „Schleife" geräumt hat, steigt man eine Stufe tiefer, bis dann schließlich die Freigabe zur Landung erfolgt.

Horizontalflug: siehe Flugverlauf

Hydrauliksystem: zumindest in allen größeren Passagierflugzeugen sind diese Systeme wegen ihrer Bedeutung redundant vorhanden. Sie dienen zum Beispiel der Bewegung der Ruder, Klappen und dem Einziehen und Senken des Fahrwerks. Durch Zusammenpressen der in diesen Systemen vorhandenen Hydraulikflüssigkeit wird Druck erzeugt. Der wiederum bewegt dann die angesprochenen Teile. Ohne Hydraulik müsste viel Kraft aufgebracht werden, die in vielen Fällen gar nicht vorhanden ist.

ILS Instrument Landing System: das Instrumenten-Landesystem ist eine technische Anflughilfe, die mittels eines ausgesendeten elektronischen Strahls dem Piloten auf einem Display zeigt, ob er sich momentan horizontal und vertikal in der bestmöglichen Position für die Landung befindet. Das Flugzeug wird sozusagen wie an einem roten Faden sicher auf die Landebahn geleitet. Der rote Faden heißt in der Fachsprache Gleitpfad oder Gleitweg. Die Signale werden von zwei Sendern abgegeben, die nahe der Landebahn positioniert sind.

Insassen: Die Fluggäste einer Maschine bezeichnet man auch als Passagiere. Zählt man die Crewmitglieder hinzu, erhält man als Summe die Anzahl der Insassen. Hierbei entstehen die meisten Fehler, wenn von der Anzahl der Verletzten und / oder Toten eines Flugzeugunfalls gesprochen wird. Oft werden nämlich nur die Passagiere erwähnt (siehe auch Todesfälle).

Jumbo: so nennt man die Boeing 747. Aber auch die Douglas DC-10, die McDonnell Douglas MD-11, Ilyushin IL-96, Lockheed L-1011 oder der Airbus A340 sieht der Laie als „Jumbos". Fachleute bezeichnen diese anderen großen Flugzeuge jedoch als „Großraumflugzeuge" und nur die 747 als „Jumbo".

Jumpseat: hierbei handelt es sich um einen klappbaren Sitz, der sich im Cockpit befindet. Er wird im Bedarfsfall belegt, wenn z.B. ein mitfliegender Prüfer im Cockpit untergebracht werden muss. Manchmal sitzen dort auch nicht zur Crew gehörige Mitarbeiter der Linie, wenn gerade kein anderer Platz frei ist, dennoch aber eine schnelle Beförderung notwendig ist.

Kabinencrew: siehe Crew

Kabinendruck: Verfügt das Flugzeug über eine Anlage zum Luftdruckausgleich, was seit einigen Jahrzehnten Standard bei allen Passagierflugzeugen ist, so wird über einen Druckausgleich in größeren Höhen der Luftdruck niedrigerer Höhen erzeugt. Fällt der Druck in großen Höhen aus, muss das Flugzeug schnellstmöglich sinken, sonst droht Bewusstlosigkeit durch Sauerstoffmangel. Zwischenzeitlich werden Sauerstoffmasken bereitgestellt, damit die Passagiere sicher atmen können.

Kapitän: siehe Pilot

Kennzeichen: siehe Registrierung

Kerosin: Flugbenzin für bestimmte Triebwerktypen. Das ist nichts anderes als Petroleum.

Klappen: nennt man die aerodynamischen Hilfsmittel, die an den Kanten der Tragflächen angebracht sind. Sie lassen sich verstellen und geben derart der Tragfläche ein unterschiedliches Profil und dadurch unterschiedlichen Auftrieb. Auf diese Weise kann das Flugzeug zum Starten mit einer Flächenform versehen werden, die einen besseren Auftrieb und damit einen früheren Start erlaubt und umgekehrt bei der Landung. Zum schnelleren Verzögern lassen sich Klappen hochstellen und derart können sie einen Luftwiderstand aufbauen. Diese nennt man Störklappen (Spoiler). Vorflügelklappen (auch Wölbungsklappen oder Nasenklappen genannt) sind eine Besonderheit, die es zusätzlich bei einigen Flugzeugtypen gibt. Sie erhöhen in ausgefahrenem Zustand den Auftrieb bei Starts und Landungen beträchtlich.

Kolbenmotor: bei diesen Motoren handelt es sich um eine in der Passagierluftfahrt aussterbende Spezies. Die Motoren funktionieren ähnlich wie ein Motor im Auto, das heißt, durch Explosionen in den Zylindern werden Kolben in Bewegung gesetzt, die dann eine Welle mit dem Propeller drehen. Diese Motoren waren viel anfälliger gegen Störungen, deshalb setzt man sie heute kaum mehr bei größeren Flugzeugen ein. Bei ein- oder zweimotorigen Privat- und Geschäftsflugzeugen, wie z.B. Beech, Cessna, Piper sind sie jedoch noch Standard.

Landebahn: siehe Bahn

Landegewicht: siehe Gewichte

Landeklappen: siehe Klappen

Landung: siehe Flugverlauf

Logbuch: dieses wird von der Cockpitcrew vorwiegend für Eintragungen von Bedeutung benutzt. Dort findet die nachfolgende Cockpitcrew beispielsweise auch eventuell aufgetretene Störungen verzeichnet. Kann man ungefähr mit dem Fahrtenbuch eines Fuhrparkautos vergleichen.

Mindestgeschwindigkeit: siehe Geschwindigkeit

National Transportation Safety Board: diese US-Behörde, abgekürzt NTSB, untersucht im Auftrag der US-Regierung Unfälle, an denen US-Flugzeuge beteiligt waren, bzw. solche, die in den USA stattgefunden haben.

Notrutsche: hat ein Flugzeug einen Unfall, können an bestimmten, markierten Stellen die Notrutschen aufgeblasen werde. Mit ihrer Hilfe kann man das Flugzeug auch dann verlassen, wenn keine Treppen zur Verfügung stehen. Auch geht dies viel schneller und schließlich haben einige der Notrutschen noch eine Doppelfunktion: Sie dienen beim Notwasserungen als Gummiboote bzw. Rettungsflöße.

Notwasserung: eine Notlandung, die mangels besserer Alternative im Wasser stattfinden muss.

NTSB, National Transportation Safety Board: diese US-amerikanische Institution ist für die Sicherheit des inneramerikanischen Verkehrs ebenso verantwortlich, wie beispielsweise für den Betrieb von US-amerikanischen Flugzeugen im Ausland. Gibt es einen Unfall, werden Fachleute zur Analyse zum Unfallort geschickt und das Ergebnis ist ein Unfallbericht, bei Flugunfällen beginnend mit den Buchstaben AAR = Aviation Accident Report. Hat man bei der Untersuchung von Unfällen besondere Erkenntnisse gewonnen, initiiert die NTSB auch neue Vorschriften oder Anregungen.

Peilstab: Ein Peilstab ist eine meist aus Metall gefertigte Stange mit Markierungen. Sie wird z. B. für das manuelle Messen von Treibstoffmengen in den Tank eingeführt, und dann kann man an der Stelle, bis zu der der Treibstoff den Stab benetzt hat, ablesen, wie viel sich noch im Tank befindet. Vergleichbar einem Ölmessstab beim Auto.

Pilot: auch Captain, Kapitän oder Flugkapitän genannt. Ist der verantwortliche Mann an Bord. Hat umfassende Vollmachten und während des gesamten Fluges das „Kommando". Er kann sogar Fluggäste festnehmen lassen und letztlich jede Entscheidung alleinverantwortlich treffen, die der Sicherheit und Unfallfreiheit der Maschine und ihrer Insassen dient. Er sitzt grundsätzlich auf dem linken Sitz im Flugzeug, kann jedoch die Flugverantwortung für die Maschine jederzeit an den rechts sitzenden Copiloten delegieren. Derjenige, der die Flugverantwortung hat, wird als „pilot flying" bezeichnet.

Positionierungsflug: Flug ohne Passagiere zu einem bestimmten Einsatzort.

Pre-Flight-Check: Dieser englische Begriff ist so gebräuchlich in der Luftfahrt, dass es kaum eine griffige und vernünftige Übersetzung gibt. Dahinter verbergen sich unzählige Kontrollen, Handgriffe, Ablesungen und Maßnahmen, die die beiden Piloten (und gegebenenfalls der Bordingenieur) eines Passagierflugzeugs vor dem Start durchführen müssen. Der Check endet nach Anlassen der Triebwerke. Ihm folgt der Pre-Takeoff-Check, der meistens erst während des Rollvorganges zum Startpunkt durchgeführt wird. Manchmal wird mehr Zeit benötigt, dann kann dieser Check auch noch andauern, wenn die Maschine bereits am Startpunkt steht.

Räumliche Orientierung: Ist normalerweise kein Problem; man sieht, wo man ist und wohin die Reise geht. Kommt man jedoch in Wolken, Schneegelände oder in Nebel, kann man die räumliche Orientierung schnell verlieren. Dann helfen die Instrumente weiter, die die Flugzustände anzeigen. Fallen sie aus, ist das Flugzeug bei räumlicher Desorientierung schnell verloren. Die Piloten können Neigungen oder Steigungen, oben und unten nicht mehr unterscheiden und die Geschwindigkeit nicht einschätzen.

Registrierung: nennt man auch Kennzeichen des Flugzeugs. Das ist eine aus Buchstaben und / oder Zahlen bestehende Kombination, denen im Zivilluftverkehr das Nationalitätskennzeichen vorangestellt wird. Das ist z.B. „D" für Deutschland und eine zivil eingesetzte deutsche Maschine weist beispielsweise hinter dem „D" getrennt durch einen waagerechten Strich vier weitere Buchstaben auf. Vor dem Zweiten Weltkrieg wurden im Deutschen Reich jedoch Ziffern nach dem „D" verwendet.

Reichweite: dies ist der Weg, den das Flugzeug zurücklegen kann. Es gibt unzählige Möglichkeiten, eine sogenannte maximale Reichweite anzugeben, die sehr verwirrend sind. Deshalb habe ich mich in diesem Buch auf einen Durchschnittswert beschränkt, denn die maximale Reichweite kann abhängig sein von der Anzahl der Passagiere, der mitgenommenen Fracht und der Treibstoffmenge.

Rollweg, Rollbahn: siehe Taxiway

Ruder: gibt es eine ganze Menge bei großen Flugzeugen. Wichtig sind insbesondere das
1. Seitenruder (engl. rudder), mit dem die Maschine in der Waagerechten die Richtung (zur „Seite") ändern kann.
2. Das Höhenruder (engl. elevator), mit dem die Höhe verändert werden kann und die
3. Querruder (engl. aileron), das sind die beweglichen Teile der Tragflächenhinterkante (siehe auch Klappen).

Sauerstoffmasken: siehe Kabinendruck

Schubhebel: sind die in der Mitte zwischen den beiden Piloten angeordneten Hebel, mit denen die Schubkraft der Triebwerke reguliert wird: Nach vorn bewegt geben sie mehr, zurückgenommen geben sie weniger Leistung ab. Man benutzt dieses Wort vorwiegend für turbinengetriebene Flugzeuge. Bei propellergetriebenen Maschinen spricht man meistens von Gashebeln. Der Einsatzzweck ist jedoch identisch.

Schubkraft: ist die Kraft, mit der das Flugzeug nach vorn „geschoben" wird.

Segelstellung: Wenn ein Triebwerk mit Propeller ausfällt, werden die Propellerblätter in die sogenannte Segelstellung gebracht. Diese dient dazu, den Luftwiderstand möglichst gering zu halten. Macht man dies nicht, erhöht der Propeller einerseits den Widerstand beträchtlich und setzt andererseits damit die Geschwindigkeit der Maschine herab. Andererseits kann der Propeller so schnell drehen, dass er überdreht. Das kann zur Zerstörung des Propellers mit schwerwiegenden Folgen für das Flugzeug führen.

Seitenruder: siehe Ruder

Seriennummer: zur Unterscheidung und Identifizierung wird jedes Flugzeug mit einer Seriennummer versehen, die der Hersteller vergibt. Zusätzlich vergeben einige Hersteller (zum Beispiel Boeing und Douglas) eine Fabrikationsnummer (siehe dort).

Sinkflug: siehe Flugverlauf
Start: siehe Flugverlauf
Startbahn: siehe Bahn
Startgewicht: siehe Gewicht

Startlauf: Für den Startlauf eines Flugzeuges sind insbesondere drei Geschwindigkeiten von Bedeutung, die die Mannschaft während der Flugvorbereitung errechnet. In die Berechnung fließt das Startgewicht der Maschine ein, die Stellung der Startklappen wird festgelegt und die folgenden drei Geschwindigkeiten:
- V_1, das ist die Geschwindigkeit, bei der der Start spätestens abgebrochen werden kann, ohne über das Bahnende hinaus zu geraten.
- V_R, das ist die Geschwindigkeit, bei der das Flugzeug frühestens abheben kann.
- V_2, das ist die Mindestgeschwindigkeit, die die Maschine für einen Steigflug benötigt.
Das „R" (bei V_R) steht dabei für das englische Wort „rotate" und bedeutet sinngemäß „den Bug hochnehmen" (siehe auch Flugverlauf).

Steigflug: siehe Flugverlauf

Steuerbord: ist die rechte Seite des Flugzeugs in Fahrt- oder Flugrichtung.

Steuersäule: dies ist eine Art Lenkrad, manchmal ähnlich einem Fahrradlenker, mit dessen Hilfe man die Ruder bewegen kann. Sie dient also primär dazu, die Richtung

einer Maschine zu verändern. Lediglich ganz kleine Maschinen verfügen nur über eine Steuersäule, alle anderen besitzen zwei, eine für den Piloten und eine für den Copiloten. Einige Flugzeuge haben statt der Steuersäule inzwischen nur noch einen winzigen „Joystick".

Stickshaker: In früheren Zeiten machte sich ein überzogener Flugzustand, also ein drohender Strömungsabriss und damit einhergehender Kontrollverlust dadurch bemerkbar, dass die Steuersäule sich schüttelte. Da dieses Phänomen bei Flugzeugen heutiger Bauart nicht mehr auftritt, hat man es künstlich wieder eingeführt. Der Pilot bekommt vom Computer eine Schütteln auf seine Steuersäule geschickt, um ihn so davon in Kenntnis zu setzen, dass ein Überziehen droht.

Strömungsabriss: Ein Flugzeug fliegt, einfach ausgedrückt, durch die Luft, die es trägt. Damit die Luft ein Flugzeug tragen kann, muss es eine bestimmte Geschwindigkeit fliegen und damit eine bestimmte Mindestströmung an den Tragflächen aufbauen. Wird die Geschwindigkeit zu niedrig, reißt diese Strömung ab und die Maschine stürzt ab. Findet dieser Vorgang dicht über dem Boden statt, kann das Flugzeug im allgemeinen nicht mehr abgefangen werden.

Tank: Flugzeuge können an allen möglichen Stellen Tanks haben. Normalerweise befindet sich der Haupttank im Rumpf der Maschine. Da jedoch gern alle Hohlräume ausgenutzt werden, fügt man insbesondere bei Langstreckenmaschinen weitere Tanks hinzu. Diese befinden sich dann in den Tragflächen oder vereinzelt auch im Leitwerk des Flugzeuges. So ist jeder Kubikzentimeter bestens genutzt, denn dort kann man weder Gepäck noch Passagiere unterbringen.

Taxiway: auch Rollbahn oder Rollweg genannt. So werden die Wege bezeichnet, auf denen die Flugzeuge von und zur Start- bzw. Landebahn rollen.

Todesfälle: diese werden in den Ländern unterschiedlich ermittelt. Bei uns handelt es sich z.B. auch um einen Todesfall, wenn der Verletzte noch innerhalb vier Wochen stirbt. Andere Länder haben andere Fristen oder gar keine. Stirbt ein Passagier auf dem Wege von der Unfallstelle ins Krankenhaus, ist es dort also - statistisch gesehen - auch kein durch den Absturz verursachter Todesfall. Dies erklärt manchmal, warum man für denselben Unfall in unterschiedlichen Büchern auch unterschiedliche Zahlenangaben erhält.

Tower: gebräuchliche englische Kurzform für den Teil des Flughafens, in dem die Flugleitstelle untergebracht ist. Da diese Räume meist an exponierter Stelle liegen, nimmt man die Bezeichnung „Tower" (englisch für Turm).

Trägheitsnavigationssystem: im englischen als INS bezeichnet. Das ist ein Navigationsverfahren, bei dem die Position durch eine permanente Registrierung der Trägheitskräfte bzw. der ihnen proportionalen Beschleunigungen erfolgt. Die Trägheitskräfte treten während des Fluges durch die Änderung von Geschwindigkeit und Richtung auf.

Transponder: dieser sendet ein ständiges Signal aus der Maschine an Bodenstationen. Dort kann hierdurch die Maschine auf den Radarschirmen genau identifiziert werden. Auch Flughöhe und Geschwindigkeit werden für die Überwachung des Flugverkehrs sichtbar. In Ausnahmefällen wird das Signal geändert, z.B. auf „7700", wenn ein Notfall deklariert wird.

Turbine (für Laien): im Volksmund Düse genannt, ist eine Triebwerksform moderner Flugzeuge, die ein wesentlich schnelleres Vorankommen gepaart mit größerer Ausfallsicherheit gewährleistet. Funktioniert einfachst ausgedrückt ungefähr so: vorn kommt die Luft rein, wird verdichtet, kommt dadurch hinten schneller raus und schiebt das Flugzeug dadurch voran (siehe auch Schubkraft).

Turbine (Funktion, etwas detaillierter): von vorn wird Luft angesaugt, im mehrstufigen Verdichter komprimiert, mit Kraftstoff (Kerosin) vermischt und in den Brennkammern verbrannt. Durch die Druckerhöhung wird die heiße Luft nach hinten ausgestoßen, treibt ein oder mehrere Turbinenräder an, die wiederum mit den Schaufelrädern der Ansaug- und Verdichterstufen verbunden sind. Ein Teil der heißen Austrittsgase wird so in der Rotation der Turbinenräder verbraucht. Der Schub setzt sich zusammen aus dem Sog der Turbine und aus dem Austritt der heißen Verbrennungsgase. Es werden ca. 20 bis 33% der angesaugten Luft verbrannt. Die restliche Luft dient einerseits zur Kühlung, indem sie die Turbine / Brennkammer umströmt und andererseits zur Lärmreduzierung durch die Ummantelung des Abgasstrahls. Deswegen nennt man solche Motoren Mantelstromtriebwerke.

Turbulenzen: sind Bewegungen der Luft. Diese können insbesondere in großen Höhen ungeheure Kräfte und unvorstellbare Geschwindigkeiten aufweisen. Gerät ein Flugzeug in Turbulenzen, werden die Insassen je nach Größe der Maschine und Heftigkeit der Turbulenzen mehr oder weniger durchgeschüttelt.

Umkehrschub: setzt man diesen ein, werden die Propeller bzw. die Turbinen so beeinflusst, dass sie das Flugzeug nicht mehr vorantreiben, sondern gewissermaßen rückwärts schieben möchten. Man benutzt den Umkehrschub, um Flugzeuge schneller abbremsen zu können.

Unfallbericht: in fast allen Ländern mit Flugverkehr gibt es eine spezielle Luftfahrtbehörde oder -abteilung, die auch dafür zuständig ist, Flugunfälle zu untersuchen. In den USA ist es die NTSB, in Deutschland das Luftfahrtbundesamt. Nach der Untersuchung erstellt die Behörde einen Unfallbericht, der im wesentlichen die Ursachen des Unfalls enthält und Vorschläge, wie man gleichartige Unfälle künftig vermeiden kann.

Vorfeldlotse: siehe Fluglotse

Wasserflugzeuge: im wesentlich gibt es drei verschiedene Arten:

1. ein Flugboot ist ein Flugzeug, das vom Wasser aus starten und dort auch wieder landen kann. Dazu hat es einen bootsförmigen Rumpf und besonders gute Schwimmfähigkeiten. Flugboote sind heutzutage relativ selten und werden nur noch in kleinen Stückzahlen gebaut, u.a. von den Firmen Berijev und Shin Meiva.

2. Schwimmerflugzeuge sind konventionelle Flugzeuge, die - hochbeinig wirkend - auf Schwimmer gestellt wurden. Die meisten kleineren Flugzeuge kann man nachträglich umrüsten.

3. Dritte Variante sind die Amphibienflugzeuge, die sowohl auf der Erde landen können, als auch (meist mit in die Schwimmer oder den Bootsrumpf eingezogenen Rädern) auf dem Wasser.

Das Risiko fliegt mit ...

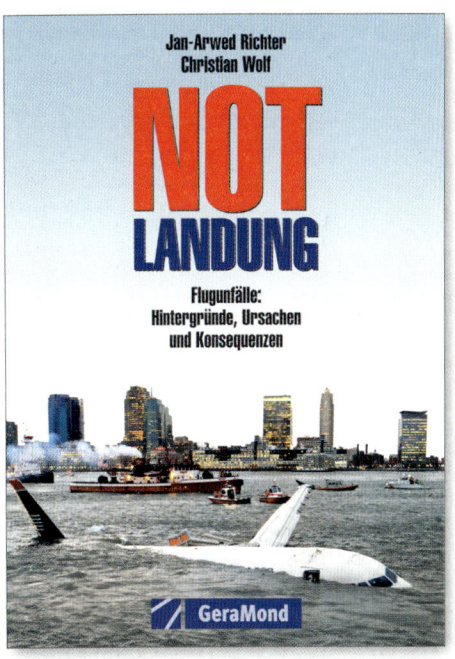

ISBN 978-3-7654-7000-4

ISBN 978-3-86245-300-9

Laut Statistik ist die Autofahrt zum Flughafen gefährlicher als jede Flugreise. Angesichts spektakulärer Unfälle wie der aktuellen Katastrophe Amsterdam, des Unglücks von Lockerbie oder jüngst der Notwasserung eines A320 im Hudson gerät dies leicht in Vergessenheit. Dieser umfangreich bebilderte Band analysiert die großen Flugzeugunglücke des 20. und 21. Jahrhunderts und erläutert ihre Konsequenzen. Zahlreiche Karten und Grafiken ergänzen das kompetente und aufwendig recherchierte Werk.

Dass Flugunfälle äußerst selten sind, besagt jede Statistik. Dass ein Zwischenfall nicht immer eine Katastrophe ist, beweist dieses mitreißende Buch. Mehr als 20 unglaubliche Geschichten von der Propeller-Ära bis ins Jetzeitalter erzählen von Abstürzen, Sturzflügen, Entführungen, Notwasserungen und unheimlichen Begegnungen – und immer überlebten alle an Bord. Ein packendes Dokument, detailliert, spannend und spektakulär bebildert!